数 值 方 法

（第 2 版）

刘智永　许秋燕　编著

电子工业出版社·

Publishing House of Electronics Industry

北京·BEIJING

内容简介

本书是一本介绍数值方法的教材，除了介绍传统数值分析课程所讲授的插值与逼近、数值微分与数值积分、线性与非线性方程组求解、矩阵特征值计算、常微分方程数值方法等，还介绍了偏微分方程的四大类数值离散方法(有限差分方法、有限元方法、有限体积方法、无网格方法). 本书不仅强调算法的推导演算，还注重介绍算法的收敛性理论和实际应用. 每章最后均附有一些需要理论推导或上机实验的习题，供读者选用.

本书适合理工科专业的本科生、研究生以及从事科学工程计算的技术人员阅读.

图书在版编目（CIP）数据

数值方法 / 刘智永，许秋燕编著. -- 2 版. -- 北京:
电子工业出版社, 2024. 11. -- ISBN 978-7-121-49052
-1

　I. O241

中国国家版本馆 CIP 数据核字第 2024NH1529 号

责任编辑：牛晓丽
印　　刷：北京天宇星印刷厂
装　　订：北京天宇星印刷厂
出版发行：电子工业出版社
　　　　　北京市海淀区万寿路 173 信箱　　邮编：100036
开　　本：787×1092　1/16　印张：13.75　字数：352 千字
版　　次：2021 年 8 月第 1 版
　　　　　2024 年 11 月第 2 版
印　　次：2024 年 11 月第 1 次印刷
定　　价：59.00 元

凡所购买电子工业出版社图书有缺损问题，请向购买书店调换。若书店售缺，请与本社发行部联系，联系及邮购电话：（010）88254888，88258888。

质量投诉请发邮件至 zlts@phei.com.cn，盗版侵权举报请发邮件至 dbqq@phei.com.cn。

本书咨询联系方式：　QQ 9616328。

第2版前言

本书自初版以来, 受到了众多高校的高年级本科生、研究生以及从事科学工程计算教学与研究的科技人员的欢迎. 近几年, 本书在一些院校, 尤其是在宁夏大学的数学、机械工程、化工、土木工程、水利工程、物理学、电子信息等专业硕士研究生的 "数值分析" 课程教学中得到了广泛的使用. 针对广大读者提出的宝贵意见和同行教师在实践教学中所发现的问题, 编者对本书进行了修订.

与第 1 版相比, 第 2 版进行了如下改动:

(1) 改正了第 1 版中的一些文字和公式错误;

(2) 在 1.2 节 "多项式插值" 中增加了三次样条函数插值的相关内容;

(3) 在 3.2 节 "直接法" 中增加了 QIF 分解的相关内容;

(4) 每章均增加了 MATLAB 程序;

(5) 增加了新的一章 "有限体积方法", 讲述有限体积方法的原理和应用, 这样能使读者更容易理解三大类网格型数值离散方法——有限差分方法、有限元方法及有限体积方法, 从而深刻掌握这些方法在不同实际问题中的应用.

本书的修订工作得到了宁夏大学研究生教材建设项目和宁夏大学数学统计学院 "双一流" 重点培育项目的大力支持. 电子工业出版社牛晓丽编辑对本书的出版给予了热诚的关心和支持, 我们深表感谢.

编 者

2024 年 8 月于宁夏大学

前 言

随着科学技术的发展, 数值方法日益受到重视. 20 世纪 40 年代, Neumann 与 Gold-stine 发表了题为《高阶矩阵的数值求逆》的经典论文, 开启了现代数值方法研究与应用的新局面. 同一时期, Courant 提出了基于变分数值求解偏微分方程的方法 (Clough 将其命名为有限元方法). 20 世纪 50 年代, Lanczos 等人发明了求解线性代数方程组的共轭梯度算法; Francis 等人使用 QR 迭代数值求解特征值问题; Powell 和 Broyden 等数学家致力于数值求解非线性方程 (组), 发明了诸多拟 Newton 算法. 20 世纪 70 年代, 多重网格方法开始被广泛研究, 并逐渐成为数值求解大规模代数方程组的最有效方法之一. 1990 年, 物理学家 Kansa 提出了数值离散偏微分方程的无网格方法, 大大降低了传统网格型数值离散方法 (有限差分方法、有限元方法) 在复杂求解区域生成网格的困难. 该方法已被成功应用于航空航天设计、流体力学模拟、计算机图形学、机器学习与神经网络等诸多领域.

我国高等学校很早就为信息与计算科学专业本科生开设了 "数值分析" 课程, 后来逐渐兼顾到数学与应用数学专业本科生以及其他理工类非数学专业研究生. 本书的主要阅读对象为理工类本科生与研究生, 以及从事科学工程计算的技术人员. 不同于传统的数值分析教材, 本书不仅介绍 "数值分析" 课程的基础内容 (插值与逼近、数值微分与数值积分、线性与非线性方程组求解、矩阵特征值计算、常微分方程数值方法), 而且还增加了对偏微分方程数值离散方法 (有限差分方法、有限元方法、无网格方法) 的初步介绍. 在介绍插值与逼近时, 本书以试探空间的构造为核心主题, 特别介绍了径向基函数有限维近似空间. 与现有数值分析教材的区别还在于, 本书增加了对无网格方法的介绍, 包括不对称配点方法、对称配点方法、Galerkin 配点方法、多尺度配点方法等, 从而使读者能够掌握使用径向基函数对给定偏微分方程进行离散的技术.

本书第 1~6 章由许秋燕编写, 第 7~9 章由刘智永编写. 在编写本书的过程中, 我们参考了许多国内外相关专著和教材. 所参考的书籍已全部列入本书最后的参考文献, 本书部分内容也取材于这些文献, 在此一并致谢. 感谢宁夏大学数学统计学院、宁夏科学工程计算与数据分析重点实验室对本书的编写给予支持. 两位编者均得到了宁夏 "青年科技人才托举工程" 项目的支持, 在此表示感谢.

限于编者的水平, 书中难免有错漏和不足之处, 欢迎广大读者批评指正.

编 者

2021 年 5 月

目　录

第 1 章
插值与逼近

1.1　问 题 介 绍

函数的插值与逼近是科学计算的基本问题之一, 广泛应用于曲面拟合、机器学习、微分方程数值求解等领域.

问题 1.1　假设数据 $\boldsymbol{x}_j \in \mathbb{R}^d$, 给定 N 组数据对 $(\boldsymbol{x}_j, y_j)(j = 1, \cdots, N)$, 寻找合适的 (连续) 函数 P_f, 使其满足 $P_f(\boldsymbol{x}_j) = y_j(j = 1, \cdots, N)$, 或者在某种度量下使 $P_f(\boldsymbol{x}_j) \approx y_j(j = 1, \cdots, N)$. 前者叫作插值, 后者叫作逼近.

我们通过下面两个例子来进一步说明插值与逼近的概念.

例 1.1　求区间 $[0, 2]$ 上的一个二次抛物线, 要求该曲线通过 $(0, 1)$, $(1, 0)$, $(2, 2)$ 三个点.

这是一个插值问题, 我们可以假设所求的抛物线为

$$P_f(x) = ax^2 + bx + c,$$

通过待定系数法很容易计算得出曲线的表达式为 $P_f(x) = \frac{3}{2}x^2 - \frac{5}{2}x + 1$.

例 1.2　给定表 1-1 中的数据, 试用一条二次抛物线拟合这些数据.

表 1-1　样本数据

x	1	2	3	4	5	6
y	12.6	13.1	15.2	16	19.4	16.3

这是一个逼近问题, 我们可以假设曲线的表达式为 $P_f(x) = ax^2 + bx + c$, 需要求解

$$\min_{a,b,c} \sum_{j=1}^{6} (ax_j^2 + bx_j + c - y_j)^2.$$

使用 MATLAB 中的函数 polyfit 求解该最小化问题, 得到抛物线表达式为

$$P_f(x) = -0.2286x^2 + 2.6914x + 9.4800.$$

从上面的例子可以看出, 对一个函数进行近似 (插值或者逼近) 时除了需要知道散乱样本数据, 还需要构造一个有限维逼近空间. 在上面的两个例子中, 这个空间就是多项式空间 $V = \mathrm{span}\{1, x, x^2\}$. 假设定义在 $\mathbb{R}^d$ 上的近似空间具有更一般的结构

$$V = \mathrm{span}\{B_1(\boldsymbol{x}), B_2(\boldsymbol{x}), \cdots, B_N(\boldsymbol{x})\},$$

则一个插值或逼近函数可以写为

$$P_f(\boldsymbol{x}) = \sum_{j=1}^{N} c_j B_j(\boldsymbol{x}).$$

我们把这样的有限维逼近空间 V 叫作试探空间, P_f 叫作试探函数. 下面几节我们就介绍一些常用的试探空间, 包括最近流行的径向基函数试探空间.

1.2 多项式插值

函数逼近的手段有两种: 插值与逼近. 本节我们主要考虑插值. 对一个目标函数进行逼近的关键点在于构造合适的试探空间, 要求其具有简单的结构且方便计算. 多项式基函数是一种较为简单的函数, 能方便地用于构造各种试探空间. 本节将介绍多项式插值方法, 包括 Lagrange 插值、Newton 插值、分片线性插值、Hermite 插值等.

定义 1.1 假设在给定的区间 $[a, b]$ 上有 $n + 1$ 个节点 $a \leqslant x_0 < x_1 < \cdots < x_n \leqslant b$, 分别对应着 $n + 1$ 个来源于函数 $f(x)$ 的样本值 $y_0, y_1, \cdots, y_n$. 寻找一个多项式 $P(x)$ 使得

$$P(x_i) = y_i, \quad i = 0, 1, \cdots, n, \tag{1-1}$$

则 $P(x)$ 叫作插值多项式, $f(x)$ 叫作目标函数或者被插函数, 式 (1-1) 称为插值条件.

1.2.1 概述

事实上, 对于充分光滑的函数, 我们已经知道一种局部逼近方法——Taylor 展开. 也就是说, 如果函数 $y = f(x)$ 在定义域内一点 x_0 附近各阶导数都存在的话, 则多项式

$$P_k(x) = f(x_0) + f^{'}(x_0)(x - x_0) + \cdots + \frac{1}{k!} f^{(k)}(x_0)(x - x_0)^k$$

就是对 $f(x)$ 在 x_0 附近的一个好的逼近. 但是我们不会采用这种逼近方式, 一是因为在实际应用中很多目标函数并不具备这么好的光滑性质, 二是因为这仅仅是一个局部逼近. 从整体逼近的角度而言, 我们有下述重要定理.

定理 1.1 (Weierstrass 定理) 设 $f(x)$ 是闭区间 $[a, b]$ 上的一个连续函数. 对于任意给定的 $\varepsilon > 0$, 都存在一个 N 次多项式 $P_N(x)$, 使得

$$\|f(x) - P_N(x)\|_\infty < \varepsilon,$$

其中 $\|f\|_\infty = \max_{a \leqslant x \leqslant b} |f(x)|$.

由定理内容可以得知, 只要目标函数连续, 具有任意逼近阶数的多项式 $P_N(x)$ 一定存在, 但是我们并不知道这样的多项式的具体表达形式. 因此, 我们需要构造具有逼近性质的多项式试探空间. 当然, 一维情形下, 最简单的 n 次多项式试探空间是

$$V = \text{span}\{1, x, x^2, \cdots, x^n\}.$$

下面的定理保证了这个试探空间逼近的有效性.

定理 1.2　对任意 $n+1$ 个两两不同的插值节点, 必存在唯一的 n 次多项式 $P(x)$ 满足式 (1-1).

使用待定系数法, 再考虑当代入插值条件以后所得方程组的系数矩阵是一个 Vandermonde 矩阵, 因而代数方程组有唯一解, 便得到定理 1.2 的证明. 遗憾的是, 这个简单的试探空间在二维及以上情形中就失效了. 这个负面结果由著名的 Mairhuber-Curtis 定理给出. 为了理解这个定理, 我们先介绍 Haar 空间的概念.

定义 1.2　假设 $\mathcal{B} \subseteq C(\Omega)$ 是一个有限维线性空间且有一组基函数 $\{B_1, \cdots, B_N\}$. 对 Ω 上任意一组两两不同的数据 $\boldsymbol{x}_1, \cdots, \boldsymbol{x}_N$, 如果

$$\det(\boldsymbol{A}) \neq 0,$$

则称 $\mathcal{B}$ 是一个 Haar 空间. 这里的 $\boldsymbol{A}$ 是一个矩阵, 元素为 $A_{jk} = B_k(\boldsymbol{x}_j)$.

显然, Haar 空间的存在与系数矩阵 $\boldsymbol{A}$ 可逆 (或者插值问题唯一可解) 是同一回事. 由定义 1.2 可知, $V = \operatorname{span}\{1, x, x^2, \cdots, x^n\}$ 是定义在 $\mathbb{R}^1$ 上的 Haar 空间.

定理 1.3 (Mairhuber-Curtis 定理)　假设 $\Omega \subset \mathbb{R}^d (d \geqslant 2)$ 包含一个内点, 则不存在维数大于或等于 2 的 Haar 空间.

证明: 假设 $\mathcal{B}$ 是定义在区域 Ω 上的 Haar 空间, 且 $\mathcal{B}$ 有一组基函数 $\{B_1, \cdots, B_N\}$. 一方面, 由 Haar 空间的定义可知

$$\det(\boldsymbol{A}) \neq 0.$$

另一方面, 由于 Ω 包含一个内点 $\boldsymbol{x}_0$, 则一定存在一个以 $\boldsymbol{x}_0$ 为中心、δ 为半径的球使得 $B(\boldsymbol{x}_0, \delta) \subseteq \Omega$. 我们固定 $\boldsymbol{x}_3, \cdots, \boldsymbol{x}_N \in B(\boldsymbol{x}_0, \delta)$, 可以找到一条连接 $\boldsymbol{x}_1$ 与 $\boldsymbol{x}_2$ 的闭路, 使得这条路不会与其他点相交. 当沿着这条闭路交换 $\boldsymbol{x}_1$ 与 $\boldsymbol{x}_2$ 的位置时, $\det(\boldsymbol{A})(\boldsymbol{x}_1, \boldsymbol{x}_2)$ 的值已经改变符号. 由于 $\det(\boldsymbol{A})(\boldsymbol{x}_1, \boldsymbol{x}_2)$ 是关于 $\boldsymbol{x}_1$ 与 $\boldsymbol{x}_2$ 的连续函数, 因此在这条闭路上必存在一组点使得 $\det(\boldsymbol{A}) = 0$. 这与 Haar 空间的定义矛盾. ■

1.2.2　Lagrange 插值

在 $[a, b]$ 区间上插入 $n+1$ 个节点 $a \leqslant x_0 < x_1 < \cdots < x_n \leqslant b$, 如果构造一个 n 次多项式 $L_n(x)$ 使得试探空间中的 $n+1$ 个基函数满足

$$l_j(x_k) = \delta_{jk} = \begin{cases} 1, & k = j, \\ 0, & k \neq j, \end{cases} \quad j, k = 0, 1, \cdots, n,$$

通过简单运算可以发现, 满足上述条件的基函数具有下面的形式:

$$l_j(x) = \frac{(x - x_0) \cdots (x - x_{j-1})(x - x_{j+1}) \cdots (x - x_n)}{(x_j - x_0) \cdots (x_j - x_{j-1})(x_j - x_{j+1}) \cdots (x_j - x_n)}, \quad j = 0, 1, \cdots, n.$$

因此, Lagrange 插值的试探空间为

$$V = \operatorname{span}\{l_0(x), l_1(x), \cdots, l_n(x)\},$$

其插值函数具有下面的表达形式:

$$L_n(x) = \sum_{j=0}^{n} y_j l_j(x). \tag{1-2}$$

其中, y_j 表示节点 x_j 处的样本值. 容易证明 Lagrange 插值基函数的唯一性, 进而可推导 Lagrange 插值余项

$$R_n(x) = f(x) - L_n(x).$$

定理 1.4 设目标函数 $f(x) \in C^{n+1}[a,b]$, 且插值节点 $x_0, x_1, \cdots, x_n$ 互不相同, 则对 $\forall x \in [a,b]$, 存在 $\xi \in [a,b]$, 使得

$$R_n(x) = \frac{f^{(n+1)}(\xi)}{(n+1)!}(x-x_0)(x-x_1)\cdots(x-x_n).$$

证明: 当 x 是插值节点时, 在 $[a,b]$ 上任取一个 ξ, 定理结论显然成立.

当 x 不是插值节点时, 我们有

$$R_n(x_i) = f(x_i) - L_n(x_i) = y_i - y_i = 0, \quad i = 0, 1, \cdots, n. \tag{1-3}$$

由于函数 $R_n(x)$ 有 $n+1$ 个零点, 可以表示为

$$R_n(x) = m(x)(x-x_0)(x-x_1)\cdots(x-x_n). \tag{1-4}$$

下面只需要确定 $m(x)$ 的表达式. 令

$$w_{n+1}(t) = (t-x_0)(t-x_1)\cdots(t-x_n),$$

定义函数 $E(t)$ 为

$$E(t) = R_n(t) - m(x)w_{n+1}(t).$$

由式 (1-3) 和式 (1-4) 可知, $E(t)$ 在区间 $[a,b]$ 上有 $n+2$ 个零点:

$$x, x_0, x_1, \cdots, x_n.$$

由 Rolle 定理可知, 存在 $\xi \in [a,b]$, 使得

$$E^{(n+1)}(\xi) = 0.$$

由 $E(t)$ 的定义可得

$$m(x) = \frac{f^{(n+1)}(\xi)}{(n+1)!}. \qquad \blacksquare$$

例 1.3 给定函数 $y = e^{-x^2}$ 的一组样本数据 (见表 1-2), 用 Lagrange 插值在区间 $[-1,1]$ 上以 0.01 为步长进行插值.

表 1-2　函数 $y = \mathrm{e}^{-x^2}$ 的样本数据

x	−1.0000	−0.6000	−0.2000	0	0.2000	0.6000	1.0000
y	0.3679	0.6977	0.9608	1.0000	0.9608	0.6977	0.3679

图 1-1 给出了 7 次 Lagrange 插值曲线, 该曲线较好地通过了给定的样本数据 (图中的 ∘ 表示样本数据, 曲线为插值曲线).

图 1-1　Lagrange 插值曲线

1.2.3　Newton 插值

我们可以看到, 在 Lagrange 插值中, 当插值节点数目增加或者位置发生变化时, 每一个基函数都需要重新更新. 也就是说, 当我们需要扩充试探空间的时候, 之前所有的基函数都没有被保留, 这非常不利于大规模数值计算. 克服这一缺陷的有效方法之一是 Newton 插值. 选择如下形式的试探空间:

$$V = \mathrm{span}\{1, (x-x_0), (x-x_0)(x-x_1), \cdots, (x-x_0)(x-x_1)\cdots(x-x_{n-1})\},$$

则 Newton 插值函数可以写为

$$N_n(x) = c_0 + c_1(x-x_0) + c_2(x-x_0)(x-x_1) + \cdots + c_n(x-x_0)(x-x_1)\cdots(x-x_{n-1}).$$

未知的系数 $c_0, c_1, \cdots, c_n$ 可以通过递归的方法逐一计算出来.

- 当只有一个节点 x_0 时, 由插值条件 $N_0(x_0) = f(x_0)$ 可知 $c_0 = f(x_0)$.
- 当有两个节点 x_0, x_1 时, 由插值条件

$$N_1(x_1) = f(x_0) + c_1(x_1 - x_0) = f(x_1)$$

可计算得到

$$c_1 = \frac{f(x_1) - f(x_0)}{x_1 - x_0}.$$

● 当有三个节点 x_0, x_1, x_2 时, 由插值条件

$$N_2(x_2) = f(x_0) + \frac{f(x_1) - f(x_0)}{x_1 - x_0}(x_2 - x_0) + c_2(x_2 - x_0)(x_2 - x_1) = f(x_2)$$

可计算得到

$$c_2 = \frac{\dfrac{f(x_2) - f(x_1)}{x_2 - x_1} - \dfrac{f(x_1) - f(x_0)}{x_1 - x_0}}{x_2 - x_0}.$$

为了书写简洁和方便, 我们引入差商的概念.

定义 1.3

$$f[x_i, x_{i+1}, \cdots, x_{i+k}] = \frac{f[x_{i+1}, x_{i+2}, \cdots, x_{i+k}] - f[x_i, x_{i+1}, \cdots, x_{i+k-1}]}{x_{i+k} - x_i}$$

称为 $f(x)$ 关于点 $x_i, x_{i+1}, \cdots, x_{i+k}$ 的 k 阶差商.

Newton 插值函数可以具体写为

$$N_n(x) = f(x_0) + f[x_0, x_1](x - x_0) + f[x_0, x_1, x_2](x - x_0)(x - x_1) + \cdots +$$
$$f[x_0, x_1, \cdots, x_n](x - x_0)(x - x_1) \cdots (x - x_{n-1}).$$

我们也可以推导 Newton 插值的余项

$$R_n(x) = f(x) - N_n(x).$$

定理 1.5 设目标函数 $f(x)$ 是定义在区间 $[a, b]$ 上的连续函数, 且插值节点 $x_0, x_1, \cdots,$ x_n 互不相同, 则对于 $\forall x \in [a, b]$, Newton 插值的余项为

$$R_n(x) = f[x, x_0, x_1, \cdots, x_n](x - x_0)(x - x_1) \cdots (x - x_n).$$

证明: 根据差商的定义, 我们能够写出下列等式:

$$f[x] = f[x_0] + f[x, x_0](x - x_0),$$

$$f[x, x_0] = f[x_0, x_1] + f[x, x_0, x_1](x - x_1),$$

$$f[x, x_0, x_1] = f[x_0, x_1, x_2] + f[x, x_0, x_1, x_2](x - x_2),$$

$$\vdots$$

$$f[x, x_0, \cdots, x_{n-2}] = f[x_0, x_1, \cdots, x_{n-1}] + f[x, x_0, x_1, \cdots, x_{n-1}](x - x_{n-1}),$$

$$f[x, x_0, \cdots, x_{n-1}] = f[x_0, x_1, \cdots, x_n] + f[x, x_0, x_1, \cdots, x_n](x - x_n).$$

依次将后一式代入前一式, 则有

$$f(x) = f[x] = N_n(x) + f[x, x_0, x_1, \cdots, x_n](x - x_0)(x - x_1) \cdots (x - x_n).$$

1.2.4 分片线性插值

1901 年, 德国数学家 C. Runge 构造了一个反例, 说明 Lagrange 插值多项式与 Newton 插值多项式在逼近一些函数的时候, 逼近效果并不是完全随着多项式次数的增加越来越好的. 这个反例被称为 Runge 现象.

例 1.4(Runge 现象) 设函数 $R(x)$ 为

$$R(x) = \frac{1}{1+x^2}, \quad x \in [-5, 5].$$

若将插值节点选取为等距节点

$$x_i = -5 + \frac{10i}{n}, \quad i = 0, 1, \cdots, n,$$

则 Lagrange 插值与 Newton 插值失效, 表现为: 当 n 增大时, 在区间 $[-5,5]$ 两端附近误差迅速增大 (见图 1-2).

图 1-2 Runge 现象

图 1-2 显示了当 $n = 10$ 时 Lagrange 插值与 Newton 插值的效果, 明显可以看出, 在区间的两端附近插值曲线出现振荡.

由于 Lagrange 插值基函数与 Newton 插值基函数是全局多项式函数, 因此解决 Runge 现象的一个有效办法是构造分片多项式逼近. 其中最简单的方法之一是采用分片线性插值. 假设 $f(x)$ 是定义在 $[a,b]$ 上的目标函数, 分片线性插值需要构造若干条首尾相接的折线通过数据对 $(x_0, y_0), (x_1, y_1), \cdots, (x_n, y_n)$, 要求这样的插值函数 $\tilde{L}(x)$ 满足条件:

(1)$\tilde{L}(x) \in C[a,b]$;

(2)$\tilde{L}(x)$ 在每一个片段 $[x_i, x_{i+1}](i = 0, 1, \cdots, n-1)$ 上都是一次多项式.

用类似 Lagrange 插值的思想来构造分片线性插值函数, 其试探空间可以写为

$$V = \text{span}\{\tilde{l}_0(x), \tilde{l}_1(x), \cdots, \tilde{l}_n(x)\},$$

其中分片线性插值基函数为

$$\tilde{l}_i(x) = \begin{cases} \dfrac{x - x_{i-1}}{x_i - x_{i-1}}, & x \in [x_{i-1}, x_i], \\[2mm] \dfrac{x - x_{i+1}}{x_i - x_{i+1}}, & x \in [x_i, x_{i+1}], \\[2mm] 0, & \text{其他}. \end{cases}$$

基函数 $\tilde{l}_i(x)$ 的图像形如一顶帽子 (见图 1-3), 因此常常被称为帽子函数. 满足条件 (1) 和条件 (2) 的分片线性插值函数为

$$\tilde{L}(x) = \sum_{i=0}^{n} y_i \tilde{l}_i(x).$$

图 1-3　基函数 $\tilde{l}_i(x)$ 的图像

记网格步长

$$h = \max_{0 \leqslant i \leqslant n-1} |x_{i+1} - x_i|,$$

我们同样可以推导分片线性插值的插值余项

$$R(x) = f(x) - \tilde{L}(x).$$

定理 1.6　设目标函数 $f(x) \in C^2[a, b]$, 则

$$|R(x)| \leqslant \frac{Mh^2}{8}, \quad x \in [a, b],$$

其中 $M = \max_{x \in [a,b]} |f''|$.

证明: 对于 $\forall x \in [a, b]$, 一定存在某一个片段 $[x_{i-1}, x_i]$ 包含 x. 该片段上的局部插值函数 (折线) 可以写为

$$L(x) = y_i \frac{x - x_{i-1}}{x_i - x_{i-1}} + y_{i-1} \frac{x - x_i}{x_{i-1} - x_i}.$$

利用 Lagrange 插值余项定理的结论 (定理 1.4), 我们有

$$|R(x)| = |f(x) - \tilde{L}(x)| = |f(x) - L(x)| = \frac{1}{2} |f''(\xi)| |(x - x_{i-1})(x - x_i)|.$$

利用不等式

$$|(x - x_{i-1})(x - x_i)| \leqslant \frac{h^2}{4},$$

即得到定理的证明.

观察图 1-4 可知, 分片线性插值有效避免了 Runge 现象.

图 1-4 分片线性插值

1.2.5 Hermite 插值

在有些实际应用中, 样本点不仅包括函数值 $y_0, y_1, \cdots, y_n$, 也包括函数的一阶导数值 $y_0', y_1', \cdots, y_n'$. 这样就需要构造一个 $2n + 1$ 次多项式 $H_{2n+1}(x)$, 使其满足插值条件

$$H_{2n+1}(x_i) = y_i, \quad H_{2n+1}'(x_i) = y_i', \quad i = 0, 1, \cdots, n.$$

我们把这种插值方案称作 Hermite 插值, $H_{2n+1}(x)$ 称作 Hermite 插值函数.

现在每个节点对应了两个基函数 $\phi_i(x)$ 与 $\psi_i(x)$, 这两个基函数分别满足

$$\phi_i(x_k) = \begin{cases} 1, & k = i \\ 0, & k \neq i \end{cases}, \quad \phi_i'(x_k) = 0, \quad i, k = 0, 1, \cdots, n;$$

$$\psi_i'(x_k) = \begin{cases} 1, & k = i \\ 0, & k \neq i \end{cases}, \quad \psi_i(x_k) = 0, \quad i, k = 0, 1, \cdots, n.$$

插值多项式可表示为

$$H_{2n+1}(x) = \sum_{i=0}^{n} [y_i \phi_i(x) + y_i' \psi_i(x)].$$

因此, Hermite 插值的试探空间为

$$V = \text{span}\{\phi_0(x), \phi_1(x), \cdots, \phi_n(x), \psi_0(x), \psi_1(x), \cdots, \psi_n(x)\}.$$

我们这里仅推算一个区间片段 $[x_i, x_{i+1}]$ 上的三次 Hermite 插值函数的具体表达式, 即片段上的四个基函数分别是 $\phi_i(x), \phi_{i+1}(x), \psi_i(x), \psi_{i+1}(x)$. 其中 $\phi_i(x)$ 满足如下条件:

$$\phi_i(x_i) = 1, \quad \phi_i(x_{i+1}) = \phi_i'(x_i) = \phi_i'(x_{i+1}) = 0.$$

假设 $\phi_i(x) = (ax + b)(x - x_{i+1})^2$, 代入插值条件并使用待定系数法可以得到

$$\phi_i(x) = \left(1 + 2\frac{x - x_i}{x_{i+1} - x_i}\right)\left(\frac{x - x_{i+1}}{x_i - x_{i+1}}\right).$$

用类似的方法, 可以计算出其他基函数的表达式

$$\phi_{i+1}(x) = \left(1 + 2\frac{x - x_{i+1}}{x_i - x_{i+1}}\right)\left(\frac{x - x_i}{x_{i+1} - x_i}\right),$$

$$\psi_i(x) = (x - x_i)\left(\frac{x - x_{i+1}}{x_i - x_{i+1}}\right)^2,$$

$$\psi_{i+1}(x) = (x - x_{i+1})\left(\frac{x - x_i}{x_{i+1} - x_i}\right)^2.$$

因此, 区间 $[x_i, x_{i+1}]$ 上的三次 Hermite 插值函数可写为

$$H_3(x)|_{[x_i, x_{i+1}]} = y_i\phi_i(x) + y_{i+1}\phi_{i+1}(x) + y_i'\psi_i(x) + y_{i+1}'\psi_{i+1}(x).$$

图 1-5 显示了基函数 $\phi_i(x)$ 和 $\psi_i(x)$ 的图像.

(a) 基函数 $\phi_i(x)$　　　　(b) 基函数 $\psi_i(x)$

图 1-5　基函数 $\phi_i(x)$ 和 $\psi_i(x)$ 的图像

定理 1.7　设目标函数 $f(x) \in C^4[a, b]$, $H_3(x)$ 是分片三次 Hermite 插值函数, 则

$$\|f(x) - H_3(x)\|_\infty \leqslant \frac{Mh^4}{384}, \quad x \in [a, b],$$

其中, $\|f\|_\infty = \max_{x \in [a,b]} |f(x)|$, $M = \max_{x \in [a,b]} |f^{(4)}|$.

证明: 显然, 只需对于 $x \neq x_i$ 的情形证明不等式成立. 对于 $\forall x \in [a, b]$, 一定存在某一个片段 (x_{i-1}, x_i) 包含 x. 记

$$R(x) = f(x) - H_3(x),$$

则 $R(x)$ 满足

$$R(x_{i-1}) = f(x_{i-1}) - H_3(x_{i-1}) = y_{i-1} - y_{i-1} = 0,$$

$$R(x_i) = f(x_i) - H_3(x_i) = y_i - y_i = 0,$$

$$R^{'}(x_{i-1}) = f^{'}(x_{i-1}) - H_3^{'}(x_{i-1}) = y_{i-1}^{'} - y_{i-1}^{'} = 0,$$

$$R^{'}(x_i) = f^{'}(x_i) - H_3^{'}(x_i) = y_i^{'} - y_i^{'} = 0.$$

因此, $R(x)$ 可以表示为

$$R(x) = m(x)(x - x_{i-1})^2(x - x_i)^2.$$

令

$$w(t) = (t - x_{i-1})^2(t - x_i)^2,$$

并构造辅助函数

$$E(t) = R(t) - m(x)w(t).$$

由 Rolle 定理可知, 在 (x_{i-1}, x_{i+1}) 上存在一点 ξ, 使得

$$E^{(4)}(\xi) = 0.$$

从而可知

$$m(x) = \frac{f^{(4)}(\xi)}{4!}.$$

最后利用不等式

$$|(x - x_{i-1})(x - x_i)| \leqslant \frac{h^2}{4},$$

便可得到定理的证明. ∎

1.2.6　三次样条函数插值

记 $P_{e_i}^3$ 为在每个剖分单元 e_i 上的三次多项式及在区间 $[a, b]$ 上二阶连续可微的函数全体. 取 P_e^3 为插值函数空间, 维数为 $n + 3$. 定义三次样条插值函数 $P_f(x) \in P_{e_i}^3$, 在所有内节点上满足

$$P_f(x_i) = y_i, \quad i = 1, 2, \cdots, n - 1. \tag{1-5}$$

为了确定 $P_f(x)$, 须提供其他 4 个插值条件. 方案有多种, 这里仅介绍如下方法:

$$P_f(x_0) = y_0, \ P_f(x_n) = y_n; \ P_f{}'(x_0) = y_0', \ P_f{}'(x_n) = y_n'. \tag{1-6}$$

下面给出具体的构造过程.

由于 $P_f(x)$ 在 e_i 上为三次多项式, 因此 $P_f''(x)$ 在 e_i 上为线性函数, 记 $M_i = P_f''(x_i)(i = 0, 1, \cdots, n)$, 步长 $h_i = x_i - x_{i-1}$, 则有

$$P_f{}''(x) = M_{i-1}\frac{x_i - x}{h_i} + M_i\frac{x - x_{i-1}}{h_i}, \quad x \in e_i, \ i = 1, 2, \cdots, n. \tag{1-7}$$

对式 (1-7) 积分两次, 并结合 $P_f(x_{i-1}) = y_{i-1}, P_f(x_i) = y_i$, 可得

$$P_f(x) = \frac{1}{6h_i}[(x_i - x)^3 M_{i-1} + (x - x_{i-1})^3 M_i] + \frac{1}{h_i}[(x_i - x)y_{i-1} + (x - x_{i-1})y_i] -$$
$$\frac{h_i}{6}[(x_i - x)M_{i-1} + (x - x_{i-1})M_i], \quad x \in e_i, i = 1, 2, \cdots, n. \tag{1-8}$$

由式 (1-8) 可知, 一旦 $M_i(i = 0, 1, \cdots, n)$ 被唯一确定, 那么插值函数 $P_f(x)$ 也就被唯一确定了.

进一步化简, 由式 (1-7) 和式 (1-8) 可以看到, $P_f(x)$ 和 $P_f''(x)$ 在区间 $[a, b]$ 上连续, 还需使得 $P_f'(x)$ 在 $[a, b]$ 上连续, 即

$$P_f'(x_j + 0) = P_f'(x_j - 0), \quad j = 1, 2, \cdots, n - 1. \tag{1-9}$$

将式 (1-8) 求导后代入式 (1-9), 可得

$$\frac{h_j}{6}M_{j-1} + \frac{h_j + h_{j+1}}{3}M_j + \frac{h_{j+1}}{6}M_{j+1} = \frac{P_{f_{j+1}} - P_{f_j}}{h_{j+1}} - \frac{P_{f_j} - P_{f_{j-1}}}{h_j},$$
$$j = 1, 2, \cdots, n - 1. \tag{1-10}$$

令

$$\lambda_j = \frac{h_{j+1}}{h_j + h_{j+1}}, \mu_j = 1 - \lambda_j = \frac{h_j}{h_j + h_{j+1}}, \quad j = 1, 2, \cdots, n - 1,$$

则式 (1-10) 可写为

$$\mu_j M_{j-1} + 2M_j + \lambda_j M_{j+1} = d_j, \quad j = 1, 2, \cdots, n - 1. \tag{1-11}$$

其中, $d_j = 6P_f[x_{j-1}, x_j, x_{j+1}], P_f[x_{j-1}, x_j, x_{j+1}]$ 表示 $P_f(x)$ 的二阶差商. 另外, $P_f'(x)$ 在 x_0 处右连续, 在 x_n 处左连续, 利用边界条件 $P_f'(x_0) = y_0', P_f'(x_n) = y_n'$, 可得

$$\begin{cases} 2M_0 + M_1 = \dfrac{6}{h_1}\left(\dfrac{y_1 - y_0}{h_1} - y_0'\right) := d_0, \\ M_{n-1} + 2M_n = \dfrac{6}{h_n}\left(y_n' - \dfrac{y_n - y_{n-1}}{h_n}\right) := d_n. \end{cases} \tag{1-12}$$

联立式 (1-11) 和式 (1-12), 便可得到求解待定系数 $M_0, M_1, \cdots, M_n$ 的 $n + 1$ 阶线性代数方程组

$$\begin{bmatrix} 2 & 1 & & & & & \\ \mu_1 & 2 & \lambda_1 & & & & \\ & \mu_2 & 2 & \lambda_2 & & & \\ & & \ddots & \ddots & \ddots & & \\ & & & \mu_{n-1} & 2 & \lambda_{n-1} \\ & & & & 1 & 2 \end{bmatrix} \begin{bmatrix} M_0 \\ M_1 \\ M_2 \\ \vdots \\ M_{n-1} \\ M_n \end{bmatrix} = \begin{bmatrix} d_0 \\ d_1 \\ d_2 \\ \vdots \\ d_{n-1} \\ d_n \end{bmatrix}. \tag{1-13}$$

方程组 (1-13) 的系数矩阵是严格对角占优的, 因此非奇异, 系数 $M_0, M_1, \cdots, M_n$ 可唯一被确定, 从而有以下定理.

定理 1.8　满足插值条件 (1-5)~(1-6) 的三次样条插值问题的解存在且唯一.

若取等距剖分, 即 $h_i = x_i - x_{i-1} = h = \dfrac{b-a}{n}, i = 1, 2, \cdots, n,$ 假设 $P_f \in C^4[a, b]$, 则有以下定理.

定理 1.9　设 $e(x) = f(x) - P_f(x)$ 为三次样条插值问题的误差函数, 则有

$$\|e''\|_{L^2} \leqslant cMh^2, \quad \|e'\|_\infty \leqslant cMh^{\frac{5}{2}}, \quad \|e\|_\infty \leqslant cMh^{\frac{7}{2}},$$

其中, $c = \dfrac{\sqrt{b-a}}{2}, \|e\|_{L^2} = \left[\displaystyle\int_a^b e(x)^2 \mathrm{d}x\right]^{\frac{1}{2}}, \|e\|_\infty = \max_{x \in [a,b]} |e(x)|.$

现在, 我们将通过构造样条函数空间的基函数来给出样条插值函数.

定义 1.4　k 次截断幂函数

$$x_+^k = \begin{cases} x^k, & x \geqslant 0, \\ 0, & x < 0 \end{cases}$$

及它的一阶、二阶直到 $k-1$ 阶导数都处处连续, 但它的 k 阶导数在 $x = 0$ 处为跳跃的阶梯函数. 我们可以给出 k 次样条函数空间 $S_e^P(k)$ 的一组基

$$\{1, x, \cdots, x^k, (x - x_i)_+^k, i = 1, 2, \cdots, n-1\},$$

这组基称为空间 $S_e^P(k)$ 的单边基, 它形式简单, 但没有紧支集, 故而给出另一组基, 称为 B 样条基. 它具有紧支集性和正性等. 为讨论方便, 假定剖分是等距的.

定义 1.5　对于整数节点, δ 表示步长为 1 的中心差分算子, 即

$$\delta f(x) = f\left(x + \frac{1}{2}\right) - f\left(x - \frac{1}{2}\right) = \left(E^{\frac{1}{2}} - E^{-\frac{1}{2}}\right) f(x),$$

其中 E^λ 是位移算子, $E^\lambda f(x) = f(x + \lambda)$.

令 δ^k 为步长为 1 的 m 阶中心差分算子, 定义 k 次 B 样条函数为

$$B_k(x) = \delta^{k+1}\left(\frac{x_+^k}{k!}\right).$$

它可由单边基线性表示.

引理 1.1

$$B_k(x) = \frac{1}{k!} \sum_{j=0}^{k+1} (-1)^j C_{k+1}^j \left(x + \frac{k+1}{2} - j\right)_+^k. \tag{1-14}$$

证明:
$$B_k(x) = \left(E^{\frac{1}{2}} - E^{-\frac{1}{2}}\right)^{k+1} \left(\frac{x_+^k}{k!}\right)$$

$$= \sum_{j=0}^{k+1} (-1)^j C_{k+1}^j E^{\frac{k+1-j}{2}} \cdot E^{-\frac{j}{2}} \left(\frac{x_+^k}{k!}\right)$$

$$= \sum_{j=0}^{k+1} (-1)^j C_{k+1}^j E^{\frac{k+1}{2} - j} \left(\frac{x_+^k}{k!}\right)$$

$$= \frac{1}{k!} \sum_{j=0}^{k+1} (-1)^j C_{k+1}^j \left(x + \frac{k+1}{2} - j \right)_+^k.$$

引理 1.2

$$\delta^n \left(f(x)g(x) \right) = \sum_{j=0}^n C_n^j \delta^j f \left(x - \frac{n-j}{2} \right) \delta^{n-j} g \left(x + \frac{j}{2} \right). \tag{1-15}$$

引理 1.3

$$k B_k(x) = \left(\frac{k+1}{2} - x \right) B_{k-1} \left(x - \frac{1}{2} \right) + \left(\frac{k+1}{2} + x \right) B_{k-1} \left(x + \frac{1}{2} \right).$$

证明: 在式 (1-15) 中取 $f(x) = x, g(x) = \dfrac{x_+^{k-1}}{k!}$ 可证得.

下面给出 B 样条函数的性质.

(1) 连续性

$B_k(x)$ 的 $k-1$ 阶导数连续, k 阶导数在

$$x_j = -\frac{k+1}{2} + j, \quad j = 0, 1, \cdots, k+1$$

处间断.

(2) 局部支撑性

当 $|x| \geqslant \dfrac{k+1}{2}$ 时, $B_k(x) = 0$.

(3) 对称性

$$B_k(-x) = B_k(x).$$

(4) 规范性

$$\int_{-\infty}^{+\infty} B_k(x) \mathrm{d}x = 1.$$

(5) 正性

当 $|x| < \dfrac{k+1}{2}$ 时, $B_k(x) > 0$. 由式 (1-14) 和 B 样条函数支集性质可知,

$$B_k(x) = \begin{cases} \dfrac{1}{k!} \sum_{j=0}^{l} (-1)^j C_{k+1}^j \left(x + \dfrac{k+1}{2} - j \right)^k, & x \in \left[l - \dfrac{k+1}{2}, l - \dfrac{k+1}{2} + 1 \right], \\ & l = 0, 1, \cdots, k, \\ 0, & \text{其他}. \end{cases}$$

另外，

$$B'_k(x) = \left(\delta^{k+1} \left(\frac{x_+^k}{k!} \right) \right)' = \delta^{k+1} \left(\frac{x_+^{k-1}}{(k-1)!} \right)$$

$$= \delta^k \left(\frac{(x+\frac{1}{2})_+^{k-1}}{(k-1)!} \right) - \delta^k \left(\frac{(x-\frac{1}{2})_+^{k-1}}{(k-1)!} \right)$$

$$= B_{k-1} \left(x + \frac{1}{2} \right) - B_{k-1} \left(x - \frac{1}{2} \right).$$

记等距剖分步长为 $h = \dfrac{b-a}{n}, a = x_0 < x_1 < \cdots < x_n = b, x_{-1} = a - h, x_{n+1} = b + h,$
利用三次 B 样条函数, 可给出如下 $n+3$ 个三次 B 样条基函数:

$$B_3 \left(\frac{x - x_i}{h} \right) = B_3(\frac{x - x_0}{h} - i), \quad i = -1, 0, \cdots, n+1.$$

那么样条插值函数可写为

$$P_f(x) = \sum_{i=-1}^{n+1} C_i B_3 \left(\frac{x - x_i}{h} \right).$$

其中 $C_i(i = -1, 0, \cdots, n+1)$ 为待定系数. 由插值条件 (1-6) 可得

$$P_f{}'(x_0) = \frac{1}{h} \sum_{i=-1}^{n+1} C_i B'_3(-i) = y'_0,$$

$$P_f(x_j) = \sum_{i=-1}^{n+1} C_i B_3(j - i) = y_j, \quad j = 0, 1, \cdots, n,$$

$$P_f{}'(x_n) = \sum_{i=-1}^{n+1} C_i B'_3(n - i) = y'_n,$$

于是, 有

$$\begin{cases} C_{-1} - C_1 = -2hy'_0, \\ C_{j-1} + 4C_j + C_{j+1} = 6y_j, \quad j = 0, 1, \cdots, n, \\ -C_{n-1} + C_{n+1} = 2hy'_n, \end{cases}$$

上式可写为矩阵形式

$$\boldsymbol{Ac} = \boldsymbol{b},$$

其中

$$\boldsymbol{A} = \begin{bmatrix} 1 & 0 & -1 & & & \\ 1 & 4 & 1 & & & \\ & \ddots & \ddots & \ddots & & \\ & & & 1 & 4 & 1 \\ & & & -1 & 0 & 1 \end{bmatrix}_{(n+3) \times (n+3)},$$

$$\boldsymbol{b} = [-2hy_0' \quad 6y_0 \quad \cdots \quad 6y_n \quad 2hy_n']^{\mathrm{T}}, \boldsymbol{c} = [C_{-1} \quad C_0 \quad \cdots \quad C_{n+1}]^{\mathrm{T}}.$$

由于系数矩阵 $\boldsymbol{A}$ 是一个不可约对角占优阵, 因此是非奇异的, 从而可求出唯一解 $\boldsymbol{c}$, 这样便给出了三次样条插值函数.

1.3 径向基函数插值

1.3.1 概述

1971 年, Hardy 第一次提出了用径向基函数构造多变量散乱数据插值. 1986 年, Micchelli 证明了 MQ (MultiQuadrics) 径向基函数插值矩阵的可逆性, 进而验证了 Frank 猜想, 大大推动了径向基函数的理论与应用研究. 径向基函数插值不受数据分布的影响 (即插值节点可以是任意散乱的), 不受维数的限制, 因而使用更加灵活多样. 本节将介绍径向基函数插值概念及相关理论.

图 1-6 显示了二维区域 $[0,1]^2$ 内的散乱数据分布.

图 1-6 289 个 Halton 散乱点

定义 1.6 如果存在一个单变量函数 $\phi : [0, \infty) \to \mathbb{R}$ 满足 $\varPhi(\boldsymbol{x}) = \phi(r), r = \|\boldsymbol{x}\|$, 其中 $\| \cdot \|$ 通常取为 $\mathbb{R}^d$ 上的欧几里得范数 $\| \cdot \|_2$, 则函数 $\varPhi : \mathbb{R}^d \to \mathbb{R}$ 被称为径向函数.

给定一个径向函数 $\varPhi$ 和一个散乱数据集 $\mathcal{X} = \{\boldsymbol{x}_1, \boldsymbol{x}_2, \cdots, \boldsymbol{x}_N\} \subset \mathbb{R}^d$, 我们可以构造如下试探空间:

$$V = \mathrm{span}\{\phi(\|\boldsymbol{x} - \boldsymbol{x}_1\|_2), \phi(\|\boldsymbol{x} - \boldsymbol{x}_2\|_2), \cdots, \phi(\|\boldsymbol{x} - \boldsymbol{x}_N\|_2)\}.$$

其中, 每一个 $\phi(\|\boldsymbol{x} - \boldsymbol{x}_i\|_2)(i = 1, 2, \cdots, N)$ 叫作径向基函数. 这里用 $\varPhi$ 表示多元函数, 用 ϕ 表示衍生出 $\varPhi$ 的单变量函数. 这样, 径向基插值函数可以写成

$$P_f(\boldsymbol{x}) = \sum_{i=1}^{N} c_i \phi(\|\boldsymbol{x} - \boldsymbol{x}_i\|_2), \quad \boldsymbol{x} \in \mathbb{R}^d. \tag{1-16}$$

假设目标函数的样本值为 $y_1, y_2, \cdots, y_N$, 使用插值条件

$$P_f(\boldsymbol{x}_i) = y_i, \quad i = 1, 2, \cdots, N,$$

将得到代数方程组

$$\begin{bmatrix} \phi(\|\boldsymbol{x}_1 - \boldsymbol{x}_1\|_2) & \phi(\|\boldsymbol{x}_1 - \boldsymbol{x}_2\|_2) & \cdots & \phi(\|\boldsymbol{x}_1 - \boldsymbol{x}_N\|_2) \\ \phi(\|\boldsymbol{x}_2 - \boldsymbol{x}_1\|_2) & \phi(\|\boldsymbol{x}_2 - \boldsymbol{x}_2\|_2) & \cdots & \phi(\|\boldsymbol{x}_2 - \boldsymbol{x}_N\|_2) \\ \vdots & \vdots & & \vdots \\ \phi(\|\boldsymbol{x}_N - \boldsymbol{x}_1\|_2) & \phi(\|\boldsymbol{x}_N - \boldsymbol{x}_2\|_2) & \cdots & \phi(\|\boldsymbol{x}_N - \boldsymbol{x}_N\|_2) \end{bmatrix} \begin{bmatrix} c_1 \\ c_2 \\ \vdots \\ c_N \end{bmatrix} = \begin{bmatrix} y_1 \\ y_2 \\ \vdots \\ y_N \end{bmatrix}.$$

如果上面方程组中的系数矩阵是可逆的, 则径向基函数插值有唯一解.

为了说明什么样的径向基函数能够保证其插值系数矩阵的可逆性, 我们先介绍 (严格) 正定和 (严格) 条件正定函数的概念. 严格正定和严格条件正定函数能够保证插值矩阵的非奇异性.

定义 1.7 假设对任意 N 个不同的数据 $\boldsymbol{x}_1, \boldsymbol{x}_2, \cdots, \boldsymbol{x}_N \in \mathbb{R}^d$ 和任意的 $\boldsymbol{c} = [c_1 \ c_2 \ \cdots \ c_N]^{\mathrm{T}} \in \mathbb{R}^N$, 实值连续函数 $\varPhi$ 满足

$$\sum_{j=1}^{N} \sum_{k=1}^{N} c_j c_k \varPhi(\boldsymbol{x}_j - \boldsymbol{x}_k) \geqslant 0,$$

则称函数 $\varPhi$ 是正定的. 若当且仅当 $\boldsymbol{c} = \boldsymbol{0}$ 时上面的二次型才为零, 则称该函数是严格正定的.

定义 1.8 假设对任意 N 个不同的数据 $\boldsymbol{x}_1, \boldsymbol{x}_2, \cdots, \boldsymbol{x}_N \in \mathbb{R}^d$, 任意阶数不超过 $m - 1$ 的实值多项式 $p(\boldsymbol{x})$ 以及满足条件

$$\sum_{j=1}^{N} c_j p(\boldsymbol{x}_j) = 0$$

的任意的 $\boldsymbol{c} = [c_1 \ c_2 \ \cdots \ c_N]^{\mathrm{T}} \in \mathbb{R}^N$, 实值连续函数 $\varPhi$ 满足

$$\sum_{j=1}^{N} \sum_{k=1}^{N} c_j c_k \varPhi(\boldsymbol{x}_j - \boldsymbol{x}_k) \geqslant 0,$$

则称函数 $\varPhi$ 是 m 阶条件正定的. 若当且仅当 $\boldsymbol{c} = \boldsymbol{0}$ 时上面的二次型才为零, 则称该函数是严格条件正定的.

表 1-3 列出了一些常用的径向函数, 包括全局支集与紧支集径向函数. ε 是一个尺度化常数, 其大小影响函数的支集大小和形状. 一般来说, ε 越小, 逼近效果越好. 然而在实际应用中, 如何确定最优的 ε 值, 使得试探空间逼近效果最好, 是一件很有挑战的事情. 选取 $r = \|\boldsymbol{x}\|_2 = \sqrt{x^2 + y^2}, \boldsymbol{x} = (x, y) \in \mathbb{R}^2$, 则表中的每一个 $\phi(r)$ 衍生出一个径向函数 $\varPhi(\boldsymbol{x})$, 然后向每一个节点 $\boldsymbol{x}_i$ 作平移便得到全部的径向基函数 $\varPhi(\|\boldsymbol{x} - \boldsymbol{x}_i\|_2)(i = 1, 2, \cdots, N)$.

表 1-3 常用的径向函数

Gaussian 函数	$\phi(r) = \mathrm{e}^{-(\varepsilon r)^2}$	C^∞	严格正定
IMQ 函数	$\phi(r) = \dfrac{1}{\sqrt{1 + (\varepsilon r)^2}}$	C^∞	严格正定
IQ 函数	$\phi(r) = \dfrac{1}{(1 + (\varepsilon r)^2)^2}$	C^∞	严格正定
Matérn 函数	$\phi(r) = \mathrm{e}^{-\varepsilon r}(1 + \varepsilon r)$	C^2	严格正定
MQ 函数	$\phi(r) = \sqrt{1 + (\varepsilon r)^2}$	C^∞	1 阶严格条件正定
广义 MQ 函数	$\phi(r) = (1 + (\varepsilon r)^2)^{\frac{3}{2}}$	C^∞	2 阶严格条件正定
截断幂函数	$\phi(r) = (1 - \varepsilon r)^2_+$	C^0	严格正定
截断指数函数	$\phi(r) = (\mathrm{e}^{1-\varepsilon r} - 1)^2_+$	C^0	严格正定
Wendland 函数	$\phi(r) = (1 - \varepsilon r)^4_+(4\varepsilon r + 1)$	C^2	严格正定
Wu 函数	$\phi(r) = (1 - \varepsilon r)^4_+(5(\varepsilon r)^3 + 20(\varepsilon r)^2 + 29\varepsilon r + 16)$	C^2	严格正定

表 1-3 中的 $(\cdot)_+$ 定义为

$$(x)_+ = \begin{cases} x, & x \geqslant 0, \\ 0, & x < 0. \end{cases}$$

1.3.2 再生核空间

为了说明径向基函数的插值误差估计, 本节我们介绍再生核空间的概念. 事实上, 每一个严格正定的径向函数都能生成一个再生核空间, 我们往往把这样的空间叫作本性空间. 这里先介绍再生核与再生核空间的概念.

定义 1.9 设 $f : \Omega \to \mathbb{R}$ 是 Hilbert 空间 $\mathcal{H}$ 中的一个函数. 若存在一个函数 $K : \Omega \times \Omega \to \mathbb{R}$ 满足条件 (1) 和条件 (2), 则称 K 是空间 $\mathcal{H}$ 的再生核, 称 $\mathcal{H}$ 是再生核空间.

(1) $K(\cdot, \boldsymbol{y}) \in \mathcal{H}, \forall \boldsymbol{y} \in \Omega$.

(2) $f(\boldsymbol{y}) = \langle f, K(\cdot, \boldsymbol{y}) \rangle_{\mathcal{H}}$, 其中 $\forall f \in \mathcal{H}, \forall \boldsymbol{y} \in \Omega$.

再生核空间有以下重要性质.

定理 1.10 设 $f : \Omega \to \mathbb{R}$ 是 Hilbert 空间 $\mathcal{H}$ 中的一个函数, 且空间 $\mathcal{H}$ 有再生核 K, 则:

(1) $K(\boldsymbol{x}, \boldsymbol{y}) = \langle K(\cdot, \boldsymbol{x}), K(\cdot, \boldsymbol{y}) \rangle_{\mathcal{H}}$.

(2) $K(\boldsymbol{x}, \boldsymbol{y}) = K(\boldsymbol{y}, \boldsymbol{x}), \boldsymbol{x}, \boldsymbol{y} \in \Omega$.

(3) 若序列 f_n 按照 Hilbert 范数收敛, 即当 $n \to \infty$ 时有 $\|f_n - f\|_{\mathcal{H}} \to 0$, 则意味着 f_n 逐点收敛于 f.

(4) K 是正定的.

证明: 性质 (1) 和性质 (2) 的证明是显然的. 我们使用再生核性质以及 Cauchy-Schwarz

不等式可以得到性质 (3) 的证明:

$$|f(\boldsymbol{x}) - f_n(\boldsymbol{x})| = |\langle f - f_n, K(\cdot, \boldsymbol{x})\rangle_{\mathcal{H}}| \leqslant \|f - f_n\|_{\mathcal{H}} \|K(\cdot, \boldsymbol{x})\|_{\mathcal{H}}.$$

另外, 对任意两两不同的数据 $\boldsymbol{x}_1, \boldsymbol{x}_2, \cdots, \boldsymbol{x}_N \in \Omega$, 以及 $\boldsymbol{c} \in \mathbb{R}^N$, 我们有

$$
\begin{aligned}
\sum_{j=1}^{N} \sum_{k=1}^{N} c_j c_k K(\boldsymbol{x}_j, \boldsymbol{x}_k) &= \sum_{j=1}^{N} \sum_{k=1}^{N} c_j c_k \langle K(\cdot, \boldsymbol{x}_j), K(\cdot, \boldsymbol{x}_k)\rangle_{\mathcal{H}} \\
&= \left\langle \sum_{j=1}^{N} c_j K(\cdot, \boldsymbol{x}_j), \sum_{k=1}^{N} c_k K(\cdot, \boldsymbol{x}_k) \right\rangle_{\mathcal{H}} \\
&= \left\| \sum_{j=1}^{N} c_j K(\cdot, \boldsymbol{x}_j) \right\|_{\mathcal{H}}^2 \geqslant 0.
\end{aligned}
$$

在前面一节中我们已经看到, 只要有一个径向函数, 向区域中的数据点作平移, 便可得到所有的插值基函数. 因此, 我们需要考虑的是如何由一个函数构造试探空间, 并在其上定义范数.

事实上, 定义 1.9 告诉我们 $\mathcal{H}$ 包含了所有如下形式的函数:

$$f = \sum_{j=1}^{N} c_j K(\cdot, \boldsymbol{x}_j), \quad \boldsymbol{x}_j \in \Omega.$$

而且我们有

$$
\begin{aligned}
\|f\|_{\mathcal{H}}^2 = \langle f, f\rangle_{\mathcal{H}} &= \langle \sum_{j=1}^{N} c_j K(\cdot, \boldsymbol{x}_j), \sum_{k=1}^{N} c_k K(\cdot, \boldsymbol{x}_k)\rangle_{\mathcal{H}} \\
&= \sum_{j=1}^{N} \sum_{k=1}^{N} c_j c_k \langle K(\cdot, \boldsymbol{x}_j), K(\cdot, \boldsymbol{x}_k)\rangle_{\mathcal{H}} \\
&= \sum_{j=1}^{N} \sum_{k=1}^{N} c_j c_k K(\boldsymbol{x}_j, \boldsymbol{x}_k).
\end{aligned}
$$

所以, 一旦给定一个核函数 $K: \Omega \times \Omega \to \mathbb{R}$, 我们就能定义一个有限维函数空间

$$N_K(\Omega) = \mathrm{span}\{K(\cdot, \boldsymbol{x}) : \boldsymbol{x} \in \Omega\} \tag{1-17}$$

以及双线性形式

$$\left\langle \sum_{j=1}^{N} c_j K(\cdot, \boldsymbol{x}_j), \sum_{k=1}^{N} d_k K(\cdot, \boldsymbol{y}_k) \right\rangle_K = \sum_{j=1}^{N} \sum_{k=1}^{N} c_j d_k K(\boldsymbol{x}_j, \boldsymbol{y}_k).$$

定理 1.11　如果 $K: \Omega \times \Omega \to \mathbb{R}$ 是一个严格正定的函数, 则 $\langle \cdot, \cdot \rangle_K$ 是定义在空间 $N_K(\Omega)$ 上的内积, K 是 $N_K(\Omega)$ 的再生核.

证明: $\langle \cdot, \cdot \rangle_K$ 显然是对称的.

另外, 对任意的 $f = \sum_{j=1}^{N} c_j K(\cdot, \boldsymbol{x}_j) \in N_K(\Omega)$, 我们有

$$\langle f, f \rangle_K = \sum_{j=1}^{N} \sum_{k=1}^{N} c_j c_k K(\boldsymbol{x}_j, \boldsymbol{x}_k) \geqslant 0.$$

由再生核的性质可知

$$\langle f, K(\cdot, \boldsymbol{x}) \rangle_K = \Big\langle \sum_{j=1}^{N} c_j K(\cdot, \boldsymbol{x}_j), K(\cdot, \boldsymbol{x}) \Big\rangle_K = \sum_{j=1}^{N} c_j K(\boldsymbol{x}, \boldsymbol{x}_j) = f(\boldsymbol{x}). \qquad \blacksquare$$

定义 1.10 设 $K: \Omega \times \Omega \to \mathbb{R}$ 是一个对称且严格正定的核. 由 K 生成的本性空间 $\mathcal{N}_K(\Omega)$ 是空间 $N_K(\Omega)$ 的完备化, 且有 $\|\cdot\|_K$-范数. 因而任意的 $f \in \mathcal{N}_K(\Omega)$ 可以表示为

$$f(\boldsymbol{x}) = \langle f, K(\cdot, \boldsymbol{x}) \rangle_K.$$

1.3.3 误差估计

本节讨论对目标函数 $f(\boldsymbol{x})$ 的径向基函数插值误差. 给定一个严格正定的径向函数 Φ, 则函数空间 $N_\Phi(\Omega)$ 在本性空间 $\mathcal{N}_\Phi(\Omega)$ 中是稠密的. 我们设 $P_f(\boldsymbol{x})$ 的插值表达式形如式 (1-5), 则未知解向量 $\boldsymbol{c} = [c_1 \quad c_2 \quad \cdots \quad c_N]^{\mathrm{T}}$ 可通过解下面的方程组得到

$$\boldsymbol{A}\boldsymbol{c} = \boldsymbol{b}, \tag{1-18}$$

其中, $\boldsymbol{b} = [f(\boldsymbol{x}_1) \quad f(\boldsymbol{x}_2) \quad \cdots \quad f(\boldsymbol{x}_N)]^{\mathrm{T}}$, $A_{ji} = \phi(\|\boldsymbol{x}_j - \boldsymbol{x}_i\|_2)$.

由于 Φ 是严格正定的, 因此式 (1-18) 有唯一解. 令 $\boldsymbol{e}^{(j)} \in \mathbb{R}^N$ 是第 j 个分量为 1、其余分量为 0 的单位向量, 且满足

$$\boldsymbol{A}\boldsymbol{d}^{(j)} = \boldsymbol{e}^{(j)}, \tag{1-19}$$

其中 $\boldsymbol{d}^{(j)} = [d_1^{(j)} \quad d_2^{(j)} \quad \cdots \quad d_N^{(j)}]^{\mathrm{T}}$. 定义一组新的基函数 (通常称为 Φ 的 Cardinal 基函数):

$$K_j^* = \sum_{i=1}^{N} d_i^{(j)} \Phi(\cdot, \boldsymbol{x}_i) \in N_K(\Omega),$$

则其满足

$$K_j^*(\boldsymbol{x}_i) = \delta_{ij} = \begin{cases} 1, & i = j, \\ 0, & i \neq j. \end{cases}$$

图 1-7(a) 是 Gaussian 函数在点 $(0.5, 0.5)$ 处的图像, 其中 $\varepsilon = 5$; 图 1-7(b) 为 Gaussian 函数的 Cardinal 基函数 K_j^* 在区域某一个内点处的图像.

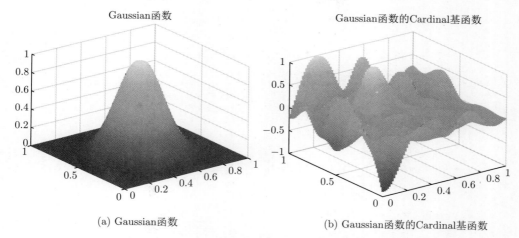

(a) Gaussian函数 　　　　　　　　(b) Gaussian函数的Cardinal基函数

图 1-7　Gaussian 函数及其 Cardinal 基函数

定理 1.12　设 Φ 是一个严格正定的径向函数, 则对任意两两不同的数据 $\boldsymbol{x}_1, \boldsymbol{x}_2, \cdots,$
$\boldsymbol{x}_N \in \Omega$, 存在唯一的 Lagrange 型函数 $K_j^* \in N_K(\Omega)$ 满足 $K_j^*(\boldsymbol{x}_i) = \delta_{ij}$.

证明: 唯一性由下面方程的可解性保证

$$\boldsymbol{A}\boldsymbol{K}^*(\boldsymbol{x}) = \boldsymbol{b}(\boldsymbol{x}),$$

其中

$$\boldsymbol{K}^*(\boldsymbol{x}) = [K_1^*(\boldsymbol{x})\quad K_2^*(\boldsymbol{x})\quad \cdots\quad K_N^*(\boldsymbol{x})]^{\mathrm{T}},$$

$$\boldsymbol{b}(\boldsymbol{x}) = [\Phi(\boldsymbol{x}, \boldsymbol{x}_1)\quad \Phi(\boldsymbol{x}, \boldsymbol{x}_2)\quad \cdots\quad \Phi(\boldsymbol{x}, \boldsymbol{x}_N)]^{\mathrm{T}}. \qquad\blacksquare$$

因此, 插值函数 $P_f(\boldsymbol{x})$ 也可写为

$$P_f(\boldsymbol{x}) = \sum_{i=1}^{N} f(\boldsymbol{x}_i) K_i^*(\boldsymbol{x}). \tag{1-20}$$

这样, 就可以给出本性空间 $\mathcal{N}_\Phi(\Omega)$ 上的一个初等的误差估计.

定理 1.13　假设 $\Phi : \Omega \times \Omega \to \mathbb{R}$ 是一个对称严格正定的径向函数. 对任意的目标函
数 $f \in \mathcal{N}_\Phi(\Omega)$, 其对应的径向基插值函数为 P_f, 则对任意的 $\boldsymbol{x} \in \Omega$, 我们有

$$|f(\boldsymbol{x}) - P_f(\boldsymbol{x})| \leqslant \sqrt{\Phi(\boldsymbol{x}, \boldsymbol{x}) - \boldsymbol{b}(\boldsymbol{x})^{\mathrm{T}} \boldsymbol{A}^{-1} \boldsymbol{b}(\boldsymbol{x})} \cdot \|f\|_\Phi.$$

证明: 由于 $f \in \mathcal{N}_\Phi(\Omega)$, 依本性空间的定义可知

$$f(\boldsymbol{x}) = \langle f, \Phi(\cdot, \boldsymbol{x}) \rangle_\Phi$$

且

$$P_f(\boldsymbol{x}) = \sum_{i=1}^{N} f(\boldsymbol{x}_i) K_i^*(\boldsymbol{x}) = \langle f, \sum_{i=1}^{N} K_i^*(\boldsymbol{x}) \Phi(\cdot, \boldsymbol{x}_i) \rangle_\Phi.$$

因此

$$|f(\boldsymbol{x}) - P_f(\boldsymbol{x})| = \left| \langle f, \Phi(\cdot, \boldsymbol{x}) - \sum_{i=1}^{N} K_i^*(\boldsymbol{x}) \Phi(\cdot, \boldsymbol{x}_i) \rangle_{\Phi} \right|$$

$$\leqslant \|f\|_{\Phi} \left\| \Phi(\cdot, \boldsymbol{x}) - \sum_{i=1}^{N} K_i^*(\boldsymbol{x}) \Phi(\cdot, \boldsymbol{x}_i) \right\|_{\Phi}.$$

$$\left\| \Phi(\cdot, \boldsymbol{x}) - \sum_{i=1}^{N} K_i^*(\boldsymbol{x}) \Phi(\cdot, \boldsymbol{x}_i) \right\|_{\Phi}^2$$

$$= \langle \Phi(\cdot, \boldsymbol{x}) - \sum_{i=1}^{N} K_i^*(\boldsymbol{x}) \Phi(\cdot, \boldsymbol{x}_i), \Phi(\cdot, \boldsymbol{x}) - \sum_{i=1}^{N} K_i^*(\boldsymbol{x}) \Phi(\cdot, \boldsymbol{x}_i) \rangle_{\Phi}$$

$$= \langle \Phi(\cdot, \boldsymbol{x}), \Phi(\cdot, \boldsymbol{x}) \rangle_{\Phi} - 2 \langle \Phi(\cdot, \boldsymbol{x}), \sum_{i=1}^{N} K_i^*(\boldsymbol{x}) \Phi(\cdot, \boldsymbol{x}_i) \rangle_{\Phi} +$$

$$\langle \sum_{j=1}^{N} K_j^*(\boldsymbol{x}) \Phi(\cdot, \boldsymbol{x}_j), \sum_{i=1}^{N} K_i^*(\boldsymbol{x}) \Phi(\cdot, \boldsymbol{x}_i) \rangle_{\Phi}$$

$$= \Phi(\boldsymbol{x}, \boldsymbol{x}) - 2 \sum_{i=1}^{N} K_i^*(\boldsymbol{x}) \Phi(\boldsymbol{x}, \boldsymbol{x}_i) + \sum_{i=1}^{N} \sum_{j=1}^{N} K_i^*(\boldsymbol{x}) K_j^*(\boldsymbol{x}) \Phi(\boldsymbol{x}_i, \boldsymbol{x}_j)$$

$$= \Phi(\boldsymbol{x}, \boldsymbol{x}) - 2 (\boldsymbol{K}^*(\boldsymbol{x}))^{\mathrm{T}} \boldsymbol{b}(\boldsymbol{x}) + (\boldsymbol{K}^*(\boldsymbol{x}))^{\mathrm{T}} \boldsymbol{A} \boldsymbol{K}^*(\boldsymbol{x})$$

$$= \Phi(\boldsymbol{x}, \boldsymbol{x}) - (\boldsymbol{b}(\boldsymbol{x}))^{\mathrm{T}} \boldsymbol{A}^{-1} \boldsymbol{b}(\boldsymbol{x}).$$

1.4 最佳逼近

前面我们介绍了插值的概念以及各种有限维试探空间, 现在我们回到另一种近似目标函数的方法——最佳逼近. 在 1.1 节中我们已经看到, 所谓逼近, 就是希望近似函数 P_f 在某种度量下在每一个数据点的取值约等于样本值, 即

$$P_f(\boldsymbol{x}_i) \approx y_i, \quad i = 0, 1, \cdots \tag{1-21}$$

根据度量方式的不同, 我们依次介绍最小二乘拟合、最佳一致逼近和最佳平方逼近等. 简便起见, 本节我们始终假设目标函数是一元函数 $f(x)(x \in \mathbb{R})$.

1.4.1 最小二乘拟合

在近似一个目标函数的过程中, 我们有可能面临一个问题: 所需要使用的样本值可能多于目标函数所要求的数据个数 (比如修一条笔直的公路, 使其尽可能靠近周围三个不共线的站台). 显然, 这不是一个插值问题, 因为一条直线不可能通过三个不共线的点. 我们只能希望在某种度量下, 这条直线整体上接近给定的样本值. 不妨假设这条直线为多项式 $P(x) \in \mathbb{P}_1$:

$$P(x) = ax + b.$$

假设三组样本数据为 $(x_0, y_0), (x_1, y_1), (x_2, y_2)$, 计算数据点处的误差平方和

$$E(a, b) = \sum_{i=0}^{2} (y_i - P(x_i))^2 = \sum_{i=0}^{2} (y_i - ax_i - b)^2.$$

显然, $E(a, b)$ 是关于 a, b 的二元函数, 于是求解逼近问题转化为求解优化问题

$$E(a^*, b^*) = \min_{a, b \in \mathbb{R}} E(a, b),$$

这样的优化问题称为最小二乘问题.

上面的最小二乘问题是容易求解的. 我们知道 $E(a, b)$ 的最小值在其稳定点处达到, 因而需要求解方程组

$$\begin{cases} \dfrac{\partial E}{\partial a} = -\sum_{i=0}^{2} 2(y_i - ax_i - b)x_i = 0, \\ \dfrac{\partial E}{\partial b} = -\sum_{i=0}^{2} 2(y_i - ax_i - b) = 0, \end{cases}$$

这个方程组称为最小二乘问题的法方程组.

如果采用 k 次多项式

$$P(x) = a_0 + a_1 x + \cdots + a_k x^k$$

对 $n + 1 > k$ 组数据进行最小二乘拟合, 则得到

$$E(a_0, a_1, \cdots, a_k) = \sum_{i=0}^{n} (y_i - a_0 - a_1 x_i - a_2 x_i^2 - \cdots - a_k x_i^k)^2.$$

求解上面最小二乘问题的法方程组为

$$\sum_{j=0}^{k} \sum_{i=0}^{n} x_i^{j+m} a_j = \sum_{i=0}^{n} y_i x_i^m, \quad m = 0, 1, \cdots, k.$$

例 1.5 (超定方程组) 一个测量员测量三座山的高度, 在地面上测得山的高度分别为 $x_1 = 1200$ m, $x_2 = 1640$ m, $x_3 = 2300$ m. 为了进一步确定测量的精准程度, 测量员先爬上第一座山, 测量得到第一座山与第二座山的高度差 $x_2 - x_1 = 445$ m, 第一座山和第三座山的高度差 $x_3 - x_1 = 1110$ m; 然后爬到第二座山上, 测量得到 $x_3 - x_2 = 665$ m. 对以上的观察数据进行全面考虑, 则得到超定方程组

$$\begin{bmatrix} 1 & 0 & 0 \\ 0 & 1 & 0 \\ 0 & 0 & 1 \\ -1 & 1 & 0 \\ -1 & 0 & 1 \\ 0 & -1 & 1 \end{bmatrix} \begin{bmatrix} x_1 \\ x_2 \\ x_3 \end{bmatrix} = \begin{bmatrix} 1200 \\ 1640 \\ 2300 \\ 445 \\ 1110 \\ 665 \end{bmatrix}.$$

解: 使用最小二乘方法求解上面的超定方程组, 从而得到

$$x_1 = 1196.2 \text{ m}, \ x_2 = 1640.0 \text{ m}, \ x_3 = 2303.7 \text{ m}.$$

1.4.2 最佳一致逼近

现在考虑在给定度量 (范数 $\|\cdot\|$) 下的最佳逼近, 也就是对给定的目标函数 $f(x)$, 寻找一个多项式 $P^*(x) \in \mathbb{P}_n$, 使得

$$\|P^*(x) - f(x)\| = \min_{P \in \mathbb{P}_n} \|P(x) - f(x)\|.$$

常用的范数如下:

L^∞ 范数

$$\|f\|_\infty = \max_{x \in [a,b]} |f(x)|.$$

L^p 范数

$$\|f\|_p = \left(\int_a^b |f(x)|^p \mathrm{d}x \right)^{\frac{1}{p}}.$$

取 L^∞ 范数, 称为最佳一致逼近; 取 L^2 范数, 则称为最佳平方逼近.

设 $f(x) \in C[a,b]$, 称

$$\Delta(P) := \max_x |f(x) - P(x)|$$

为 $P(x)$ 与 $f(x)$ 的偏差. 称

$$E_n := \inf_{P \in \mathbb{P}_n} \Delta(P)$$

为 $\mathbb{P}_n$ 对 $f(x)$ 的最小偏差或最佳逼近.

以下定理给出了最佳一致逼近多项式的存在性.

定理 1.14 (Borel 存在定理) 对 $\forall f(x) \in C[a,b]$, $\exists P^*(x) \in \mathbb{P}_n$, 使得

$$\Delta(P^*) = E_n.$$

给定一个目标函数 $f(x)$, 以下定理提供了寻找最佳逼近多项式的方法.

定理 1.15 (Chebyshev 定理) n 次多项式 $P(x)$ 为 $f(x)$ 的最佳逼近多项式, 当且仅当 $P(x) - f(x)$ 在 $[a,b]$ 中点数不少于 $n+2$ 的点列 $a \leqslant x_1 < x_2 < \cdots < x_N \leqslant b$ 上正负交错地取到 $\Delta(P)$.

例 1.6 设 $f(x)$ 在 $[a,b]$ 上有二阶导数, 且 $f''(x)$ 在 $[a,b]$ 上不变号, 求 $f(x)$ 的线性最佳一致逼近多项式 $p_1(x) = a_0 + a_1 x$.

解: 由 Chebyshev 定理可知, 存在三个点 $a \leqslant x_1 \leqslant x_2 \leqslant x_3 \leqslant b$, 使得

$$p_1(x_1) - f(x_1) = -(p_1(x_2) - f(x_2)) = p_1(x_3) - f(x_3).$$

由于 $f''(x)$ 不变号, 因此 $f'(x)$ 在 $[a,b]$ 上单调. 于是 $f'(x) - p_1'(x) = f'(x) - a_1 = 0$ 在 $[a,b]$ 上只有一个根 x_2, 另外两个点只能是端点, 即 $x_1 = a, x_3 = b$. 于是有

$$a_0 + a_1 a - f(a) = a_0 + a_1 b - f(b),$$

$$a_0 + a_1 a - f(a) = -(a_0 + a_1 x_2 - f(x_2)).$$

解得

$$a_1 = \frac{f(b) - f(a)}{b - a},$$

$$a_0 = \frac{1}{2}(f(a) + f(x_2)) - \frac{a + x_2}{2} \cdot \frac{f(b) - f(a)}{b - a}.$$

其中, x_2 可由方程 $f'(x) = a_1$ 解得.

1.4.3 最佳平方逼近

设 $f(x)$ 是定义在 $[a, b]$ 上的一个函数, 最佳平方逼近是寻找 $\mathbb{P}_n$ 中的多项式 $P^*(x)$ 使得

$$\int_a^b |P^*(x) - f(x)|^2 \mathrm{d}x = \min_{P \in \mathbb{P}_n} \int_a^b |P(x) - f(x)|^2 \mathrm{d}x,$$

我们称 $P^*(x)$ 是 $f(x)$ 的 n 次最佳平方逼近多项式.

设 $\{b_0(x), b_1(x), \cdots, b_n(x)\}$ 是 $\mathbb{P}_n$ 的一组基, 则求解以上最佳平方逼近问题就是构造

$$P(x) = c_0 b_0(x) + c_1 b_1(x) + \cdots + c_n b_n(x)$$

使得

$$E(c_0, \cdots, c_n) = \int_a^b (c_0 b_0(x) + c_1 b_1(x) + \cdots + c_n b_n(x) - f(x))^2 \mathrm{d}x$$

取值最小. 而 $E(c_0, \cdots, c_n)$ 的最小值可通过求其稳定点得到, 即

$$\frac{\partial E}{\partial c_j} = 0, 1, \quad j = 0, 1, \cdots, n,$$

从而得到线性方程组

$$\sum_{i=0}^n \left(\int_a^b b_i(x) b_j(x) \mathrm{d}x \right) c_i = \int_a^b f(x) b_j(x) \mathrm{d}x, \quad j = 0, 1, \cdots, n.$$

例 1.7 求区间 $[0, 1]$ 上函数 $f(x) = \mathrm{e}^x$ 的一次最佳平方逼近多项式.

解: 选取 $\mathbb{P}_1$ 基函数 $b_0(x) = 1, b_1(x) = x$, 则得到方程组

$$\begin{bmatrix} \int_0^1 b_0^2(x)\mathrm{d}x & \int_0^1 b_0(x)b_1(x)\mathrm{d}x \\ \int_0^1 b_1(x)b_0(x)\mathrm{d}x & \int_0^1 b_1^2(x)\mathrm{d}x \end{bmatrix} \begin{bmatrix} c_0 \\ c_1 \end{bmatrix} = \begin{bmatrix} \int_0^1 b_0(x)\mathrm{e}^x\mathrm{d}x \\ \int_0^1 b_1(x)\mathrm{e}^x\mathrm{d}x \end{bmatrix}.$$

计算可得

$$\begin{bmatrix} 1 & \frac{1}{2} \\ \frac{1}{2} & \frac{1}{3} \end{bmatrix} \begin{bmatrix} c_0 \\ c_1 \end{bmatrix} = \begin{bmatrix} \mathrm{e} - 1 \\ 1 \end{bmatrix},$$

从而解得

$$c_0 = 4\mathrm{e} - 10, \quad c_1 = -6\mathrm{e} + 18.$$

1.4.4 正交多项式

我们通过例 1.7 发现, 在最佳平方逼近问题的计算中, 如果选取一些合适的多项式基函数使离散矩阵具有较好的稀疏性, 则可大大简化线性方程组的求解, 而正交多项式具有这样的特点. 本节将介绍正交多项式的概念. 为此, 我们先介绍权函数和正交的定义.

定义 1.11 设 $w(x)$ 为区间 (a,b) 上的一个给定的非负函数, 满足对任意的非负连续函数 $g(x)$, 如果

$$\int_a^b w(x)g(x)\mathrm{d}x = 0,$$

则有 $g(x) \equiv 0, x \in [a,b]$.

对任意的 $f, g \in C[a,b]$, 我们称

$$(f,g) = \int_a^b w(x)f(x)g(x)\mathrm{d}x$$

为函数 f 和 g 的带权内积; 称

$$\|f\|_2 = \sqrt{(f,f)} = \sqrt{\int_a^b w(x)f^2(x)\mathrm{d}x}$$

为 f 的带权 $2-$ 范数, 其中 $w(x)$ 称为权函数.

定义 1.12 函数 $f, g \in [a,b]$ 如果满足

$$(f,g) = \int_a^b w(x)f(x)g(x)\mathrm{d}x = 0,$$

则称其为正交的.

定义 1.13 设 $\{b_0(x), b_1(x), \cdots\}$ 是 $\mathbb{P}_1[a,b]$ 中的一组线性无关的多项式, 如果

$$\int_a^b w(x)b_i(x)b_j(x)\mathrm{d}x = 0, \quad j \neq i,$$

则称 $\{b_0(x), b_1(x), \cdots\}$ 为区间 $[a,b]$ 上关于权函数 $w(x)$ 的正交多项式系.

通过选择不同的权函数 $w(x)$, 并使用 Gram-Schmidt 正交化方法, 可以得到一系列指定区间上的正交多项式.

常见的正交多项式有以下几类.

● Legendre 多项式

$$L_k(x) = \frac{1}{2^k k!} \frac{\mathrm{d}^k}{\mathrm{d}x^k}((x^2-1)^k),$$

其满足三项递推公式

$$\begin{cases} L_0(x) = 1, \quad L_1(x) = x, \\ L_{k+1}(x) = \dfrac{2k+1}{k+1}xL_k(x) - \dfrac{k}{k+1}L_{k-1}(x), \quad k = 1, 2, \cdots, \end{cases}$$

其中 $[a, b] = [-1, 1], w(x) = 1$.

- Chebyshev 多项式

$$T_k(x) = \cos(k \sec(x)),$$

其满足三项递推公式

$$\begin{cases} T_0(x) = 1, & T_1(x) = x, \\ T_{k+1}(x) = 2xT_k(x) - T_{k-1}(x), & k = 1, 2, \cdots, \end{cases}$$

其中 $[a, b] = [-1, 1], w(x) = \dfrac{1}{\sqrt{1 - x^2}}$.

- Laguerre 多项式

$$Q_k(x) = \frac{e^x}{k!} \frac{d^k}{dx^k}(e^{-x} x^k),$$

其满足三项递推公式

$$\begin{cases} Q_0(x) = 1, & Q_1(x) = 1 - x, \\ Q_{k+1}(x) = (1 + 2k - x)Q_k(x) - k^2 Q_{k-1}(x), & k = 1, 2, \cdots, \end{cases}$$

其中 $[a, b) = [0, +\infty), w(x) = e^{-x}$.

- Hermite 多项式

$$H_k(x) = (-1)^k e^{x^2} \frac{d^k}{dx^k} e^{-x^2},$$

其满足三项递推公式

$$\begin{cases} H_0(x) = 1, & H_1(x) = 2x, \\ H_{k+1}(x) = 2xh_k(x) - 2kH_{k-1}(x), & k = 1, 2, \cdots, \end{cases}$$

其中 $(a, b) = (-\infty, +\infty), w(x) = e^{-x^2}$.

1.5　程　　序

本节分别给出 Lagrange 插值、Newton 插值、分片线性插值、Hermite 插值的 MATLAB 程序.

```
1  % Lagrange插值
2  function y=Lagrange(x0,y0,x)
3  n=length(x0);
4  m=length(x);
5  for i=1:m
6    z=x(i);
7    s=0;
8    for j=1:n
9      p=1;
```

```
10      for k=1:n
11        if j~=k
12          p=p*(z-x0(k))/(x0(j)-x0(k));
13        end
14      end
15      s=p*y0(j)+s;
16    end
17    y(i)=s;
18  end
19  end
```

```
1   % Newton插值
2   function [y,A]=Newton(x0, y0, x)
3   n=length(x0);
4   m=length(x);
5   A=zeros(n,n);
6   A(:,1)=y0';
7   for t=1:m
8     for j=2:n
9       for i=j:n
10        A(i,j)=(A(i,j-1)- A(i-1,j-1))/(x0(i)-x0(i-j+1));
11      end
12    end
13    s=0;
14    for k=1:n
15      p=1.0;
16      for j=1:k-1
17        p=p*(x(t)-x0(j));
18      end
19      s=s+A(k,k)*p;
20    end
21    y(t)=s;
22  end
23  A;
24  end
```

```
1   %分片线性插值
2   function y=piecewise(x0,y0,x)
3   %(x0,y0)是原数据,x 是插值点
4   n=length(x0);
5   m=length(x);
6   for j=1:m
7     for i=1:n
```

```
8        if x0(i)<x(j) && x(j)<x0(i+1)
9          L1=(x(j)-x0(i+1))/(x0(i)-x0(i+1));
10         L2=(x(j)-x0(i))/(x0(i+1)-x0(i));
11         y(j)=L1*y0(i)+L2*y0(i+1);
12         break;
13       elseif x0(i)==x(j)
14         y(j)=y0(i);
15       end
16     end
17   end
18 end
```

```
1  % Hermite插值
2  function y=Hermite(X,Y,Y1,x)
3  n=length(X);
4  m=length(x);
5  for t=1:m
6    z=x(t);s=0.0;
7    for i=1:n
8      h=1.0;
9      a=0.0;
10     for j=1:n
11       if(j~=i)
12         h=h*(z-X(j))^2/((X(i)-X(j))^2);
13         a=a+1/(X(i)-X(j));
14       end
15     end
16     s=s+h*((X(i)-z)*(2*a*Y(i)-Y1(i))+Y(i));
17   end
18   y(t)=s;
19 end
20 end
```

1.6 注 记

本章介绍了科学计算领域中最常用的数值模拟手段: 插值与逼近. 除了介绍多项式插值、样条插值, 本章还特别介绍了径向基函数插值方法, 这些内容在其他教科书中是缺失的. 插值与逼近的关键技术在于构造合适的有限维近似空间 (本书中叫作试探空间), 进而从试探空间中选取合适的函数以逼近目标函数. 这些概念及相关理论在后续章节 (尤其是 "有限元方法" 和 "无网格方法") 中会广泛用到. 关于多项式插值, 可进一步阅读文献 [1-4].

本章中对径向基函数的介绍也仅仅是最初步的介绍. 事实上, 径向基函数所涉及的再生核 Hilbert 空间、本性空间等相关理论是较为复杂的, 而本书仅引入了其最基本的概念和相关原理, 要更深入地了解可参考文献 [5-7]. 在常用径向函数列表中, 我们除了介绍传统的全局支集径向函数 (如 Gaussian 函数、IMQ 函数、MQ 函数等), 还特别介绍了紧支集径向函数 (如 Wu 函数、Wendland 函数和截断指数函数等). 径向基函数的灵活性体现在对节点数据的分布不做任何要求, 更适合高维散乱数据的插值与逼近. 图 1-8 使用截断指数函数对 Beethoven 头像进行了恢复 (散乱数据来源于文献 [8]). 径向基函数也是后续介绍无网格方法 (第 10 章) 的重要工具之一.

图 1-8 截断指数函数逼近 Beethoven 头像:163,663,1163,2663 个散乱点

习 题 1

1. 设 $f(x) \in C^4[a,b]$, 给定三个插值节点 $a \leqslant x_1 < x_2 < x_3 \leqslant b$, 试求三次多项式 $P(x)$, 使其满足插值条件

$$\begin{cases} P(x_i) = f(x_i), i = 1, 2, 3, \\ P'(x_i) = f'(x_i), i = 3, \end{cases}$$

并估计插值余项.

2. 设 $f(x) \in C^5[a,b]$, 给定三个插值节点 $a \leqslant x_1 < x_2 < x_3 \leqslant b$, 试求四次多项式 $P(x)$, 使其满足插值条件

$$\begin{cases} P(x_i) = f(x_i), i = 1, 2, 3, \\ P'(x_i) = f'(x_i), i = 1, 3, \end{cases}$$

并估计插值余项.

3. 假设 $l_0(x), l_1(x), \cdots, l_n(x)$ 是对应于 $n+1$ 个节点 $x_0 < x_1 < \cdots < x_n$ 的 Lagrange 基函数, 证明

(1) $\displaystyle\sum_{i=0}^{n} l_i(x) = 1$;

(2) $\displaystyle\sum_{i=0}^{n} x_i^k l_i(x) = x^k, k = 0, 1, \cdots, n$;

(3) $\sum_{i=0}^{n} (x_i - x)^k l_i(x) = 0, k = 0, 1, \cdots, n.$

4. 在 $[0, \pi/2]$ 区间上分别选取 $5, 10, 15, 20$ 个等距节点对函数 $\sin x$ 做 Lagrange 插值, 并由 Lagrange 插值余项

$$R_n(x) = \frac{\sin^{(n+1)}(\xi)}{(n+1)!} (x - x_0)(x - x_1) \cdots (x - x_n)$$

分别计算其最大误差.

5. 求四个节点 x_0, x_1, x_2, x_3 满足插值条件

$$N_3(x_i) = f(x_i), \quad i = 0, 1, 2, 3$$

的 Newton 插值多项式 $N_3(x)$.

6. 已知 $f(x) = x^2 - 3x + 1$, 构造基于节点 $x_0 = 0, x_1 = 1, x_2 = 2, x_3 = 3, x_4 = 4$ 的差商表, 并写出基于这些节点的 Newton 插值多项式 $N_4(x)$.

7. 若函数 $\varphi \in C[0, \infty) \cap C^{\infty}(0, \infty)$, $\varphi : [0, \infty) \to \mathbb{R}$ 满足

$$(-1)^l \varphi^{(l)}(r) \geqslant 0, \quad r > 0, \quad l = 0, 1, 2, \cdots,$$

则称其为完全单调的. 试讨论下列函数的完全单调性:

(1) $\varphi(r) = \varepsilon, \varepsilon \geqslant 0;$

(2) $\varphi(r) = \mathrm{e}^{-\varepsilon r}, \varepsilon \geqslant 0;$

(3) $\varphi(r) = \dfrac{1}{(1+r)^{\beta}}, \beta \geqslant 0.$

8. 给定区域 $[0, 1]^2$ 内的 25 个 Halton 节点, 如表 1-4 所示.

表 1-4　25 个 Halton 节点

序号	x	y
1	0.5	0.3333333333333333
2	0.25	0.6666666666666666
3	0.75	0.1111111111111111
4	0.125	0.4444444444444444
5	0.625	0.7777777777777777
6	0.375	0.2222222222222222
7	0.875	0.5555555555555556
8	0.0625	0.8888888888888888
9	0.5625	0.0370370370370370
10	0.3125	0.3703703703703703
11	0.8125	0.7037037037037037
12	0.1875	0.1481481481481481
13	0.6875	0.4814814814814814
14	0.4375	0.8148148148148147
15	0.9375	0.2592592592592592
16	0.03125	0.5925925925925926

续表

序号	x	y
17	0.53125	0.9259259259259258
18	0.28125	0.0740740740740740
19	0.78125	0.4074074074074074
20	0.15625	0.7407407407407407
21	0.65625	0.1851851851851851
22	0.40625	0.5185185185185185
23	0.90625	0.8518518518518517
24	0.09375	0.2962962962962963
25	0.59375	0.6296296296296297

(1) 用 Gaussian 径向函数 $\phi(r) = \mathrm{e}^{-(\varepsilon r)^2}$ 对目标函数 $f(x, y)$ 进行散乱数据插值实验, 其中

$$
\begin{aligned}
f(x, y) = {} & 0.75\exp(-((9x - 2)^2 + (9y - 2)^2)/4) + \\
& 0.75\exp(-((9x + 1)^2/49 + (9y + 1)^2/10)) + \\
& 0.5\exp(-((9x - 7)^2 + (9y - 3)^2)/4) - \\
& 0.2\exp(-((9x - 4)^2 + (9y - 7)^2)).
\end{aligned}
$$

取 $r = \sqrt{x^2 + y^2}$, 并分别选取 $\varepsilon = 0.5, 1.5, 2.5, 3.5, 4.5$, 观察插值误差 (取 L^∞ 误差) 变化情况, 观察插值矩阵条件数的变化规律.

(2) 固定 $\varepsilon = 2.5$, 在 Gaussian 径向函数中取 $r = (|x|^p + |y|^p)^{1/p}$, 观察 $p = 1, 2, 3, 4$ 时插值误差的变化情况.

(3) 固定 $\varepsilon = 2.5$, 取 $r = \sqrt{x^2 + y^2}$, 比较 Gaussian 函数、IMQ 函数、MQ 函数的插值误差.

(4) 固定 $\varepsilon = 2.5$, 取 $r = \sqrt{x^2 + y^2}$, 绘制 Gaussian 函数的 Cardinal 基函数在内点 $(0.5, 0.5)$ 处的函数图像.

9. 已知 $\Omega \subset \mathbb{R}$, 假设 $\Phi : \Omega \times \Omega \to \mathbb{R}$ 是一个正定的径向函数, 证明

(1) $\Phi(-\boldsymbol{x}) = \Phi(\boldsymbol{x})$;

(2) $|\Phi(\boldsymbol{x})| \leqslant \Phi(\boldsymbol{0})$.

10. 假设 Φ_1, Φ_2 是两个正定的径向函数, 证明 $\Phi_1\Phi_2$ 也是正定的.(提示: 用 Schur 定理.)

11. 求下列函数在区间 $[-1, 1]$ 上的线性最佳一致逼近多项式.

(1) $f(x) = x^2 - x + 1$;

(2) $f(x) = \mathrm{e}^{-x}$.

12. 求区间 $[0, 1]$ 上函数 $f(x) = \mathrm{e}^x$ 的二次最佳平方逼近多项式.

第 2 章
数值微分与数值积分

2.1 问题介绍

在很多实际应用中, 我们会碰到目标函数非常复杂或者 $f(x)$ 没有完整的表达式而仅有若干个数据节点上的离散测量值的情形. 这时, 我们就需要考虑数值求微分和数值求积分的办法. 实际上, 通过第 1 章的学习我们已经知道, 可以选择用简单多项式函数 $P(x)$ 的微分代替 $f(x)$ 的微分, 用 $P(x)$ 的积分代替 $f(x)$ 的积分.

问题 2.1 设 $f(x)$ 是定义在区间 $[a,b]$ 上的一个函数, 给定表 2-1 中的一些数据对 (包括节点 x_j 与相对应的样本值 $f(x_j)$), 如何计算 $f(x)$ 在各节点处的导数值

$$f'(x_j), f''(x_j), \cdots, \quad j = 0, 1, 2, \cdots, \tag{2-1}$$

以及定积分

$$\int_a^b f(x)\mathrm{d}x. \tag{2-2}$$

式 (2-1) 叫作数值微分, 式 (2-2) 叫作数值积分.

表 2-1 节点及样本值

x	x_0	x_1	x_2	$\cdots$	x_n
$f(x)$	$f(x_0)$	$f(x_1)$	$f(x_2)$	$\cdots$	$f(x_n)$

2.2 数值微分

2.2.1 Taylor 展开求导

我们假设节点 $x_0, x_1, \cdots, x_n$ 在区间 $[a,b]$ 上是等距分布的, 记步长为 $h = \dfrac{b-a}{n}$. 给定一个光滑函数 $f(x)$, 则有 Taylor 展开式

$$f(x+h) = f(x) + f'(x)h + \frac{f''(x)}{2!}h^2 + \frac{f'''(x)}{3!}h^3 + \cdots, \tag{2-3}$$

$$f(x-h) = f(x) - f'(x)h + \frac{f''(x)}{2!}h^2 - \frac{f'''(x)}{3!}h^3 + \cdots. \tag{2-4}$$

从式 (2-3) 中求解 $f'(x)$, 可得到其表达式与近似表示:

$$f'(x) = \frac{f(x+h) - f(x)}{h} - \frac{f''(x)}{2}h + \cdots \approx \frac{f(x+h) - f(x)}{h}.$$

很明显, 这个近似的余项为 $O(h)$, 通常称为向前差分格式. 从式 (2-4) 中也可求得 $f'(x)$ 的表达式与近似表示:

$$f'(x) = \frac{f(x) - f(x-h)}{h} + \frac{f''(x)}{2}h + \cdots \approx \frac{f(x) - f(x-h)}{h}.$$

这个近似的余项也为 $O(h)$, 通常称为向后差分格式.

如果用式 (2-3) 减式 (2-4), 则可得到 $f'(x)$ 的另一种近似:

$$f'(x) = \frac{f(x+h) - f(x-h)}{2h} - \frac{f'''(x)}{6}h^2 + \cdots \approx \frac{f(x+h) - f(x-h)}{2h}.$$

这个近似的余项变成了 $O(h^2)$, 称为中心差分格式.

为了计算二阶导数 $f''(x)$ 的逼近, 我们将式 (2-3) 与式 (2-4) 相加得到

$$\begin{aligned}
f''(x) &= \frac{f(x+h) - 2f(x) + f(x-h)}{h^2} - \frac{f^{(4)}(x)}{12}h^2 + \cdots \\
&\approx \frac{f(x+h) - 2f(x) + f(x-h)}{h^2}.
\end{aligned}$$

这个近似的余项为 $O(h^2)$, 是二阶导数的中心差分格式.

我们从上面计算 $f'(x)$ 与 $f''(x)$ 的过程发现:

● 函数 $f(x)$ 在节点 x_i 处的 k 阶导数总是可以近似为

$$f^{(k)}(x_i) \approx \sum_{j=-m}^{n} f(x_{i+j}) A_{i+j},$$

其中 m, n 均为整数, A_{i+j} 是一些与 $f(x)$ 无关的组合系数. 当 $k = 2$ 时, 我们可以看到, 对二阶中心差分格式而言

$$n = m = 1, A_i = -\frac{2}{h^2}, A_{i+1} = \frac{1}{h^2}, A_{i-1} = \frac{1}{h^2}.$$

● 当 $h \to 0$ 时, 差分格式的截断误差也是趋向于 0 的. 而精度更高的逼近格式取决于 $f(x)$ 的光滑性质以及 m, n 的选取. 显然, 一个高精度格式需要一个更长的组合表达式.

将式 (2-3) 与式 (2-4) 相加并保留 $O(h^6)$ 截断项, 则得到

$$f(x+h) + f(x-h) = 2f(x) + f''(x)h^2 + \frac{1}{12}f^{(4)}(x)h^4 + O(h^6). \tag{2-5}$$

将式 (2-3) 与式 (2-4) 相减并保留 $O(h^7)$ 截断项, 则得到

$$f(x+h) - f(x-h) = 2f'(x)h + \frac{1}{3}f'''(x)h^3 + \frac{1}{60}f^{(5)}(x)h^5 + O(h^7). \tag{2-6}$$

对式 (2-5) 求导并计算出 $f'''(x)$, 有

$$f'''(x) = \frac{f'(x+h) - 2f'(x) + f'(x-h)}{h^2} - \frac{1}{12}f^{(5)}(x)h^2 + O(h^4). \tag{2-7}$$

将式 (2-7) 代入式 (2-6) 中, 可得到关于 f' 的方程

$$f'(x) = \frac{f(x+h) - f(x-h)}{2h} - \frac{1}{6}(f'(x+h) - 2f'(x) + f'(x-h)) + O(h^4). \qquad (2\text{-}8)$$

去掉高阶项 $O(h^4)$, 式 (2-8) 便提供了另一种数值求导方法.

假如已知 $f'(x_0)$ 与 $f'(x_n)$, 则可通过求解方程组

$$f'(x_{i+1}) + 4f'(x_i) + f'(x_{i-1}) = \frac{3}{h}(f(x_{i+1}) - f(x_{i-1})), \quad i = 1, \cdots, n-1,$$

求出 $f(x)$ 在全部内点处的导数值.

以上计算 $f'(x)$ 的方法叫隐式方法, 该方法逼近误差达到了 $O(h^4)$.

2.2.2　插值型求导

事实上, 有了表 2-1 的数据和函数样本值, 我们可以首先构造 $f(x)$ 的插值或逼近函数. 如果逼近函数具有一定的光滑性质, 则可进一步用逼近函数的导数代替 $f(x)$ 的导数. 这种数值求微分的方法是很自然的.

设 $f(x)$ 的插值函数为 $P_f(x)$, 插值余项为 $R(x)$, 则有

$$f'(x) - P_f'(x) = R'(x).$$

有了 $R(x)$, 求解 $R'(x)$ 是容易的. 我们这里考虑 Lagrange 插值的情况, 即 $P_f(x) = L_n(x)$, 此时

$$R(x) = \frac{f^{(n+1)}(\xi)}{(n+1)!}w(x),$$

其中 $w(x) = (x - x_0)(x - x_1)\cdots(x - x_n)$. 注意, 这里 ξ 是 x 的函数. 故

$$R'(x) = \frac{f^{(n+1)}(\xi)}{(n+1)!}w'(x) + \frac{w(x)}{(n+1)!}\frac{\mathrm{d}}{\mathrm{d}x}f^{(n+1)}(\xi),$$

$$R'(x_i) = \frac{f^{(n+1)}(\xi)}{(n+1)!}(x_i - x_0)\cdots(x_i - x_{i-1})(x_i - x_{i+1})\cdots(x_i - x_n).$$

下面我们通过 Lagrange 插值函数的导数来推导 f' 的具体表达形式.

● 两点公式

$f(x)$ 的线性 Lagrange 插值为

$$L_1(x) = \frac{x - x_1}{x_0 - x_1}f(x_0) + \frac{x - x_0}{x_1 - x_0}f(x_1),$$

对 $L_1(x)$ 求导得到

$$L_1'(x) = \frac{1}{x_0 - x_1}f(x_0) + \frac{1}{x_1 - x_0}f(x_1).$$

记 $h = x_1 - x_0$, 则

$$f'(x_0) \approx L_1'(x_0) = \frac{f(x_1) - f(x_0)}{h},$$

$$f'(x_1) \approx L_1'(x_1) = \frac{f(x_1) - f(x_0)}{h}.$$

- 三点公式

$f(x)$ 的二次插值多项式为

$$L_2(x) = \frac{(x - x_1)(x - x_2)}{(x_0 - x_1)(x_0 - x_2)}f(x_0) + \frac{(x - x_0)(x - x_2)}{(x_1 - x_0)(x_1 - x_2)}f(x_1) +$$
$$\frac{(x - x_0)(x - x_1)}{(x_2 - x_0)(x_2 - x_1)}f(x_2).$$

令 $x = x_0 + \alpha h$, $x_i = x_0 + ih$, 则插值表达式变为

$$L_2(x_0 + \alpha h) = \frac{1}{2}(\alpha - 1)(\alpha - 2)f(x_0) - \alpha(\alpha - 2)f(x_1) + \frac{1}{2}\alpha(\alpha - 1)f(x_2).$$

两边对 α 求导可得

$$L_2'(x_0 + \alpha h) = \frac{1}{2h}((2\alpha - 3)f(x_0) - 4(\alpha - 1)f(x_1) + (2\alpha - 1)f(x_2)).$$

分别代入 $\alpha = 0, 1, 2$, 得到 f' 在三个节点上的近似值:

$$f'(x_0) \approx L_2'(x_0) = \frac{1}{2h}(-3f(x_0) + 4f(x_1) - f(x_2)),$$
$$f'(x_1) \approx L_2'(x_1) = \frac{1}{2h}(-f(x_0) + f(x_2)),$$
$$f'(x_2) \approx L_2'(x_2) = \frac{1}{2h}(f(x_0) - 4f(x_1) + 3f(x_2)).$$

- 五点公式

用类似的办法, 我们可以近似计算 f' 在五个节点上的值:

$$f'(x_0) \approx \frac{1}{12h}(-25f(x_0) + 48f(x_1) - 36f(x_2) + 16f(x_3) - 3f(x_4)),$$
$$f'(x_1) \approx \frac{1}{12h}(-3f(x_0) - 10f(x_1) + 18f(x_2) - 6f(x_3) + f(x_4)),$$
$$f'(x_2) \approx \frac{1}{12h}(f(x_0) - 8f(x_1) + 8f(x_3) - f(x_4)),$$
$$f'(x_3) \approx \frac{1}{12h}(-f(x_0) + 6f(x_1) - 18f(x_2) + 10f(x_3) + 3f(x_4)),$$
$$f'(x_4) \approx \frac{1}{12h}(3f(x_0) - 16f(x_1) + 36f(x_2) - 48f(x_3) + 25f(x_4)).$$

2.3 数值积分

这一节讨论数值求积分的若干方法. 在给定区间 $[a, b]$ 上, 已知 $f(x)$ 在一些节点处的样本值 (见表 2-1), 构造函数在区间 $[a, b]$ 上的定积分的逼近公式. 我们这里只考虑一维情形, 而且总是假设函数 $f(x)$ 在 $[a, b]$ 上是连续的.

2.3.1 中点、梯形和 Simpson 求积公式

如果已知 $f(x)$ 在节点 $x = \dfrac{a+b}{2}$ 处的值, 则对定积分有如下简单的近似计算:

$$\int_a^b f(x)\mathrm{d}x \approx f(\frac{a+b}{2})(b-a),$$

这个求积公式称为中点公式.

定理 2.1 如果 $f(x) \in C^2[a,b]$, 则中点公式的截断误差为

$$\int_a^b f(x)\mathrm{d}x - f(\frac{a+b}{2})(b-a) = \frac{(b-a)^3}{24}f''(\xi), \quad \xi \in (a,b).$$

如果已知 $f(x)$ 在节点 $x = a, b$ 处的值, 则首先构造 $f(x)$ 的 Lagrange 插值

$$L_1(x) = \frac{x-b}{a-b}f(a) + \frac{x-a}{b-a}f(b),$$

用其代替被积函数并进行定积分近似计算, 可得

$$\int_a^b f(x)\mathrm{d}x \approx \int_a^b L_1(x)\mathrm{d}x = \frac{f(a)+f(b)}{2}(b-a),$$

这个求积公式称为梯形公式.

定理 2.2 如果 $f(x) \in C^2[a,b]$, 则梯形公式的截断误差为

$$\int_a^b f(x)\mathrm{d}x - \frac{f(a)+f(b)}{2}(b-a) = -\frac{(b-a)^3}{12}f''(\xi), \quad \xi \in (a,b).$$

如果已知 $f(x)$ 在节点 $x_0 = a, x_1 = \dfrac{a+b}{2}, x_2 = b$ 处的值, 则可构造 $f(x)$ 的 Lagrange 插值

$$L_2(x) = \frac{(x-x_1)(x-x_2)}{(x_0-x_1)(x_0-x_2)}f(a) + \frac{(x-x_0)(x-x_2)}{(x_1-x_0)(x_1-x_2)}f(\frac{a+b}{2}) + \frac{(x-x_0)(x-x_1)}{(x_2-x_0)(x_2-x_1)}f(b),$$

进而构造如下逼近

$$\int_a^b f(x)\mathrm{d}x \approx \int_a^b L_2(x)\mathrm{d}x = \frac{b-a}{6}[f(a) + 4f(\frac{a+b}{2}) + f(b)].$$

这个求积公式称为 Simpson 公式.

定理 2.3 如果 $f(x) \in C^4[a,b]$, 则 Simpson 公式的截断误差为

$$\int_a^b f(x)\mathrm{d}x - \frac{b-a}{6}[f(a) + 4f(\frac{a+b}{2}) + f(b)] = -\frac{(b-a)^5}{2880}f^{(4)}(\xi), \quad \xi \in (a,b).$$

一般来说, 如果已知 $f(x)$ 在节点 $x_0, x_1, \cdots, x_n$ 处的值, 则求积公式可以表示为

$$\int_a^b f(x)\mathrm{d}x \approx \sum_{j=0}^n f(x_j)A_j, \tag{2-9}$$

其中 A_j 与 f 无关, 称为求积系数.

为了比较各种求积公式的优劣, 需要引进代数精度的概念.

定义 2.1 对于式 (2-9), 若在其截断误差中将函数 $f(x)$ 取为

$$1, x, x^2, \cdots, x^k$$

时值均为零, 而取 x^{k+1} 时值不为零, 则称这个求积公式的代数精度为 k 阶.

根据定义, 显然, 中点公式与梯形公式的代数精度为 1 阶, 而 Simpson 公式的代数精度为 3 阶.

例 2.1 分别用中点公式、梯形公式和 Simpson 公式计算积分 $\int_0^1 \mathrm{e}^{-x}\mathrm{d}x$, 并估计误差.

解: 令 $a=0, b=1, f(x)=\mathrm{e}^{-x}$, 则实验结果如表 2-2 所示.

表 2-2 数值解及误差

	中点公式	梯形公式	Simpson 公式
数值解	0.6065	0.6839	0.6323
误差	2.56×10^{-2}	5.18×10^{-2}	2.13×10^{-4}

2.3.2 Newton-Cotes 求积公式

如果我们进一步增加节点的个数直至 $n+1$ 个

$$a = x_0 < x_1 < \cdots < x_n = b,$$

并假设节点等距分布, $h = \dfrac{b-a}{n}, x_i = a+ih$. 记 $x = a+th, t \in [0, n]$, 则可构造 Lagrange 插值

$$\begin{aligned}
L_n(x) &= \sum_{i=0}^n \left(\prod_{j=0, j\neq i}^n \frac{x-x_j}{x_i-x_j} \right) f(x_i) \\
&= \sum_{i=0}^n \left(\prod_{j=0, j\neq i}^n \frac{t-j}{i-j} \right) f(x_i) \\
&= \sum_{i=0}^n \frac{(-1)^{n-i}}{i!(n-i)!} \prod_{j=0, j\neq i}^n (t-j)f(x_i),
\end{aligned}$$

进而构造积分近似

$$\int_a^b f(x)\mathrm{d}x \approx \int_a^b L_n(x)\mathrm{d}x$$

$$= \frac{b-a}{n} \sum_{i=0}^{n} \left(\int_0^n \prod_{j=0,j\neq i}^{n} \frac{t-j}{i-j} \mathrm{d}t \right) f(x_i)$$

$$= \sum_{i=0}^{n} A_i f(x_i),$$

其中

$$A_i = (b-a)C_i^{(n)}, \quad C_i^{(n)} = \frac{(-1)^{n-i}}{i!(n-i)!n} \int_0^n \prod_{j=0,j\neq i}^{n} (t-j)\mathrm{d}t.$$

这种求积分公式称为 Newton-Cotes 公式. $C_i^{(n)}$ 通常叫作 Cotes 系数, 表 2-3 列出了 $n \leqslant 8$ 时的 Cotes 系数.

表 2-3 $n \leqslant 8$ 时的 Cotes 系数

n	$C_i^{(n)}$								
1	$\frac{1}{2}$	$\frac{1}{2}$							
2	$\frac{1}{6}$	$\frac{2}{3}$	$\frac{1}{6}$						
3	$\frac{1}{8}$	$\frac{3}{8}$	$\frac{3}{8}$	$\frac{1}{8}$					
4	$\frac{7}{90}$	$\frac{16}{45}$	$\frac{2}{15}$	$\frac{16}{45}$	$\frac{7}{90}$				
5	$\frac{19}{288}$	$\frac{25}{96}$	$\frac{25}{144}$	$\frac{25}{144}$	$\frac{25}{96}$	$\frac{19}{288}$			
6	$\frac{41}{840}$	$\frac{9}{35}$	$\frac{9}{280}$	$\frac{34}{105}$	$\frac{9}{280}$	$\frac{9}{35}$	$\frac{41}{840}$		
7	$\frac{751}{17280}$	$\frac{3577}{17280}$	$\frac{1323}{17280}$	$\frac{2989}{17280}$	$\frac{2989}{17280}$	$\frac{1323}{17280}$	$\frac{3577}{17280}$	$\frac{751}{17280}$	
8	$\frac{989}{28350}$	$\frac{5888}{28350}$	$\frac{-928}{28350}$	$\frac{10496}{28350}$	$\frac{-4540}{28350}$	$\frac{10496}{28350}$	$\frac{-928}{28350}$	$\frac{5888}{28350}$	$\frac{989}{28350}$

定理 2.4 Newton-Cotes 公式的代数精度至少为 n 阶; 当 n 为偶数时, 代数精度达到 $n+1$ 阶.

证明: 由于 n 次 Lagrange 插值的余项为

$$\frac{f^{(n+1)}(\xi)}{(n+1)!}(x-x_0)(x-x_1)\cdots(x-x_n), \quad \xi \in (a,b),$$

故 Newton-Cotes 公式的截断误差为

$$\int_a^b \frac{f^{(n+1)}(\xi)}{(n+1)!}(x-x_0)(x-x_1)\cdots(x-x_n)\mathrm{d}x.$$

根据代数精度的定义, 定理的第一个结论是显然的. 证明第二个结论, 只需要考虑当

$n = 2k$ 时,

$$\int_a^b (x - x_0)(x - x_1) \cdots (x - x_n)\mathrm{d}x = 0$$

成立. 考虑等距分布的节点, 取 $x = a + th$, 则得到

$$
\begin{aligned}
&\int_a^b (x - x_0)(x - x_1) \cdots (x - x_n)\mathrm{d}x \\
&= h^{n+2} \int_0^n t(t - 1) \cdots (t - n)\mathrm{d}t \\
&= h^{n+2} \int_{-k}^k (u + k)(u + k - 1) \cdots (u + 1)u(u - 1) \cdots (u - k)\mathrm{d}u \quad (\diamondsuit\, t = u + k) \\
&= h^{n+2} \int_{-k}^k u(u^2 - 1) \cdots (u^2 - k^2)\mathrm{d}u = 0.
\end{aligned}
$$

例 2.2 采用 Newton-Cotes 公式 ($n = 1, 2, 3, 4$ 时) 计算例 2.1 中的积分.

解: 实验结果如表 2-4 所示. 由于当 $n = 1, 2$ 时, Newton-Cotes 公式实际上分别是梯形公式与 Simpson 公式, 因此实验结果与表 2-2 相同.

表 2-4　数值解及误差

	$n = 1$	$n = 2$	$n = 3$	$n = 4$
数值解	0.6839	0.6323	0.6322	0.6321
误差	5.18×10^{-2}	2.13×10^{-4}	9.50×10^{-5}	3.16×10^{-7}

2.3.3　复合求积公式

如果区间 $[a, b]$ 的长度比较大, 则可将积分分成若干个片段上的积分之和. 比如等距节点分割

$$x_i = a + ih, \quad h = \frac{b - a}{n}, \quad i = 0, 1, \cdots, n,$$

根据积分的可加性质有

$$\int_a^b f(x)\mathrm{d}x = \sum_{i=0}^{n-1} \int_{x_i}^{x_{i+1}} f(x)\mathrm{d}x.$$

在每一个片段 $[x_i, x_{i+1}]$ 上使用中点公式、梯形公式和 Simpson 公式, 则可得到复合求积公式.

- 复合中点公式

$$\int_a^b f(x)\mathrm{d}x \approx h \sum_{i=0}^{n-1} f(x_{i+\frac{1}{2}}) \doteq M_n;$$

- 复合梯形公式

$$\int_a^b f(x)\mathrm{d}x \approx \frac{h}{2} \sum_{i=0}^{n-1} [f(x_i) + f(x_{i+1})] \doteq T_n;$$

- 复合 Simpson 公式

$$\int_a^b f(x)\mathrm{d}x \approx \frac{h}{6}\sum_{i=0}^{n-1}[f(x_i) + 4f(x_{i+\frac{1}{2}}) + f(x_{i+1})] \doteq S_n.$$

定理 2.5　如果 $f(x) \in C^4[a,b]$, 则复合求积公式的截断误差分别为

$$\left|\int_a^b f(x)\mathrm{d}x - M_n\right| \leqslant \frac{h^2}{24}C(b-a),$$

$$\left|\int_a^b f(x)\mathrm{d}x - T_n\right| \leqslant \frac{h^2}{12}C(b-a),$$

$$\left|\int_a^b f(x)\mathrm{d}x - S_n\right| \leqslant \frac{h^4}{2880}C_1(b-a),$$

其中 $C = \max_x |f''|$, $C_1 = \max_x |f^{(4)}|$.

2.3.4　Romberg 求积公式

事实上, 对复合梯形公式

$$T_n = \frac{h}{2}\sum_{i=0}^{n-1}[f(x_i) + f(x_{i+1})],$$

我们有下面的展开式.

定理 2.6 (Euler-MacLaurin 公式)　设区间 $[a,b]$ 被等距剖分, 其步长为 $h = \dfrac{b-a}{n}$.
设 $f(x) \in C^{2k+2}[a,b](k$ 为非负整数), 则存在 Bernoulli 数 $B_{2i}(i = 1,2,\cdots,k+1)$, 使得 T_n
有如下展开式:

$$T_n = \int_a^b f(x)\mathrm{d}x + \sum_{i=1}^k \frac{B_{2i}}{(2i)!}h^{2i}[f^{(2i-1)}(b) - f^{(2i-1)}(a)]+$$

$$\frac{B_{2k+2}}{(2k+2)!}(b-a)h^{2k+2}f^{(2k+2)}(\xi),$$

其中 $\xi \in (a,b)$.

由上述定理可知

$$T_n - \int_a^b f(x)\mathrm{d}x = a_1h^2 + a_2h^4 + \cdots + a_kh^{2k} + R(h), \tag{2-10}$$

其中 a_i 与 h 无关, 余项 $R(h)$ 满足

$$|R(h)| \leqslant Ch^{2k+2}.$$

我们取步长 $h = \dfrac{b-a}{2n}$, 替换式 (2-10) 中的 h, 则得到 T_{2n} 的截断误差

$$T_{2n} - \int_a^b f(x)\mathrm{d}x = \frac{1}{2^2}a_1h^2 + \frac{1}{2^4}a_2h^4 + \cdots + \frac{1}{2^{2k}}a_kh^{2k} + R\left(\frac{h}{2}\right). \tag{2-11}$$

式 (2-10) 两边同乘以 $\dfrac{1}{4}$, 与式 (2-11) 相减得到

$$\frac{4T_{2n} - T_n}{3} - \int_a^b f(x)\mathrm{d}x = \frac{1}{3}(\frac{1}{2^2} - 1)a_2 h^4 + \cdots + \frac{1}{3}(\frac{1}{2^{2k-2}} - 1)a_k h^{2k} + \frac{4R(\frac{h}{2}) - R(h)}{3}.$$

显然, 用 $\dfrac{4T_{2n} - T_n}{3}$ 近似定积分时, 截断误差提高到了 $O(h^4)$ 阶. 这种求积公式被称作 Romberg 求积公式.

2.3.5 Gauss 求积公式

考虑一种带权函数的求积公式

$$\int_a^b \rho(x)f(x)\mathrm{d}x \approx \sum_{k=1}^n A_k f(x_k), \tag{2-12}$$

其中 $\rho(x) > 0$, A_k 是一些常数. 如果固定节点数目 n 不变, 寻找合适的节点 x_k 和系数 A_k 使得式 (2-12) 能达到 $2n - 1$ 阶代数精度, 这样的数值求积分方法称作 n 点 Gauss 求积公式, 满足式 (2-12) 的节点 $x_k(k = 1, 2, \cdots, n)$ 称作 Gauss 点.

在式 (2-12) 中, 未知的参数总共有 $2n$ 个. 为了确定 Gauss 求积公式中的这些未知量, 可分别选取 $f(x) = 1, x, x^2, \cdots, x^{2n-1}$, 代入求积公式中使其准确成立, 从而通过求解一个有 $2n$ 个方程的方程组来确定节点和系数. 比如当 $\rho(x) = 1$ 时, 需要求解非线性方程组

$$\sum_{k=1}^n A_k x_k^j = \frac{1}{j + 1}(b^{j+1} - a^{j+1}), \quad j = 0, 1, \cdots, 2n - 1.$$

下面推导 $\rho(x) = 1$, $n = 1, 2$ 时的 Gauss 求积公式. 为简便起见, 我们先考虑区间 $[-1, 1]$ 上的情形, 而区间 $[a, b]$ 上的情形可由下面的积分变换式得到:

$$\int_a^b f(x)\mathrm{d}x = \frac{b - a}{2}\int_{-1}^1 f\left(\frac{a + b}{2} + \frac{b - a}{2}t\right)\mathrm{d}t.$$

- 当 $n = 1$ 时, 在积分公式

$$\int_{-1}^1 f(x)\mathrm{d}x = A_1 f(x_1)$$

中分别选取 $f(x) = 1, x$, 可解得 $A_1 = 2, x_1 = 0$. 代入式 (2-12) 中得到

$$\int_a^b f(x)\mathrm{d}x \approx f\left(\frac{a + b}{2}\right)(b - a).$$

- 当 $n = 2$ 时, 在积分公式

$$\int_{-1}^1 f(x)\mathrm{d}x = A_1 f(x_1) + A_2 f(x_2)$$

中分别选取 $f(x) = 1, x, x^2, x^3$, 可得到方程组

$$
\begin{cases}
A_1 + A_2 = 2, \\
A_1 x_1 + A_2 x_2 = 0, \\
A_1 x_1^2 + A_2 x_2^2 = \dfrac{2}{3}, \\
A_1 x_1^3 + A_2 x_2^3 = 0.
\end{cases}
$$

解方程组得到

$$
A_1 = A_2 = 1, x_1 = -\frac{1}{\sqrt{3}}, x_2 = \frac{1}{\sqrt{3}}.
$$

代入式 (2-12) 中得到

$$
\int_a^b f(x)\mathrm{d}x \approx \frac{b-a}{2}\left[f\left(\frac{a+b}{2} - \frac{b-a}{2\sqrt{3}}\right) + f\left(\frac{a+b}{2} + \frac{b-a}{2\sqrt{3}}\right)\right].
$$

对于更大的 n, 我们事实上很难通过求解方程组得到系数 A_k 与节点 x_k 的值, 但是 A_k 与 x_k 总是满足如下定理中的关系.

定理 2.7　式 (2-12) 中的系数 A_k 满足

$$
A_k = \int_a^b \rho(x) l_k(x)\mathrm{d}x, \quad k = 1, 2, \cdots, n,
$$

其中 $l_k(x)$ 是 Lagrange 基函数.

证明: 用数据 $(x_k, f(x_k)), k = 1, 2, \cdots, n$ 做 $f(x)$ 的 $n-1$ 次 Lagrange 插值, 有

$$
f(x) = \sum_{k=1}^n f(x_k) l_k(x) + \frac{f^{(n)}(\xi)}{n!} \prod_{k=1}^n (x - x_k),
$$

则

$$
\begin{aligned}
\int_a^b \rho(x) f(x)\mathrm{d}x &= \int_a^b \rho(x) \sum_{k=1}^n f(x_k) l_k(x)\mathrm{d}x + \int_a^b \rho(x) \frac{f^{(n)}(\xi)}{n!} \prod_{k=1}^n (x - x_k)\mathrm{d}x \\
&= \sum_{k=1}^n f(x_k) \int_a^b \rho(x) l_k(x)\mathrm{d}x + \int_a^b \rho(x) \frac{f^{(n)}(\xi)}{n!} \prod_{k=1}^n (x - x_k)\mathrm{d}x. \qquad \blacksquare
\end{aligned}
$$

下面的定理给出了 Gauss 点 (或 Gauss 求积公式) 的存在性.

定理 2.8　$x_k, k = 1, 2, \cdots, n$ 为 Gauss 点 (或者式 (2-12) 有 $2n-1$ 阶代数精度) 的充要条件是 $w_n(x) = \prod_{j=1}^n (x - x_j)$ 与 $\mathbb{P}_{n-1}$ 中的所有多项式关于权函数 $\rho(x)$ 正交, 即

$$
\int_a^b \rho(x) w_n(x) x^j \mathrm{d}x = 0, \quad j = 0, 1, \cdots, n-1.
$$

证明: 由于 $w_n(x)x^j$ 最高是 $2n-1$ 次多项式, 由 Gauss 求积公式的定义, 必要性是显然的. 下面证明充分性.

对任意的 $2n-1$ 次多项式 $f(x)$, 用 $w_n(x)$ 除 $f(x)$, 记商和余数分别为 $P(x), Q(x)$, 则有

$$f(x) = P(x)w_n(x) + Q(x), \quad P(x), Q(x) \in \mathbb{P}_{n-1}.$$

于是

$$\int_a^b \rho(x)f(x)\mathrm{d}x = \int_a^b \rho(x)P(x)w_n(x)\mathrm{d}x + \int_a^b \rho(x)Q(x)\mathrm{d}x.$$

由假设可知, 上式右边第一项为 0. 另外注意到式 (2-12) 至少具有 $n-1$ 阶代数精度, 于是

$$\int_a^b \rho(x)f(x)\mathrm{d}x = \int_a^b \rho(x)Q(x)\mathrm{d}x = \sum_{k=1}^n A_k Q(x_k) = \sum_{k=1}^n A_k f(x_k).$$

这表明, 式 (2-12) 具有 $2n-1$ 阶代数精度, Gauss 点为多项式 $w_n(x)$ 的零点. ∎

常用的 Gauss 求积公式有以下几个.

● Gauss-Legendre 公式

此时, $[a,b] = [-1,1]$, $\rho(x) \equiv 1$, x_j 为 n 次 Legendre 多项式的零点. 比如, 当 $n = 1$ 时,

$$\int_{-1}^1 f(x)\mathrm{d}x \approx 2f(0);$$

当 $n = 2$ 时,

$$\int_{-1}^1 f(x)\mathrm{d}x \approx f\left(-\frac{1}{\sqrt{3}}\right) + f\left(\frac{1}{\sqrt{3}}\right);$$

当 $n = 3$ 时,

$$\int_{-1}^1 f(x)\mathrm{d}x \approx \frac{5}{9}f\left(-\sqrt{\frac{3}{5}}\right) + \frac{8}{9}f(0) + \frac{5}{9}f\left(\sqrt{\frac{3}{5}}\right).$$

● Gauss-Chebyshev 公式

此时, $[a,b] = [-1,1]$, $\rho(x) = \dfrac{1}{\sqrt{1-x^2}}$, x_j 为区间 $[-1,1]$ 上的 n 次 Chebyshev 多项式 $T_n(x)$ 的零点. 积分表达式为

$$\int_a^b \frac{f(x)}{\sqrt{1-x^2}}\mathrm{d}x \approx \frac{\pi}{n} \sum_{j=1}^n f(x_j).$$

● Gauss-Laguerre 公式

此时, $[a,b] = [0, +\infty)$, $\rho(x) = \mathrm{e}^{-x}$, x_j 为区间 $[0, +\infty)$ 上的 n 次 Laguerre 多项式 $Q_n(x)$ 的零点. 当 $n = 2$ 时, 积分表达式为

$$\int_a^b \mathrm{e}^{-x}f(x)\mathrm{d}x \approx \frac{2+\sqrt{2}}{4}f\left(2-\sqrt{2}\right) + \frac{2-\sqrt{2}}{4}f\left(2+\sqrt{2}\right).$$

● Gauss-Hermite 公式

此时, $[a,b] = (-\infty, +\infty)$, $\rho(x) = \mathrm{e}^{-x^2}$, x_j 为区间 $(-\infty, +\infty)$ 上的 n 次 Hermite 多项式 $H_n(x)$ 的零点. 当 $n = 3$ 时, 积分表达式为

$$\int_a^b \mathrm{e}^{-x^2} f(x)\mathrm{d}x \approx \frac{\sqrt{\pi}}{6} f\left(-\frac{\sqrt{6}}{2}\right) + \frac{2\sqrt{\pi}}{3} f(0) + \frac{\sqrt{\pi}}{6} f\left(\frac{\sqrt{6}}{2}\right).$$

例 2.3 用 Gauss-Legendre 公式计算定积分

$$\pi = \int_{-1}^1 \frac{2}{1+x^2}\mathrm{d}x.$$

解: 计算结果如表 2-5 所示.

表 2-5 Gauss-Legendre 公式的计算结果

	$n = 1$	$n = 2$	$n = 3$
数值解	4.0000	3.0000	3.1667
误差	8.58×10^{-1}	1.42×10^{-1}	2.51×10^{-2}

2.4 程　序

本节分别给出向前差分、向后差分、中心差分、两点公式、三点公式、五点公式、梯形公式、中点公式、Simpson 公式、Newton-Cotes 求积公式、复合中点公式、复合梯形公式、复合 Simpson 公式、Romberg 求积公式以及 Gauss-Legendre 求积公式的 MATLAB 程序.

```
1  %向前差分
2  function df=forward(f,x,h)
3  %f表示要求导的函数, x表示节点, h表示步长, df表示f在x处的导数值
4  f1=feval(inline(f),x+h);
5  f2=feval(inline(f),x);
6  df=(f1-f2)/h;
7  end
```

```
1  %向后差分
2  function df=backward(f,x,h)
3  %f表示要求导的函数, x表示节点, h表示步长, df表示f在x处的导数值
4  f1=feval(inline(f),x);
5  f2=feval(inline(f),x-h);
6  df=(f1-f2)/h;
7  end
```

```
1  %中心差分
2  function df=central(f,x,h)
3  %f表示要求导的函数，x表示节点，h表示步长，df表示f在x处的导数值
4  f1=feval(inline(f),x+h);
5  f2=feval(inline(f),x-h);
6  df=(f1-f2)/(2*h);
7  end
```

```
1  %两点公式
2  function [f11,f22]=liangdian(f,x1,x2,h)
3  %f表示要求导的函数，x1,x2表示节点，h表示步长，f11,f22分别表示f在x1和x2处的
4  %导数值
5  f1=feval(inline(f),x1);
6  f2=feval(inline(f),x2);
7  f11=(f2-f1)/h;
8  f22=(f2-f1)/h;
9  end
```

```
1  %三点公式
2  function [f11,f22,f33]=sandian(f,x1,x2,x3,h)
3  %f表示要求导的函数，x1,x2,x3表示节点，h表示步长，f11,f22,f33分别表示f在x1,
4  %x2,x3处的导数值
5  f1=feval(inline(f),x1);
6  f2=feval(inline(f),x2);
7  f3=feval(inline(f),x3);
8  f11=(-3*f1+4*f2-f3)/(2*h);
9  f22=(-f1+f3)/(2*h);
10 f33=(f1-4*f2+3*f3)/(2*h);
11 end
```

```
1  %五点公式
2  function [f11,f22,f33,f44,f55]=wudian(f,x1,x2,x3,x4,x5,h)
3  %f表示要求导的函数，x1,x2,x3,x4,x5表示节点，h表示步长，f11,f22,f33,f44,f55
4  %分别表示f在x1,x2,x3,x4,x5处的导数值
5  f1=feval(inline(f),x1);
6  f2=feval(inline(f),x2);
7  f3=feval(inline(f),x3);
8  f4=feval(inline(f),x4);
9  f5=feval(inline(f),x5);
10 f11=(-25*f1+48*f2-36*f3+16*f4-3*f5)/(12*h);
11 f22=(-3*f1-10*f2+18*f3-6*f4+f5)/(12*h);
12 f33=(f1-8*f2+8*f4-f5)/(12*h);
13 f44=(-f1+6*f2-18*f3+10*f4+3*f5)/(12*h);
```

```
14  f55=(3*f1-16*f2+36*f3-48*f4+25*f5)/(12*h);
15  end
```

```
1  %梯形公式
2  function f=trapezium(fname,a,b)
3  %fname是被积函数，a,b分别为下、上限
4  fa=feval(inline(fname),a);
5  fb=feval(inline(fname),b);
6  f=((fa+fb)*(b-a))/2;
7  end
```

```
1  %中点公式
2  function f=center(fname,a,b)
3  %fname是被积函数，a,b分别为下、上限
4  f1=feval(inline(fname),(a+b)/2);
5  f=f1*(b-a);
6  end
```

```
1  %Simpson公式
2  function f=simpson(fname,a,b)
3  %fname是被积函数，a,b分别为下、上限
4  fa=feval(inline(fname),a);
5  fb=feval(inline(fname),b);
6  fc=feval(inline(fname), (a+b)/2);
7  f=((fa+4*fc+fb)*(b-a))/6;
8  end
```

```
1   %Newton-Cotes求积公式
2   function sum=NewtonCotes(a,b,n)
3   %a,b分别表示积分下、上限，n表示最后一个节点的下标
4   syms t;
5   sum=0;
6   h=(b-a)/n;% h为步长
7   for i=1:n+1
8     s=sym(1);
9     for j=1:n+1
10      if j~=i
11        s=s*(t-j+1)/(i-j);
12      end
13    end
14  s(i)=int(s,0,n);        %计算Cotes系数，保存在s中
15  y(i)=func(a+(i-1)*h);%计算函数在节点上的函数值
16  sum=sum+y(i)*h*s(i); %计算Newton-Cotes数值积分
```

```
17  end
18  sum=vpa(sum,4);%显示计算结果，有效数字位数为4
19  end
20  %调用子函数
21  function f=func(x)
22  f=exp(-x);%被积函数
23  end
```

```
1   %复合中点公式
2   function res=ComCenter(f,n,a,b)
3   %f表示被积函数，a,b分别表示积分下、上限，n表示子区间个数
4   h=(b-a)/n;
5   d=0;
6   for i=a+h/2:h:b-h/2
7     d=d+feval(inline(f),i);
8   end
9   res=d*h;
10  end
```

```
1   %复合梯形公式
2   function res=ComTrapezium(f,n,a,b)
3   %f表示被积函数，a,b分别表示积分下、上限，n表示子区间个数
4   h=(b-a)/n;
5   d=feval(inline(f),a);
6   for i=a+h:h:b-h
7     d=d+2*feval(inline(f),i);
8   end
9   d=d+feval(inline(f),b);
10  res=(d*h)/2;
11  end
```

```
1   %复合Simpson公式
2   function res=ComSimpson(f,n,a,b)
3   %f表示被积函数，a,b分别表示积分下、上限，n表示子区间个数
4   h=(b-a)/n;
5   d=feval(inline(f),a);
6   for i=a+h:h:b-h
7     d=d+2*feval(inline(f),i);
8   end
9   for i=a+h/2:h:b-h/2
10    d=d+4*feval(inline(f),i);
11  end
12  d=d+feval(inline(f),b);
```

```
13  res=(d*h)/6;
14  end
```

```
1   %Romberg求积公式
2   function t=naromberg(fname,a,b,e)
3   %fname是被积函数，a,b分别为下、上限，e为精度
4   if nargin<4
5     e=1e-4;
6   end
7   i=1;j=1;h=b-a;
8   T(i,1)=h/2*(feval(inline(fname),a)+feval(inline(fname),b));
9   T(i+1,1)=T(i,1)/2+sum(feval(inline(fname),a+h/2:h:b-h/2+0.001*h))*h/2;
10  T(i+1,j+1)=4^j*T(i+1,j)/(4^j-1)-T(i,j)/(4^j-1);
11  while abs(T(i+1,i+1)-T(i,i))>e
12    i=i+1;
13    h=h/2;
14    T(i+1,1)=T(i,1)/2+sum(feval(inline(fname),a+h/2:h:b-h/2+0.001*h))*h/2;
15    for j=1:i
16      T(i+1,j+1)=4^j*T(i+1,j)/(4^j-1)-T(i,j)/(4^j-1);
17    end
18  end
19  t=T(i+1,j+1);
20  end
```

```
1   %Gauss-Legendre求积公式
2   function g=nagsint(fname,m)
3   %fname是被积函数，m为Gauss点数
4   switch m
5     case 1
6       t=0; A=2;
7     case 2
8       t=[-1/sqrt(3),1/sqrt(3)];A=[1,1];
9     case 3
10      t=[-sqrt(3/5),0,sqrt(3/5)];A=[5/9,8/9,5/9];
11    otherwise
12      error;
13  end
14  g=gsint(inline(fname),A,t);
15  end
16  %调用子函数
17  function g=gsint(fname,A,t)
18  g=sum(A.*feval(fname,t));
19  end
```

2.5 注　记

　　数值微分的应用之一是帮助技术应用人员用已知的物理量去寻找与之相关的其他物理量, 比如下落物体的距离和释放时间、温度和压力等. 数值微分的另一个应用是近似求解微分方程, 形成所谓的有限差分方法 (将在第 7 章介绍), 从而使光滑函数的各种导数被函数值的各种线性组合近似. 我们已经看到, 基于 Taylor 展开和插值型求导可以构造出各种精度的数值微分方法.

　　本章不仅介绍了最基本的中点、梯形和 Simpson 求积公式, 而且介绍了更高阶的 Newton-Cotes 求积公式和 Gauss 求积公式等. 由于 Gauss 公式具有较高的代数精度, 因而在实际应用中被广泛使用. 在后续章节 (第 8 章) 中介绍有限元方法时, 由于微分方程被写成了变分形式, 因而会更多地对复杂函数进行数值求积分运算. 在有限元方法中, 有限单元上的 Gauss 点往往成为超收敛点 (在这些节点上, 有限元解的误差好于其他节点处的误差). 在 Galerkin 配点方法中, 径向基函数在给定区域上的积分往往非常难以计算, 因此也需要借助各种数值求积分方法.

　　要更加深入地了解数值微分与数值积分, 可参考文献 [1,9].

习　题　2

　　1. 对 $f(x+2h), f(x-2h), f(x+h), f(x-h)$ 做 Taylor 展开, 求逼近 $f^{(3)}(x)$ 与 $f^{(4)}(x)$ 的有限差分格式.

　　2. 用隐式求导公式给出下列定义在区间 $[0,1]$ 上的函数在内点

$$x_1 = 0.2, x_2 = 0.4, x_3 = 0.6, x_4 = 0.8$$

的近似一阶导数值.

　　$(1) f(x) = x^2 + 1$, 已知 $f'(0) = 0, f'(1) = 2$;

　　$(2) f(x) = x^3$, 已知 $f'(0) = 0, f'(1) = 3$.

　　3. 给定剖分步长为 h 的一组节点 $x_0 < x_1 < x_2 < x_3 < x_4$, 利用插值型求导方法推导

$$f''(x_0) \approx \frac{2f(x_0) - 5f(x_1) + 4f(x_2) - f(x_3)}{h^2},$$

$$f'''(x_0) \approx \frac{-5f(x_0) + 18f(x_1) - 24f(x_2) + 14f(x_3) - 3f(x_4)}{2h^3}.$$

　　4. 设函数 $f(x) \in C^2[a,b]$, 证明定理 2.1 和定理 2.2.

　　5. 设函数 $f(x) \in C^4[a,b]$, 证明定理 2.3 和定理 2.5.

　　6. 证明 Cotes 系数 $C_i^{(n)}$ 满足

$$\sum_{i=0}^{n} C_i^{(n)} = 1.$$

　　7. 给定 $[a,b]$ 区间上的 $n+1$ 个节点 $a \leqslant x_0 < x_1 < \cdots < x_n \leqslant b$, 证明存在唯一的常数 $c_0, c_1, \cdots, c_n$, 满足

$$\int_a^b P(x)\mathrm{d}x = \sum_{i=0}^n c_i P(x_i), \quad \forall P(x) \in \mathbb{P}_n.$$

8. 给定如下样本数据:

	x	$f(x)$
1	1.0000	0.5000
2	1.1000	0.4525
3	1.2000	0.4098
4	1.3000	0.3717
5	1.4000	0.3378
6	1.5000	0.3077
7	1.6000	0.2809
8	1.7000	0.2571
9	1.8000	0.2358
10	1.9000	0.2169
11	2.0000	0.2000

(1) 按照如下方式, 并使用中心公式计算定积分:

$$\int_1^2 f(x)\mathrm{d}x = \int_1^{1.2} f(x)\mathrm{d}x + \int_{1.2}^{1.4} f(x)\mathrm{d}x + \cdots + \int_{1.8}^2 f(x)\mathrm{d}x;$$

(2) 按照如下两种方式, 并分别使用梯形公式计算定积分:

$$\int_1^2 f(x)\mathrm{d}x = \int_1^{1.1} f(x)\mathrm{d}x + \int_{1.1}^{1.2} f(x)\mathrm{d}x + \cdots + \int_{1.9}^2 f(x)\mathrm{d}x,$$

$$\int_1^2 f(x)\mathrm{d}x = \int_1^{1.2} f(x)\mathrm{d}x + \int_{1.2}^{1.4} f(x)\mathrm{d}x + \cdots + \int_{1.8}^2 f(x)\mathrm{d}x;$$

(3) 按照如下方式, 并使用 Simpson 公式计算定积分:

$$\int_1^2 f(x)\mathrm{d}x = \int_1^{1.2} f(x)\mathrm{d}x + \int_{1.2}^{1.4} f(x)\mathrm{d}x + \cdots + \int_{1.8}^2 f(x)\mathrm{d}x;$$

(4) 构造中心差分格式, 求导数值

$$f'(1.2), f'(1.4), f'(1.6), f'(1.8);$$

(5) 取编号为 2,4,6,8,10 的五组数据, 用五点公式求导数值

$$f'(1.1), f'(1.3), f'(1.5), f'(1.7,), f'(1.9).$$

9. 使用截断指数函数做最佳平方逼近. 设目标函数 $f(x) = \mathrm{e}^x$ 定义在区间 $[0,1]$ 上, 选取试探函数空间为 $V = \mathrm{span}\{b_1(x), b_2(x), b_3(x)\}$, 其中

$$b_1(x) = (\mathrm{e}^{1-|x-0.3|} - 1)_+^2, \quad b_2(x) = (\mathrm{e}^{1-|x-0.6|} - 1)_+^2, \quad b_3(x) = (\mathrm{e}^{1-|x-0.9|} - 1)_+^2.$$

(1) 对系数矩阵和右端向量的元素采用两点 Gauss 求积公式进行近似计算, 写出代数方程组. 其中, 矩阵元素为

$$(A)_{ij} = \int_0^1 b_i(x)b_j(x)\mathrm{d}x, \quad i,j = 1,2,3,$$

右端向量元素为

$$(b)_{ij} = \int_0^1 b_i(x)\mathrm{e}^x\mathrm{d}x, \quad i = 1,2,3.$$

(2) 求解 3×3 的线性方程组, 确定逼近函数的系数 c_1, c_2, c_3.

10. 选取合适的步长 h, 利用复合中点公式、复合梯形公式、复合 Simpson 公式计算定积分 $\int_0^1 \mathrm{e}^{-x}\mathrm{d}x$, 使其截断误差小于 10^{-4}.

第 3 章
求解线性方程组

3.1 问 题 介 绍

我们已经看到, 插值与拟合问题最终都归结为求解一些线性方程组. 本章将重点介绍求解大规模线性代数方程组的直接方法和迭代方法.

问题 3.1 给定向量 $b \in \mathbb{R}^n$ 与矩阵 $A \in \mathbb{R}^{n \times m}$, 求未知向量 $x \in \mathbb{R}^m$ 满足

$$Ax = b.$$

首先介绍向量范数与矩阵范数的概念.

定义 3.1 向量 $x \in \mathbb{R}^m$ 的范数定义为一个函数 $\|\cdot\| : \mathbb{R}^m \to \mathbb{R}$, 其满足

(1)$\|x\| \geqslant 0$, 当且仅当 $x = 0$ 时, $\|x\| = 0$;

(2)$\|x + y\| \leqslant \|x\| + \|y\|, y \in \mathbb{R}^m$;

(3)$\|\alpha x\| = |\alpha| \|x\|, \forall \alpha \in \mathbb{R}$.

常见的向量范数有

$$\|x\|_1 = \sum_{i=1}^{m} |x_i|,$$

$$\|x\|_2 = \left(\sum_{i=1}^{m} |x_i|^2 \right)^{1/2} = \sqrt{x^{\mathrm{T}} x},$$

$$\|x\|_\infty = \max_{1 \leqslant i \leqslant m} |x_i|,$$

$$\|x\|_p = \left(\sum_{i=1}^{m} |x_i|^p \right)^{1/p} \ (1 < p < \infty).$$

定义 3.2 假设矩阵 $A \in \mathbb{R}^{n \times m}$, 其中 $A_{ij} = a_{ij}$, 则矩阵的 p-范数定义为

$$\|A\|_p = \sup_{x \in \mathbb{R}^m, x \neq 0} \frac{\|Ax\|_p}{\|x\|_p} = \sup_{x \in \mathbb{R}^m, \|x\|=1} \|Ax\|_p.$$

特别地,

$$\|A\|_1 = \max_{j=1,2,\cdots,m} \sum_{i=1}^{n} |a_{ij}|,$$

$$\|A\|_\infty = \max_{i=1,2,\cdots,n} \sum_{j=1}^{m} |a_{ij}|,$$

$$\|\boldsymbol{A}\|_2 = [\rho(\boldsymbol{A}^{\mathrm{T}}\boldsymbol{A})]^{1/2} = [\rho(\boldsymbol{A}\boldsymbol{A}^{\mathrm{T}})]^{1/2}.$$

矩阵的 Frobenius 范数定义为

$$\|\boldsymbol{A}\|_{\mathrm{F}} = \left(\sum_{j=1}^{m}\sum_{i=1}^{n}|a_{ij}|^2\right)^{1/2}.$$

3.2 直 接 法

3.2.1 LU 分解

在本章中, 我们仅考虑 $n = m$ 时线性方程组的求解. 记

$$\boldsymbol{A} = \begin{bmatrix} a_{11} & a_{12} & \cdots & a_{1n} \\ a_{21} & a_{22} & \cdots & a_{2n} \\ \vdots & \vdots & \ddots & \vdots \\ a_{n1} & a_{n2} & \cdots & a_{nn} \end{bmatrix},$$

我们采用 Gauss 消去法对矩阵 $\boldsymbol{A}$ 进行初等行变换, 记 $\boldsymbol{A}^{(1)} = \boldsymbol{A}$, $\boldsymbol{A}^{(k)}$ 为将矩阵 $\boldsymbol{A}^{(k-1)}$ 的第 k 列对角元以下元素消去为 0 所得矩阵, 即

$$\boldsymbol{A} = \boldsymbol{A}^{(1)} \to \boldsymbol{A}^{(2)} \to \cdots \to \boldsymbol{A}^{(n)} = \boldsymbol{U} = \boldsymbol{L}^{-1}\boldsymbol{A}.$$

上式中 $\boldsymbol{L}$ 为一系列初等矩阵的乘积, 即 $\boldsymbol{L} = \boldsymbol{L}_1^{-1}\boldsymbol{L}_2^{-1}\cdots\boldsymbol{L}_{n-1}^{-1}$, 是一个主对角元为 1 的下三角矩阵; $\boldsymbol{U}$ 是一个上三角矩阵; 因而有 $\boldsymbol{A} = \boldsymbol{L}\boldsymbol{U}$, 这种矩阵分解称为杜利脱尔 (Doolittle) 分解. 令

$$\boldsymbol{L} = \begin{bmatrix} 1 & & & \\ l_{21} & 1 & & \\ \vdots & \vdots & \ddots & \\ l_{n1} & l_{n2} & \cdots & 1 \end{bmatrix},$$

$$\boldsymbol{U} = \begin{bmatrix} u_{11} & u_{12} & \cdots & u_{1n} \\ & u_{22} & \cdots & u_{2n} \\ & & \ddots & \vdots \\ & & & u_{nn} \end{bmatrix}.$$

显然还有其他特殊形式.

- $\boldsymbol{A} = \boldsymbol{L}\boldsymbol{U}$, 其中 $\boldsymbol{L}$ 是下三角矩阵, $\boldsymbol{U}$ 是单位上三角矩阵. 称之为克洛脱 (Crout) 分解.

- $\boldsymbol{A} = \boldsymbol{L}\boldsymbol{D}\boldsymbol{U}$, 其中 $\boldsymbol{L}$ 是单位下三角矩阵, $\boldsymbol{D}$ 是对角矩阵, $\boldsymbol{U}$ 是单位上三角矩阵.

这些就是所谓的 LU 分解, 或者称为矩阵的三角分解. 一般地, 我们所说的 LU 分解就是指杜利脱尔分解.

由于在对 $\boldsymbol{A}$ 进行 Gauss 消去时, 所有更新的主元素必须均不为零, 因此如下定理保证了 LU 分解的可行性.

定理 3.1　采用 Gauss 消去法求解方程组 $\boldsymbol{A}\boldsymbol{x} = \boldsymbol{b}$ 时的主元素不为零的充要条件是 n 阶矩阵 $\boldsymbol{A}$ 的所有顺序主子式均不为零.

定理 3.2　若 $\boldsymbol{A}$ 为 n 阶矩阵且所有顺序主子式均不等于零, 则 $\boldsymbol{A}$ 可分解为一个单位下三角矩阵 $\boldsymbol{L}$ 与一个上三角矩阵 $\boldsymbol{U}$ 的乘积, 即 $\boldsymbol{A} = \boldsymbol{L}\boldsymbol{U}$, 且分解是唯一的.

对于杜利脱尔分解中 $\boldsymbol{L}$ 和 $\boldsymbol{U}$ 中元素的计算, 我们采用以下推导公式:

$$u_{1j} = a_{1j}, \; j = 1, 2, \cdots, n,$$

$$l_{i1}u_{11} = a_{i1}, \; i = 2, 3, \cdots, n,$$

$$u_{i,j} = a_{i,j} - \sum_{k=1}^{i-1} l_{i,k}u_{k,j}, \; i = 2, 3, \cdots, n,$$

$$l_{i,j} = \frac{a_{i,j} - \sum_{k=1}^{j-1} l_{i,k}u_{k,j}}{u_{j,j}}, \; j = 2, 3, \cdots, n.$$

这样, 求解线性代数方程组 $\boldsymbol{A}\boldsymbol{x} = \boldsymbol{b}$ 就等价于求解如下方程组:

$$\begin{cases} \boldsymbol{L}\boldsymbol{y} = \boldsymbol{b}, \\ \boldsymbol{U}\boldsymbol{x} = \boldsymbol{y}. \end{cases}$$

以上两个方程用回代的方法可以很快求得

$$\begin{cases} y_i = b_i - \sum_{j=1}^{i-1} l_{ij}y_j, \; i = 1, 2, \cdots, n, \\ x_i = (y_i - \sum_{j=i+1}^{n} u_{ij}x_j)/u_{ii}, \; i = n, n-1, \cdots, 1. \end{cases}$$

事实上, LU 分解的本质就是 Gauss 消去法. 因此, 需要进行选主元素操作. 这相当于左乘置换矩阵 $\boldsymbol{P}$, 即需要求解线性方程组

$$\begin{cases} \boldsymbol{P}\boldsymbol{L}\boldsymbol{y} = \boldsymbol{P}\boldsymbol{b}, \\ \boldsymbol{U}\boldsymbol{x} = \boldsymbol{y}. \end{cases}$$

一般地, 对于矩阵 $\boldsymbol{A}$ 的 LU 分解需要 $O(n^3)$ 计算量. 另外, LU 分解具有如下性质:

- $\det\boldsymbol{A} = (\det\boldsymbol{L})(\det\boldsymbol{U}) = \prod_{k=1}^{n} u_{k,k}$;
- 当且仅当矩阵 $\boldsymbol{U}$ 的所有对角元都是非零元时, 矩阵 $\boldsymbol{A} = \boldsymbol{L}\boldsymbol{U}$ 是非奇异的;
- 由于三角矩阵的逆易求出, 故而 $\boldsymbol{A}^{-1} = \boldsymbol{U}^{-1}\boldsymbol{L}^{-1}$ 也易求出.

例 3.1　用 LU 分解求解线性方程组 $\boldsymbol{A}\boldsymbol{x} = \boldsymbol{b}$, 其中

$$\boldsymbol{A} = \begin{bmatrix} 3 & 2 & 3 \\ 2 & 4 & 2 \\ 1 & 1 & 3 \end{bmatrix}, \quad \boldsymbol{b} = \begin{bmatrix} 2 \\ 3 \\ 1 \end{bmatrix}.$$

解: 由 LU 分解可得

$$L = \begin{bmatrix} 1 & 0 & 0 \\ 2/3 & 1 & 0 \\ 1/3 & 1/8 & 1 \end{bmatrix}, \quad U = \begin{bmatrix} 3 & 2 & 3 \\ 0 & 8/3 & 0 \\ 0 & 0 & 2 \end{bmatrix},$$

从而解得

$$x = [3/16 \ \ 5/8 \ \ 1/16]^{\mathrm{T}}.$$

3.2.2 Cholesky 分解

若 A 为对称矩阵, 即 $a_{ij} = a_{ji}$, 则可以将 A 分解为 $A = LDL^{\mathrm{T}}$, 其中 L 如前所述.

$$A = \begin{bmatrix} l_1 & \dots & l_n \end{bmatrix} \begin{bmatrix} d_{11} & 0 & \dots & 0 \\ 0 & d_{22} & \ddots & \vdots \\ \vdots & \ddots & \ddots & 0 \\ 0 & \dots & 0 & d_{nn} \end{bmatrix} \begin{bmatrix} l_1^{\mathrm{T}} \\ l_2^{\mathrm{T}} \\ \vdots \\ l_n^{\mathrm{T}} \end{bmatrix} = \sum_{k=1}^{n} d_{kk} l_k l_k^{\mathrm{T}}.$$

其中, l_k 记为矩阵 L 的第 k 列. 显然, 当 $U = DL^{\mathrm{T}}$ 时, 该分解亦是 LU 分解. 由于矩阵 A 的对称性, 这种分解的存储空间只需要 LU 分解的一半.

定理 3.3 设 A 为一个 $n \times n$ 实对称矩阵. A 是正定的, 当且仅当 LDL^{T} 分解存在, 其中 D 的对角元都是正的.

由此, 我们可以通过一个矩阵能否进行 LDL^{T} 分解来判断此矩阵是否正定.

定义 3.3 (Cholesky 分解) 定义 $D^{1/2}$ 为对角矩阵, 其中 $(D^{1/2})_{kk} = \sqrt{d_{kk}}$. 于是, $D^{1/2} D^{1/2} = D$. 对于正定矩阵 A, 我们可以得到

$$A = (LD^{1/2})(D^{1/2} L^{\mathrm{T}}) = (LD^{1/2})(LD^{1/2})^{\mathrm{T}}.$$

令 $\tilde{L} := LD^{1/2}$, 则 $A = \tilde{L}\tilde{L}^{\mathrm{T}}$ 称作 Cholesky 分解.

例 3.2 用 Cholesky 分解求解线性方程组 $Ax = b$, 其中

$$A = \begin{bmatrix} 4 & 2 & 1 \\ 2 & 6 & 9 \\ 1 & 9 & 16 \end{bmatrix}, \quad b = \begin{bmatrix} 1 \\ 0 \\ 1 \end{bmatrix}.$$

解: 由 Cholesky 分解可得

$$\tilde{L}^{\mathrm{T}} = \begin{bmatrix} 2.0000 & 1.0000 & 0.5000 \\ 0 & 2.2361 & 3.8013 \\ 0 & 0 & 1.1402 \end{bmatrix},$$

从而解得

$$x = [1.0385 \ -2.1923 \ 1.2308]^{\mathrm{T}}.$$

3.2.3　QR 分解

定义 3.4(QR 分解)　$n \times m(n > m)$ 矩阵 $\boldsymbol{A}$ 可分解为 $\boldsymbol{A} = \boldsymbol{QR}$, 其中 $\boldsymbol{Q}$ 为 $n \times n$ 正交矩阵, $\boldsymbol{R}$ 为 $n \times m$ 上三角矩阵.

记 $\boldsymbol{A}$ 的每一列为 $\boldsymbol{a}_1, \boldsymbol{a}_2, \cdots, \boldsymbol{a}_m \in \mathbb{R}^n$, $\boldsymbol{Q}$ 的每一列为 $\boldsymbol{q}_1, \boldsymbol{q}_2, \cdots, \boldsymbol{q}_n \in \mathbb{R}^n$, 则 QR 分解可写为

$$
\boldsymbol{A} = \begin{bmatrix} \boldsymbol{a}_1 & \boldsymbol{a}_2 & \cdots & \boldsymbol{a}_m \end{bmatrix} = \begin{bmatrix} \boldsymbol{q}_1 & \boldsymbol{q}_2 & \cdots & \boldsymbol{q}_n \end{bmatrix} \begin{bmatrix} r_{11} & r_{12} & \cdots & r_{1m} \\ 0 & r_{22} & \cdots & r_{2m} \\ \vdots & \ddots & \ddots & \vdots \\ 0 & \cdots & 0 & r_{mm} \\ 0 & \cdots & \cdots & 0 \\ \vdots & & & \vdots \\ 0 & \cdots & \cdots & 0 \end{bmatrix}.
$$

这样便有

$$
\boldsymbol{a}_k = \sum_{i=1}^{k} r_{ik} \boldsymbol{q}_i, \ k = 1, 2, \cdots, n,
$$

也就是说, $\boldsymbol{A}$ 的第 k 列是 $\boldsymbol{Q}$ 的前 k 列的线性组合.

下面先介绍正交矩阵的概念和几种特殊的正交矩阵.

定义 3.5　若矩阵 $\boldsymbol{Q} \in \mathbb{R}^{n \times n}$ 且满足 $\boldsymbol{QQ}^{\mathrm{T}} = \boldsymbol{Q}^{\mathrm{T}}\boldsymbol{Q} = \boldsymbol{I}$, 则称矩阵 $\boldsymbol{Q}$ 为正交矩阵.

常见的正交矩阵如下:

● 单位矩阵和置换矩阵

任意多个置换矩阵的乘积仍然是正交矩阵.

● 旋转矩阵 (Givens 矩阵)

形如

$$
\boldsymbol{G}(\theta) = \begin{bmatrix} 1 & & & & & & \\ & \ddots & & & & & \\ & & \cos\theta & & \sin\theta & & \\ & & & \ddots & & & \\ & & -\sin\theta & & \cos\theta & & \\ & & & & & \ddots & \\ & & & & & & 1 \end{bmatrix}_{n \times n}
$$

的矩阵称为 (平面) 旋转矩阵或 Givens 矩阵, 其中 θ 为旋转的角度. 显然, $\boldsymbol{G}(\theta)$ 也是正交矩阵.

例如, $n = 2$ 时, $\boldsymbol{G} = \begin{bmatrix} \cos\theta & \sin\theta \\ -\sin\theta & \cos\theta \end{bmatrix}$. 给定向量

$$
\boldsymbol{w} = [x \quad y]^{\mathrm{T}} = [r\cos\phi \quad r\sin\phi]^{\mathrm{T}},
$$

则

$$Gw = \begin{bmatrix} r\cos(\theta - \phi) \\ r\sin(\theta - \phi) \end{bmatrix}.$$

这表明 Gw 是向量 w 顺时针旋转 θ 角后所得向量.

- 反射矩阵 (Householder 矩阵)

设 $w \in \mathbb{R}^n$ 且 $\|w\|_2 = 1$, 则

$$H = I - 2ww^{\mathrm{T}}$$

称为反射矩阵 (或 Householder 矩阵). 显然

- $H^{\mathrm{T}} = H$, 即 H 是对称矩阵;
- H 是正交矩阵, 因为 $HH^{\mathrm{T}} = H^2 = I - 2ww^{\mathrm{T}} - 2ww^{\mathrm{T}} + 4w(w^{\mathrm{T}}w)w^{\mathrm{T}} = I$.

给定向量 $x \neq 0$, 求矩阵 H_1 使得

$$H_1 x = k e_1. \tag{3-1}$$

其中, $e_1 = [1 \quad 0 \quad \cdots \quad 0]^{\mathrm{T}}$. 由正交矩阵的性质可知 $\|H_1 x\|_2 = \|k e_1\|_2 = \|x\|_2$, 从而可知 $k = \pm\|x\|_2$. 令 $u = x - k e_1$, 并选取

$$v = \frac{u}{\|u\|_2}.$$

此时, $H_1 = I - 2vv^{\mathrm{T}}$ 为满足式 (3-1) 的 Householder 矩阵. 由此可知, Householder 矩阵 $H_i (i = 1, 2, \cdots, n)$ 可将给定向量除第 i 个元素以外的元素消为 0. 因而, 存在一系列矩阵 H_i 可将矩阵 A 变为上三角矩阵 R, 即

$$H_n H_{n-1} \cdots H_2 H_1 A = R,$$

从而

$$A = (H_n H_{n-1} \cdots H_2 H_1)^{\mathrm{T}} R = H_1 H_2 \cdots H_{n-1} H_n R.$$

令 $Q = H_1 H_2 \cdots H_{n-1} H_n$, 显然 Q 为正交矩阵.

定理 3.4 设 $A \in \mathbb{R}^{n \times n}$ 且 A 非奇异, 则存在正交矩阵 Q 与上三角矩阵 R, 使得

$$A = QR,$$

且当 R 的对角元均为正时分解是唯一的.

这样, 求解线性代数方程组 $Ax = b$ 等价于求解方程组

$$\begin{cases} Qy &= b, \\ Rx &= y. \end{cases}$$

此计算过程是稳定的, 不必选主元素, 但是计算量比 Gauss 消去法增加近一倍.

例 3.3　用 QR 分解求解线性方程组 $Ax = b$, 其中

$$A = \begin{bmatrix} 1 & 3 & 4 \\ 2 & 1 & 3 \\ 1 & 2 & 3 \end{bmatrix}, \quad b = \begin{bmatrix} 1 \\ 2 \\ 3 \end{bmatrix}.$$

解: 由 QR 分解可得

$$Q = \begin{bmatrix} -0.4082 & 0.7591 & -0.5071 \\ -0.8165 & -0.5521 & -0.1690 \\ -0.4082 & 0.3450 & 0.8452 \end{bmatrix},$$

$$R = \begin{bmatrix} -2.4495 & -2.8577 & -5.3072 \\ 0 & 2.4152 & 2.4152 \\ 0 & 0 & -0.0000 \end{bmatrix},$$

从而解得

$$x = [3.9710 \quad -29.6332 \quad 14.0159]^{\mathrm{T}}.$$

3.2.4　QIF 分解

QIF(Quadrant Interlocking Factoring) 算法最早由 Evans 等人提出, 类似于 LU 分解算法. 下面我们给出详细的算法实现过程. 首先, 对矩阵 A 进行如下分解:

$$A = WZ,$$

其中

$$W = \begin{bmatrix} 1 & & & & & 0 \\ w_{2,1} & 1 & & 0 & & w_{2,n} \\ w_{3,1} & w_{3,2} & \ddots & \iddots & w_{3,n-1} & w_{3,n} \\ \vdots & \vdots & & 1 & & \vdots & \vdots \\ w_{n-2,1} & w_{n-2,2} & \iddots & & \ddots & w_{n-2,n-1} & w_{n-2,n} \\ w_{n-1,1} & 0 & & & 1 & & w_{n-1,n} \\ 0 & & & & & 1 \end{bmatrix},$$

$$Z = \begin{bmatrix} z_{1,1} & z_{1,2} & \cdots & & z_{1,n-1} & z_{1,n} \\ & z_{2,2} & \cdots & & z_{2,n-1} & \\ & & \ddots & \iddots & & \\ & & & z_{i,i} & & \\ & & \iddots & \ddots & & \\ & z_{n-1,2} & \cdots & & z_{n-1,n-1} & \\ z_{n,1} & z_{n,2} & \cdots & & z_{n,n-1} & z_{n,n} \end{bmatrix}.$$

矩阵 $\boldsymbol{W}$ 和 $\boldsymbol{Z}$ 的元素可表示为

$$
w_{i,j} = \begin{cases}
1, & i = j; \\[2mm]
0, & i = 1, 2, \cdots, \dfrac{n+1}{2}, \quad j = i+1, i+2, \cdots, n-i+1; \\[3mm]
0, & i = \dfrac{n+2}{2}, \dfrac{n+4}{2}, \cdots, n, \quad j = n-i+1, n-i, \cdots, i-1; \\[3mm]
w_{i,j}, & \text{其他}.
\end{cases}
$$

$$
z_{i,j} = \begin{cases}
z_{i,j}, & i = 1, 2, \cdots, \dfrac{n+1}{2}, \quad j = i, i+1, \cdots, n-i+1; \\[3mm]
z_{i,j}, & i = \dfrac{n+2}{2}, \dfrac{n+4}{2}, \cdots, n, \quad j = n-i+1, n-i, \cdots, i; \\[3mm]
0, & \text{其他}.
\end{cases}
$$

由矩阵的分解可确定 $\boldsymbol{W}$ 和 $\boldsymbol{Z}$ 中非零元素的计算.

(1) 确定 $\boldsymbol{Z}$ 的第一行和最后一行元素:

$$
z_{1,i} = a_{1,i}, \quad z_{n,i} = a_{n,i}, \quad i = 1, 2, \cdots, n.
$$

(2) 比较 $\boldsymbol{A}$ 和 $\boldsymbol{W}, \boldsymbol{Z}$ 的第一列和最后一列, 得到

$$
\begin{cases}
w_{i,1} z_{1,1} + w_{i,n} z_{n,1} = a_{i,1}, \\
w_{i,1} z_{1,n} + w_{i,n} z_{n,n} = a_{i,n}, \quad i = 2, 3, \cdots, n-1.
\end{cases}
$$

解此方程组, 便可确定 $\boldsymbol{W}$ 的第一列和最后一列.

(3) 记 $\boldsymbol{W_1}, \boldsymbol{W_n}, \boldsymbol{Z_1}, \boldsymbol{Z_n}$ 分别为 $\boldsymbol{W}$ 的第一列、最后一列以及 $\boldsymbol{Z}$ 的第一行和最后一行, 则有

$$
\boldsymbol{WZ} = \begin{bmatrix} \boldsymbol{W_1} & \boldsymbol{W'} & \boldsymbol{W_n} \end{bmatrix} \begin{bmatrix} \boldsymbol{Z_1} \\ \boldsymbol{Z'} \\ \boldsymbol{Z_n} \end{bmatrix},
$$

于是

$$
\boldsymbol{A} = \boldsymbol{W_1 Z_1} + \boldsymbol{W' Z'} + \boldsymbol{W_n Z_n},
$$

那么

$$
\boldsymbol{W' Z'} = \boldsymbol{A} - \boldsymbol{W_1 Z_1} - \boldsymbol{W_n Z_n},
$$

也可写为

$$
\boldsymbol{W' Z'} = \begin{bmatrix} 0 & \cdots & 0 \\ & \boldsymbol{W^{(1)}} & \\ 0 & \cdots & 0 \end{bmatrix}_{n \times (n-2)} \begin{bmatrix} 0 & & 0 \\ \vdots & \boldsymbol{Z^{(1)}} & \vdots \\ 0 & & 0 \end{bmatrix}_{(n-2) \times n}.
$$

这里 $\boldsymbol{W}^{(1)}, \boldsymbol{Z}^{(1)}$ 均为 $(n-2) \times (n-2)$ 的方阵, 分别具有和 $\boldsymbol{W}, \boldsymbol{Z}$ 相似的结构. 记 $\boldsymbol{A}^{(0)} = \boldsymbol{A}, \boldsymbol{A}^{(1)} = \boldsymbol{W}'\boldsymbol{Z}'$, 再来计算

$$\boldsymbol{A}^{(1)} = \boldsymbol{A}^{(0)} - \boldsymbol{W}^{(1)}\boldsymbol{Z}^{(1)} - \boldsymbol{W}^{(n)}\boldsymbol{Z}^{(n)}.$$

(4) 重复以上计算过程, 便可确定 $\boldsymbol{Z}^{(1)}$ 的第一行和最后一行以及 $\boldsymbol{W}^{(1)}$ 的第一列和最后一列. 以此类推, 便可由外向内一层一层地完成分解.

对于线性方程组

$$\boldsymbol{A}\boldsymbol{x} = \boldsymbol{b},$$

可化简为求解如下两个线性方程组:

$$\boldsymbol{W}\boldsymbol{y} = \boldsymbol{b}, \quad \boldsymbol{Z}\boldsymbol{x} = \boldsymbol{y}.$$

第 1 个方程组可写为

$$\begin{bmatrix} 1 & & & & & & 0 \\ w_{2,1} & 1 & & & 0 & & w_{2,n} \\ w_{3,1} & w_{3,2} & \ddots & & \iddots & w_{3,n-1} & w_{3,n} \\ \vdots & \vdots & & 1 & & \vdots & \vdots \\ w_{n-2,1} & w_{n-2,2} & \iddots & & \ddots & w_{n-2,n-1} & w_{n-2,n} \\ w_{n-1,1} & 0 & & & & 1 & w_{n-1,n} \\ 0 & & & & & & 1 \end{bmatrix} \begin{bmatrix} y_1 \\ y_2 \\ y_3 \\ \vdots \\ y_{n-2} \\ y_{n-1} \\ y_n \end{bmatrix} = \begin{bmatrix} b_1 \\ b_2 \\ b_3 \\ \vdots \\ b_{n-2} \\ b_{n-1} \\ b_n \end{bmatrix}.$$

首先直接求出 y_1, y_n, 再将 y_1, y_n 代入第 2 个方程和第 $n-1$ 个方程, 可求得 y_2, y_{n-1}. 以此类推, 可求得 $\boldsymbol{y}$ 向量. 计算过程可归纳如下:

$$y_1 = b_1, \quad y_n = b_n,$$

$$y_i = b_i - \sum_{j=1}^{i-1} w_{i,j} y_j - \sum_{j=n-i+2}^{n} w_{i,j} y_j,$$

$$y_{n-i+1} = b_{n-i+1} - \sum_{j=1}^{i-1} w_{n-i+1,j} y_j - \sum_{j=n-i+2}^{n} w_{n-i+1,j} y_j, \quad i = 1, 2, \cdots, \frac{n}{2}.$$

第 2 个方程组 $\boldsymbol{Z}\boldsymbol{x} = \boldsymbol{y}$ 的求解类似于以上过程, 这里不再赘述. QIF 算法的数值稳定性与 Gauss 消去法相同.

3.3 基本迭代法

3.3.1 三种基本迭代法

本节介绍线性方程组

$$
\begin{cases}
a_{11}x_1 + a_{12}x_2 + \cdots + a_{1n}x_n = b_1 \\
a_{21}x_1 + a_{22}x_2 + \cdots + a_{2n}x_n = b_2 \\
\qquad\qquad\qquad \vdots \\
a_{n1}x_1 + a_{n2}x_2 + \cdots + a_{nn}x_n = b_n
\end{cases}
\tag{3-2}
$$

的迭代法, 其中未知解向量为 $\boldsymbol{x} = [x_1 \quad x_2 \quad \cdots \quad x_n]^{\mathrm{T}}$, 右端已知向量为 $\boldsymbol{b} = [b_1 \quad b_2 \quad \cdots \quad b_n]^{\mathrm{T}}$. 所谓迭代法, 就是事先给定一个初始猜测 $\boldsymbol{x}^{(0)} = [x_1^{(0)} \quad x_2^{(0)} \cdots \quad x_n^{(0)}]^{\mathrm{T}}$, 通过对式 (3-2) 的某种运算求出一组解向量序列

$$
\boldsymbol{x}^{(1)}, \boldsymbol{x}^{(2)}, \cdots, \boldsymbol{x}^{(k)},
$$

使得当 $k \to \infty$ 时, $\boldsymbol{x}^{(k)} \to \boldsymbol{x}$. 按照迭代方式的不同, 我们分别介绍 Jacobi 迭代、Gauss-Seidel 迭代及逐次超松弛 (SOR) 迭代.

- Jacobi 迭代

已知初始 $\boldsymbol{x}^{(0)}$, 我们首先按照如下方式求解式 (3-2):

$$
\begin{cases}
a_{11}x_1^{(k+1)} + a_{12}x_2^{(k)} + \cdots + a_{1n}x_n^{(k)} = b_1 \\
a_{21}x_1^{(k)} + a_{22}x_2^{(k+1)} + \cdots + a_{2n}x_n^{(k)} = b_2 \\
\qquad\qquad\qquad \vdots \\
a_{n1}x_1^{(k)} + a_{n2}x_2^{(k)} + \cdots + a_{nn}x_n^{(k+1)} = b_n
\end{cases}
, \quad k = 0, 1, \cdots.
\tag{3-3}
$$

显然, 第 $k+1$ 次数值解 $\boldsymbol{x}^{(k+1)}$ 的分量的具体计算方法为

$$
x_i^{(k+1)} = \frac{1}{a_{ii}} \left[b_i - \sum_{j=1, j \neq i}^{n} a_{ij}x_j^{(k)} \right], \quad 1 \leqslant i \leqslant n.
$$

为了用矩阵形式表示 Jacobi 迭代过程, 我们将系数矩阵 $\boldsymbol{A}$ 分解为

$$
\boldsymbol{A} = \boldsymbol{D} - \boldsymbol{L} - \boldsymbol{U},
\tag{3-4}
$$

其中 $\boldsymbol{L}$ 为严格下三角矩阵, $\boldsymbol{U}$ 为严格上三角矩阵, $\boldsymbol{D}$ 为对角矩阵. 于是, 式 (3-3) 有等价形式

$$
\boldsymbol{D}\boldsymbol{x}^{(k+1)} = (\boldsymbol{L} + \boldsymbol{U})\boldsymbol{x}^{(k)} + \boldsymbol{b}.
$$

因此, 记 Jacobi 迭代的迭代矩阵为

$$
\boldsymbol{M}_{\mathrm{J}} = \boldsymbol{D}^{-1}(\boldsymbol{L} + \boldsymbol{U}).
$$

算法 3.1(Jacobi 迭代)

输入: $A \in \mathbb{R}^{n \times n}$, $b \in \mathbb{R}^n$, $x^{(0)} \in \mathbb{R}^n$, ε

输出: $Ax = b$ 的数值解

计算初始残量 $r = b - Ax^{(0)}$

while $\|r\| > \varepsilon$ **do**

    for $i = 1, 2, \cdots, n$ **do**

        $y_i = b_i$

        for $j = 1, 2, \cdots, n$

            if $\quad (j \neq i)$

                $y_i = y_i - a_{ij} x_j$

            end

        end

        $y_i = y_i / a_{ii}$

    end

    $x = y$

    $r = b - Ax$

end

- Gauss-Seidel 迭代

已知初始 $x^{(0)}$, 我们按照如下方式求解式 (3-2):

$$
\begin{cases}
a_{11}x_1^{(k+1)} + a_{12}x_2^{(k)} + \cdots + a_{1n}x_n^{(k)} = b_1 \\
a_{21}x_1^{(k+1)} + a_{22}x_2^{(k+1)} + \cdots + a_{2n}x_n^{(k)} = b_2 \\
\qquad\qquad\qquad \vdots \\
a_{n1}x_1^{(k+1)} + a_{n2}x_2^{(k+1)} + \cdots + a_{nn}x_n^{(k+1)} = b_n
\end{cases}, \quad k = 0, 1, \cdots. \tag{3-5}
$$

此时, 第 $k+1$ 次数值解 $x^{(k+1)}$ 的分量的计算方法变为

$$
x_i^{(k+1)} = \frac{1}{a_{ii}} \left[b_i - \sum_{j=1}^{i-1} a_{ij} x_j^{(k+1)} - \sum_{j=i+1}^{n} a_{ij} x_j^{(k)} \right], \quad 1 \leqslant i \leqslant n.
$$

由系数矩阵的分解式 (3-4), 可将式 (3-5) 写成如下等价形式:

$$
(D - L)x^{(k+1)} = Ux^{(k)} + b.
$$

迭代矩阵为 $M_{\mathrm{G}} = (D - L)^{-1}U$.

算法 3.2(Gauss-Seidel 迭代)

输入: $A \in \mathbb{R}^{n \times n}$, $b \in \mathbb{R}^n$, $x^{(0)} \in \mathbb{R}^n$, ε

输出: $Ax = b$ 的数值解

计算初始残量 $r = b - Ax^{(0)}$

$y_1 = b_1$

for $j = 2, 3, \cdots, n$

  $y_1 = y_1 - a_{1j}x_j$

end

$y_1 = y_1/a_{11}$

while $\|r\| \geqslant \varepsilon$ **do**

  for $i = 2, 3, \cdots, n$ **do**

    $y_i = b_i$

    for $j = 1, 2, \cdots, i - 1$

    $y_i = y_i - a_{ij}y_j$

    end

    for $j = i + 1, i + 2, \cdots, n$

    $y_i = y_i - a_{ij}x_j$

    end

    $y_i = y_i/a_{ii}$

  end

  $x = y$

  $r = b - Ax$

end

- 逐次超松弛 (SOR) 迭代

通过引入一个松弛因子 $0 < \omega < 2$ 对 Gauss-Seidel 迭代进行修正, 可以构造如下迭代:

$$
\begin{aligned}
x^{(k+1)} &= x^{(k)} + \omega \Delta x \\
&= (1 - \omega)x^{(k)} + \omega(D^{-1}Lx^{(k+1)} + D^{-1}Ux^{(k)} + D^{-1}b),
\end{aligned}
$$

进一步简化为

$$
(D - \omega L)x^{(k+1)} = [(1 - \omega)D + \omega U]x^{(k)} + \omega b.
$$

这种迭代方法称为逐次超松弛 (SOR) 迭代. 显然, 当 $\omega = 1$ 时, SOR 迭代便是 Gauss-Seidel

迭代, 其分量计算形式为

$$x_i^{(k+1)} = (1-\omega)x_i^{(k)} + \frac{\omega}{a_{ii}}\left[b_i - \sum_{j=1}^{i-1}a_{ij}x_j^{(k+1)} - \sum_{j=i+1}^{n}a_{ij}x_j^{(k)}\right], 1 \leqslant i \leqslant n.$$

SOR 迭代的迭代矩阵为 $\boldsymbol{M}_{\mathrm{S}} = (\boldsymbol{D} - \omega\boldsymbol{L})^{-1}[(1-\omega)\boldsymbol{D} + \omega\boldsymbol{U}]$.

当

$$\omega = \omega_{\mathrm{opt}} = \frac{2}{1+\sqrt{1-\rho(\boldsymbol{M}_{\mathrm{J}})^2}}$$

时, SOR 迭代收敛最快, 这时称 ω_{opt} 为最佳松弛因子.

算法 3.3(SOR 迭代)

输入: $\boldsymbol{A} \in \mathbb{R}^{n\times n}$, $\boldsymbol{b} \in \mathbb{R}^n$, $\boldsymbol{x}^{(0)} \in \mathbb{R}^n$, ε, ω

输出: $\boldsymbol{Ax} = \boldsymbol{b}$ 的数值解

计算初始残量 $\boldsymbol{r} = \boldsymbol{b} - \boldsymbol{Ax}^{(0)}$

while $\|\boldsymbol{r}\| \geqslant \varepsilon$ **do**

    for $i = 1, 2, \cdots, n$ **do**

        $y_i = b_i$

        $y_i = y_i + \omega(\bar{y}_i - y_i)$　　% $\bar{y}_i$ 通过算法 3.2 得到

    end

    $\boldsymbol{x} = \boldsymbol{y}$

    $\boldsymbol{r} = \boldsymbol{b} - \boldsymbol{Ax}$

end

例 3.4　取初值为 $\boldsymbol{x}^{(0)} = [0\ \ 0\ \ 0]^{\mathrm{T}}$, 试用 Jacobi 迭代、Gauss-Seidel 迭代及 SOR 迭代 (ω 取 1.1) 分别求解如下线性方程组. 迭代过程中, 精度控制 $\varepsilon = 10^{-3}$(精确解 $\boldsymbol{x}^* = [1\ \ 2\ \ 4]^{\mathrm{T}}$).

$$\begin{bmatrix} 2 & 1 & 1 \\ 1 & 3 & 1 \\ 1 & 1 & 4 \end{bmatrix}\begin{bmatrix} x_1 \\ x_2 \\ x_3 \end{bmatrix} = \begin{bmatrix} 8 \\ 11 \\ 19 \end{bmatrix}.$$

解: 取迭代初值 $\boldsymbol{x}^{(0)} = [0\ \ 0\ \ 0]^{\mathrm{T}}, \varepsilon = 10^{-3}$. 建立 Jacobi 迭代格式

$$\begin{cases} x_1^{(k+1)} = \dfrac{1}{2}(8 - x_2^{(k)} - x_3^{(k)}), \\[2mm] x_2^{(k+1)} = \dfrac{1}{3}(11 - x_1^{(k)} - x_3^{(k)}), \\[2mm] x_3^{(k+1)} = \dfrac{1}{4}(19 - x_1^{(k)} - x_2^{(k)}), \end{cases}$$

经过 28 次迭代达到精度控制, 此时数值解为

$$[1.0001 \quad 2.0001 \quad 4.0001]^{\mathrm{T}}.$$

建立 Gauss-Seidel 迭代格式

$$\begin{cases} x_1^{(k+1)} = \dfrac{1}{2}(8 - x_2^{(k)} - x_3^{(k)}), \\[2mm] x_2^{(k+1)} = \dfrac{1}{3}(11 - x_1^{(k+1)} - x_3^{(k)}), \\[2mm] x_3^{(k+1)} = \dfrac{1}{4}(19 - x_1^{(k+1)} - x_2^{(k+1)}), \end{cases}$$

经过 7 次迭代达到精度控制, 此时数值解为

$$[0.9999 \quad 1.9999 \quad 4.0000]^{\mathrm{T}}.$$

建立 SOR 迭代格式

$$\begin{cases} x_1^{(k+1)} = (1-\omega)x_1^{(k)} + \dfrac{\omega}{2}(8 - 2x_1^{(k)} - x_2^{(k)} - x_3^{(k)}), \\[2mm] x_2^{(k+1)} = (1-\omega)x_2^{(k)} + \dfrac{\omega}{3}(11 - x_1^{(k+1)} - 3x_2^{(k)} - x_3^{(k)}), \\[2mm] x_3^{(k+1)} = (1-\omega)x_3^{(k)} + \dfrac{\omega}{4}(19 - x_1^{(k+1)} - x_2^{(k+1)} - 4x_3^{(k)}), \end{cases}$$

经过 7 次迭代达到精度控制, 此时数值解为

$$[0.9999 \quad 2.0001 \quad 4.0000]^{\mathrm{T}}.$$

3.3.2 收敛性准则

定义 3.6 若对一切 i, $|a_{ii}| > \sum_{j \neq i} |a_{ij}|$, 则称 A 是严格行对角占优的.

定理 3.5 若 A 严格行对角占优, 则 Jacobi 迭代和 Gauss-Seidel 迭代都收敛, 且 $\|M_{\mathrm{G}}\|_\infty \leqslant \|M_{\mathrm{J}}\|_\infty < 1$.

当 A 严格列对角占优 (A^{T} 严格行对角占优) 时, 有类似的结论.

定义 3.7 如果不存在置换矩阵 P 使得

$$PAP^{\mathrm{T}} = \begin{bmatrix} A_{11} & A_{12} \\ 0 & A_{22} \end{bmatrix},$$

则称 A 为不可约矩阵.

定义 3.8 若对一切 i, $|a_{ii}| \geqslant \sum_{j \neq i} |a_{ij}|$ 且至少有一个是严格不等式, 则称 A 是弱行对角占优的.

定理 3.6 若 A 不可约且弱行对角占优, 则 Jacobi 迭代和 Gauss-Seidel 迭代都收敛, 且 $\rho(M_{\mathrm{G}}) < \rho(M_{\mathrm{J}}) < 1$.

上述结果虽然表明在一定的条件下, Gauss-Seidel 迭代比 Jacobi 迭代收敛快, 但是这类结论在一般情况下不成立.

定理 3.7　若 $\boldsymbol{A}$ 是严格对角占优的 (或 $\boldsymbol{A}$ 不可约且弱行对角占优), 且松弛因子 $0 < \omega < 1$, 则 SOR 迭代收敛.

定理 3.8　若 $\boldsymbol{A}$ 对称正定, 则对一切 $0 < \omega < 2$, SOR 迭代矩阵的谱半径满足 $\rho(\boldsymbol{M}) < 1$, 即 SOR 迭代收敛.

由 Jacobi 迭代、Gauss-Seidel 迭代和 SOR 迭代可以看出, 迭代的构造都是从系数矩阵 $\boldsymbol{A}(\boldsymbol{A}$ 非奇异) 的分裂展开讨论的, 于是我们可以讨论更一般的分裂

$$\boldsymbol{A} = \boldsymbol{M} - \boldsymbol{N}.$$

若 $\boldsymbol{M}$ 非奇异, 可构造如下迭代方法:

$$\boldsymbol{M}\boldsymbol{x}^{(k+1)} = \boldsymbol{N}\boldsymbol{x}^{(k)} + \boldsymbol{b}, \; k \geqslant 0, \tag{3-6}$$

其迭代矩阵为 $\boldsymbol{M}^{-1}\boldsymbol{N}$. 对比上述给出的 Jacobi 迭代、Gauss-Seidel 迭代和 SOR 迭代, 则可发现

Jacobi迭代:　　　　　$\boldsymbol{M} = \boldsymbol{D}$,　　　　$\boldsymbol{N} = \boldsymbol{L} + \boldsymbol{U}$;

Gauss$-$Seidel 迭代:　$\boldsymbol{M} = \boldsymbol{D} - \boldsymbol{L}$,　$\boldsymbol{N} = \boldsymbol{U}$;

SOR 迭代:　　　　　　$\boldsymbol{M} = \boldsymbol{D} - \omega\boldsymbol{L}$, $\boldsymbol{N} = (1 - \omega)\boldsymbol{D} + \omega\boldsymbol{U}$.

接下来, 我们给出式 (3-6) 的收敛准则.

定义 3.9　对 $n \times n$ 实矩阵 $\boldsymbol{A}, \boldsymbol{M}$ 和 $\boldsymbol{N}$, 若 $\boldsymbol{M}$ 非奇异且 $\boldsymbol{M}^{-1} \geqslant 0$, $\boldsymbol{N} \geqslant 0$, 则称 $\boldsymbol{A} = \boldsymbol{M} - \boldsymbol{N}$ 是一个正规分裂. 同样地, 若 $\boldsymbol{M}$ 非奇异且 $\boldsymbol{M}^{-1} \geqslant 0$, $\boldsymbol{M}^{-1}\boldsymbol{N} \geqslant 0$, 则称 $\boldsymbol{A} = \boldsymbol{M} - \boldsymbol{N}$ 是一个弱正规分裂.

显然, $\boldsymbol{A}$ 的正规分裂也是弱正规分裂, 反之则不然.

定理 3.9　若 $\boldsymbol{A} = \boldsymbol{M} - \boldsymbol{N}$ 是 $\boldsymbol{A}$ 的一个正规分裂, 则 $\boldsymbol{A}$ 非奇异且 $\boldsymbol{A}^{-1} \geqslant 0$, 当且仅当 $\rho(\boldsymbol{M}^{-1}\boldsymbol{N}) < 1$, 其中

$$\rho(\boldsymbol{M}^{-1}\boldsymbol{N}) = \frac{\rho(\boldsymbol{A}^{-1}\boldsymbol{N})}{1 + \rho(\boldsymbol{A}^{-1}\boldsymbol{N})} < 1.$$

因此, 若 $\boldsymbol{A}$ 非奇异且 $\boldsymbol{A}^{-1} \geqslant 0$, 则式 (3-6) 对任意初始向量 $\boldsymbol{x}^{(0)}$ 收敛.

定理 3.10　若 $\boldsymbol{A} = \boldsymbol{M} - \boldsymbol{N}$ 是 $\boldsymbol{A}$ 的一个弱正规分裂, 则 $\boldsymbol{A}$ 非奇异且 $\boldsymbol{A}^{-1} \geqslant 0$, 当且仅当 $\rho(\boldsymbol{M}^{-1}\boldsymbol{N}) < 1$.

3.4　共轭梯度方法

给定 $f : \mathbb{R}^n \to \mathbb{R}$,

$$f(\boldsymbol{x}) := \frac{1}{2}\boldsymbol{x}^{\mathrm{T}}\boldsymbol{A}\boldsymbol{x} - \boldsymbol{x}^{\mathrm{T}}\boldsymbol{b}, \quad \boldsymbol{x} \in \mathbb{R}^n.$$

对 $f(\boldsymbol{x})$ 求导可得

$$\nabla f(\boldsymbol{x}) = \boldsymbol{A}\boldsymbol{x} - \boldsymbol{b},$$
$$\boldsymbol{H}f(\boldsymbol{x}) = \boldsymbol{A}.$$

这里, $\nabla f(\boldsymbol{x}) = \left(\dfrac{\partial f}{\partial x_1}, \dfrac{\partial f}{\partial x_2}, \cdots, \dfrac{\partial f}{\partial x_n} \right)^{\mathrm{T}}, (\boldsymbol{H} f)_{ij} = \dfrac{\partial^2 f}{\partial x_i \partial x_j}$ 为 f 的梯度和 Hessian 矩阵.

当矩阵 $\boldsymbol{A}$ 对称正定时, 对 $f(\boldsymbol{x})$ 进行 Taylor 展开:

$$
\begin{aligned}
f(\boldsymbol{x}) &\approx f(\boldsymbol{x}^*) + (\boldsymbol{x} - \boldsymbol{x}^*)^{\mathrm{T}} \nabla f(\boldsymbol{x}^*) + \frac{1}{2}(\boldsymbol{x} - \boldsymbol{x}^*)^{\mathrm{T}} \boldsymbol{H} f(\boldsymbol{x}^*)(\boldsymbol{x} - \boldsymbol{x}^*) \\
&= f(\boldsymbol{x}^*) + (\boldsymbol{x} - \boldsymbol{x}^*)^{\mathrm{T}} (\boldsymbol{A}\boldsymbol{x}^* - \boldsymbol{b}) + \frac{1}{2}(\boldsymbol{x} - \boldsymbol{x}^*)^{\mathrm{T}} \boldsymbol{A}(\boldsymbol{x} - \boldsymbol{x}^*) \\
&\geqslant f(\boldsymbol{x}^*) + (\boldsymbol{x} - \boldsymbol{x}^*)^{\mathrm{T}} (\boldsymbol{A}\boldsymbol{x}^* - \boldsymbol{b}).
\end{aligned}
$$

可以看出, 当 $\boldsymbol{x}^*$ 为方程组 $\boldsymbol{A}\boldsymbol{x} = \boldsymbol{b}$ 的解时, 有 $f(\boldsymbol{x}) \geqslant f(\boldsymbol{x}^*)$. 这意味着 $\boldsymbol{x}^*$ 极小化 $f(\boldsymbol{x})$, 换句话说, 当 $\nabla f(\boldsymbol{x}^*) = \boldsymbol{A}\boldsymbol{x}^* - \boldsymbol{b} = 0$ 时, 则有 $\boldsymbol{x} = \boldsymbol{x}^*$.

定理 3.11 当矩阵 $\boldsymbol{A}$ 对称正定时, 求方程组 $\boldsymbol{A}\boldsymbol{x} = \boldsymbol{b}$ 的解等价于求解 $f(\boldsymbol{x}) := \dfrac{1}{2}\boldsymbol{x}^{\mathrm{T}}\boldsymbol{A}\boldsymbol{x} - \boldsymbol{x}^{\mathrm{T}}\boldsymbol{b}$ 的唯一极小化点.

现在, 我们构造如下迭代过程:

$$\boldsymbol{x}_{j+1} = \boldsymbol{x}_j + \alpha_j \boldsymbol{p}_j,$$

$\boldsymbol{x}_j$ 为当前位置, α_j 为移动长度, $\boldsymbol{p}_j$ 为搜索方向. 选取合适的 $\boldsymbol{p}_j$ 和 α_j, 使得

$$f(\boldsymbol{x}_{j+1}) \leqslant f(\boldsymbol{x}_j).$$

因此, 令 $\phi(\alpha_j) = f(\boldsymbol{x}_j + \alpha_j \boldsymbol{p}_j)$, 求解

$$
\begin{aligned}
0 &= \phi'(\alpha_j) \\
&= \boldsymbol{p}_j^{\mathrm{T}} \nabla f(\boldsymbol{x}_j + \alpha_j \boldsymbol{p}_j) \\
&= \boldsymbol{p}_j^{\mathrm{T}} [\boldsymbol{A}(\boldsymbol{x}_j + \alpha_j \boldsymbol{p}_j) - \boldsymbol{b}] \\
&= \boldsymbol{p}_j^{\mathrm{T}} \boldsymbol{A}\boldsymbol{x}_j + \alpha_j \boldsymbol{p}_j^{\mathrm{T}} \boldsymbol{A}\boldsymbol{p}_j - \boldsymbol{p}_j^{\mathrm{T}} \boldsymbol{b},
\end{aligned}
$$

可得

$$\alpha_j = \frac{\boldsymbol{p}_j^{\mathrm{T}}(\boldsymbol{b} - \boldsymbol{A}\boldsymbol{x}_j)}{\boldsymbol{p}_j^{\mathrm{T}} \boldsymbol{A}\boldsymbol{p}_j} = \frac{\boldsymbol{p}_j^{\mathrm{T}} \boldsymbol{r}_j}{\boldsymbol{p}_j^{\mathrm{T}} \boldsymbol{A}\boldsymbol{p}_j} = \frac{\langle \boldsymbol{r}_j, \boldsymbol{p}_j \rangle_2}{\langle \boldsymbol{A}\boldsymbol{p}_j, \boldsymbol{p}_j \rangle_2},$$

其中, 第 j 步残差记为 $\boldsymbol{r}_j := \boldsymbol{b} - \boldsymbol{A}\boldsymbol{x}_j$. 明显地, 在选取 α_j 的过程中, $\boldsymbol{p}_j$ 与 $\boldsymbol{r}_{j+1}$ 是正交的. 当取

$$\boldsymbol{p}_j = -\nabla f(\boldsymbol{x}_j) = -(\boldsymbol{A}\boldsymbol{x}_j - \boldsymbol{b}) = \boldsymbol{r}_j$$

时, 即为最速下降法, 其迭代表达式为

$$\boldsymbol{x}_{j+1} = \boldsymbol{x}_j + \frac{\langle \boldsymbol{r}_j, \boldsymbol{r}_j \rangle_2}{\langle \boldsymbol{A}\boldsymbol{r}_j, \boldsymbol{r}_j \rangle_2} \boldsymbol{r}_j.$$

定理 3.12 设 $\boldsymbol{A}$ 是 n 阶实对称正定矩阵, λ_1 和 λ_n 分别是 $\boldsymbol{A}$ 的最大和最小特征值, 则由最速下降法得到的迭代序列 $\{\boldsymbol{x}^{(j)}\}$ 满足误差估计

$$\|\boldsymbol{x}^{(j)} - \boldsymbol{x}^*\|_{\boldsymbol{A}} \leqslant \left[\frac{\lambda_1 - \lambda_n}{\lambda_1 + \lambda_n} \right]^j \|\boldsymbol{x}^{(0)} - \boldsymbol{x}^*\|_{\boldsymbol{A}},$$

其中 $\| \cdot \|_{\boldsymbol{A}} = \sqrt{\langle \boldsymbol{A} \cdot, \cdot \rangle_2}$.

最速下降法虽然简捷易实现, 但是负梯度方向仅具有局部下降的效果. 为了构造具有整体下降效果的迭代算法, 我们需要选取更好的搜索方向 $\boldsymbol{p}_{j+1}$:

$$\boldsymbol{p}_{j+1} = \boldsymbol{r}_{j+1} + \sum_{k=0}^{j} \beta_{jk} \boldsymbol{p}_k. \tag{3-7}$$

定义 3.10　对给定的对称正定矩阵 $\boldsymbol{A} \in \mathbb{R}^{n \times n}$, 若 $\langle \boldsymbol{A}\boldsymbol{p}_k, \boldsymbol{p}_j \rangle_2 = 0, 0 \leqslant j \neq k \leqslant n-1$, 搜索方向 $\boldsymbol{p}_0, \boldsymbol{p}_1, \cdots, \boldsymbol{p}_{n-1} \in \mathbb{R}^n$ 是 $\boldsymbol{A}$-共轭的.

为了简化计算, 我们假设式 (3-7) 中的 $\boldsymbol{p}_j(j = 0, 1, \cdots, n-1)$ 是 $\boldsymbol{A}$-共轭的. 因此, 由

$$\begin{aligned} 0 &= \langle \boldsymbol{A}\boldsymbol{p}_i, \boldsymbol{p}_{j+1} \rangle_2 \\ &= \langle \boldsymbol{A}\boldsymbol{p}_i, \boldsymbol{r}_{j+1} \rangle_2 + \sum_{k=0}^{j} \beta_{jk} \langle \boldsymbol{A}\boldsymbol{p}_i, \boldsymbol{p}_k \rangle_2 \\ &= \langle \boldsymbol{A}\boldsymbol{p}_i, \boldsymbol{r}_{j+1} \rangle_2 + \beta_{ji} \langle \boldsymbol{A}\boldsymbol{p}_i, \boldsymbol{p}_i \rangle_2, \quad 0 \leqslant i \leqslant j, \end{aligned}$$

可得

$$\beta_{ji} = -\frac{\langle \boldsymbol{A}\boldsymbol{p}_i, \boldsymbol{r}_{j+1} \rangle_2}{\langle \boldsymbol{A}\boldsymbol{p}_i, \boldsymbol{p}_i \rangle_2}, \quad 0 \leqslant i \leqslant j.$$

记

$$\beta_{j+1} := \beta_{jj} = -\frac{\langle \boldsymbol{A}\boldsymbol{p}_j, \boldsymbol{r}_{j+1} \rangle_2}{\langle \boldsymbol{A}\boldsymbol{p}_j, \boldsymbol{p}_j \rangle_2},$$

于是得到 $\boldsymbol{p}_{j+1}$ 的递推式

$$\boldsymbol{p}_{j+1} = \boldsymbol{r}_{j+1} + \beta_{j+1} \boldsymbol{p}_j.$$

这样便得到共轭梯度 (CG) 方法.

算法 3.4(CG 方法)

　　输入: 对称正定矩阵 $\boldsymbol{A} \in \mathbb{R}^{n \times n}$, $\boldsymbol{b} \in \mathbb{R}^n$, ε
　　输出: $\boldsymbol{A}\boldsymbol{x} = \boldsymbol{b}$ 的数值解
　　　　选取 $\boldsymbol{x}_0 \in \mathbb{R}^n$
　　　　令 $\boldsymbol{p}_0 := \boldsymbol{r}_0 := \boldsymbol{b} - \boldsymbol{A}\boldsymbol{x}_0$
　　for $j = 0, 1, \cdots, n-1$ **do**
　　　　while $\|\boldsymbol{r}_j\| \geqslant \varepsilon$ **do**
　　　　　　$\alpha_j = \langle \boldsymbol{r}_j, \boldsymbol{p}_j \rangle_2 / \langle \boldsymbol{A}\boldsymbol{p}_j, \boldsymbol{p}_j \rangle_2$
　　　　　　$\boldsymbol{x}_{j+1} = \boldsymbol{x}_j + \alpha_j \boldsymbol{p}_j$
　　　　　　$\boldsymbol{r}_{j+1} = \boldsymbol{b} - \boldsymbol{A}\boldsymbol{x}_{j+1}$
　　　　　　$\beta_{j+1} = -\langle \boldsymbol{A}\boldsymbol{p}_j, \boldsymbol{r}_{j+1} \rangle_2 / \langle \boldsymbol{A}\boldsymbol{p}_j, \boldsymbol{p}_j \rangle_2$
　　　　　　$\boldsymbol{p}_{j+1} = \boldsymbol{r}_{j+1} + \beta_{j+1} \boldsymbol{p}_j$
　　　　end
　　end

定理 3.13 设 A 是 n 阶实对称正定矩阵, λ_1 和 λ_n 分别是 A 的最大和最小特征值, 则由共轭梯度方法得到的迭代序列 $\{\boldsymbol{x}^{(j)}\}$ 满足误差估计

$$\|\boldsymbol{x}^{(j)} - \boldsymbol{x}^*\|_A \leqslant 2\left[\frac{\sqrt{\lambda_1} - \sqrt{\lambda_n}}{\sqrt{\lambda_1} + \sqrt{\lambda_n}}\right]^j \|\boldsymbol{x}^{(0)} - \boldsymbol{x}^*\|_A.$$

例 3.5 取初值为 $\boldsymbol{x}^{(0)} = [0 \quad 0 \quad 0]^{\mathrm{T}}$, 试用共轭梯度方法求解如下线性方程组. 迭代过程中精度控制 $\varepsilon = 10^{-3}$.

$$\begin{bmatrix} 4 & -1 & & & \\ -1 & 4 & -1 & & \\ & \ddots & \ddots & \ddots & \\ & & -1 & 4 & -1 \\ & & & -1 & 4 \end{bmatrix}_{10 \times 10} \begin{bmatrix} x_1 \\ x_2 \\ \vdots \\ x_9 \\ x_{10} \end{bmatrix} = \begin{bmatrix} 3 \\ 2 \\ \vdots \\ 2 \\ 3 \end{bmatrix}_{10 \times 1}$$

解: 给定初始向量 $\boldsymbol{x}^{(0)} = \boldsymbol{0}$ 以及精确解 $\boldsymbol{x} = [1 \quad 1 \quad \cdots \quad 1]^{\mathrm{T}}$, 表 3-1 给出了共轭梯度方法经过 5 次迭代的部分数值解以及 2 范数下的残差.

表 3-1　实验结果

k	x_2	x_4	x_6	x_8	x_{10}	$\|\boldsymbol{r}\|_2$
1	0.8333	0.8333	0.8333	0.8333	0.8333	2.1246
2	1.0608	0.9589	0.9589	0.9589	1.0310	0.4805
3	1.0078	0.9869	0.9869	1.0131	1.0029	0.1185
4	1.0006	1.0022	0.9954	1.0015	1.0002	0.0285
5	1.0000	1.0000	1.0000	1.0000	1.0000	1.4218×10^{-15}

3.5　程　序

本节分别给出 LU 分解法、Jacobi 迭代法、Gauss-seidel 迭代法、SOR 迭代法及共轭梯度方法的 MATLAB 程序.

```
1  %LU分解法
2  A=[3,2,3;2,4,2;1,1,3];
3  b=[2,3,1]';
4  % [L,U] = lu(A)
5  % diag(A)
6  [m,n]=size(A);
7  L=A;
8  U=A;
9  D=A;
10 E=zeros(n);
11 for i=1:1:n
```

```
12    for j=1:1:n
13      if i>j
14      U(i,j)=E(i,j);
15      D(i,j)=E(i,j);
16      elseif i<j
17      L(i,j)=E(i,j);
18      D(i,j)=E(i,j);
19      else
20      U(i,j)=E(i,j);
21      L(i,j)=E(i,j);
22      end
23     end
24   end
```

```
1    % Jacobi迭代法
2    function x=Jacobi(A,b)%Jacobi函数,A为方程组的系数矩阵，b为方程组的右端项
3      [m,n]=size(A); %A的行列数
4      x0=zeros(n,1); %x0为初始值
5      x=zeros(n,1);   %x为近似解
6      k=0;            %k为迭代次数
7      for i=1:n
8        x(i)=b(i);
9        for j=1:i-1
10         x(i)=x(i)-A(i,j)*x0(j);
11        end
12        for j=i+1:n
13         x(i)=x(i)-A(i,j)*x0(j);
14        end
15        x(i)=x(i)/A(i,i);
16      end
17      while norm(x-x0)>1e-3  %误差控制
18        k=k+1;
19        x0=x;
20        for i=1:n
21          x(i)=b(i);
22          for j=1:i-1
23            x(i)=x(i)-A(i,j)*x0(j);
24          end
25          for j=i+1:n
26            x(i)=x(i)-A(i,j)*x0(j);
27          end
28          x(i)=x(i)/A(i,i);
29        end
```

```
30    end
31  end
```

```
1   %Gauss-Seidel迭代法
2   function x=Gauss_Seidel(A,b)
3     [m,n]=size(A);
4     x0=zeros(n,1);
5     x=zeros(n,1);
6     k=0;
7     for i=1:n
8     x(i)=b(i);
9       for j=1:i-1
10        x(i)=x(i)-A(i,j)*x(j);
11      end
12      for j=i+1:n
13        x(i)=x(i)-A(i,j)*x0(j);
14      end
15        x(i)=x(i)/A(i,i);
16    end
17    while norm(x-x0)>1e-3
18      k=k+1;
19      x0=x;
20      for i=1:n
21        x(i)=b(i);
22        for j=1:i-1
23        x(i)=x(i)-A(i,j)*x(j);
24        end
25        for j=i+1:n
26          x(i)=x(i)-A(i,j)*x0(j);
27        end
28        x(i)=x(i)/A(i,i);
29      end
30    end
31  end
```

```
1   %SOR迭代法
2   function [x,k] =sor(A,b,w)
3     % A 为方程组的系数矩阵
4     % b 为方程组的右端项
5     % x 为方程组的解
6     % k为迭代次数
7     [n,m]=size(A);
8     n=length(b);
```

```
9    e=10^-8;
10   x1=ones(1,n);%x1赋值为单位矩阵
11   x=zeros(1,n);
12   M=100;
13   s=zeros(1,n);
14   y=zeros(1,n);
15   r=max(abs(b));
16   k=0;
17   while r>e
18     for i=1:n
19       sum=0;
20       for j=1:n
21         if   j<i
22           sum=sum+A(i,j)*y(j);
23         end
24         if  j>i
25           sum=sum+A(i,j)*x1(j);
26         end
27       end
28       s(i)=w*(b(i)-sum)/A(i,i);%w为松弛因子
29       y(i)=(1-w)*x1(i)+s(i);
30     end
31     r=max(abs(s-w*x1));
32     x1=y;k=k+1;
33     if k>M
34       warning('不收敛');
35       return;
36     end
37   end
38   x=y;
39 end
```

```
1 %共轭梯度方法（例3.5）
2 N=10;
3 A=zeros(N);
4 x0=zeros(N,1);
5 for i=2:N-1
6   A(i,i-1)=-1;
7   A(i,i)=4;
8   A(i,i+1)=-1;
9 end
10 A(1,1)=4;
11 A(1,2)=-1;
```

```
12  A(N,N-1)=-1;
13  A(N,N)=4;
14  b=[3 2 2 2 2 2 2 2 2 3]';
15  x=x0;
16  r=b-A*x0;    %残差
17  rho0=conj(r')*r;   %conj函数计算共轭值
18  p=r;%p为搜索方向，r为残差，p=r时为最速下降法
19  while(rho0>1e-3)
20    w=A*p;
21    alpha=rho0/(conj(p')*w);
22    x=x+alpha*p;
23    r=r- alpha*w;
24    rho1=conj(r')*r;
25    beta0=rho1/rho0;
26    p=r+beta0*p;
27    rho0=rho1;
28    norm(r,2)
29  end
```

3.6　注　记

本章简单介绍了求解线性方程组的直接方法和迭代方法. 除了介绍基本的 Jacobi 迭代、Gauss-Seidel 迭代和 SOR 迭代, 还介绍了共轭梯度方法. 事实上, 共轭梯度方法的推导有好几种途径, 更加详细的介绍可参考文献 [10]. 对一些 Krylov 子空间方法的介绍, 可参考文献 [11-14].

在科学计算领域中, 求解线性方程组的直接方法和迭代方法一直是研究的热点问题. 事实上, 当前效率较高的迭代方法是多重网格方法与区域分解方法. 这两大类迭代方法往往从数学模型 (常见的数学模型如偏微分方程) 本身出发, 将模型问题的数值离散和代数方程组的迭代求解综合考虑, 以构造快速高效的数值方法. 由于多重网格方法与区域分解方法借助了不同尺度的背景网格和离散, 因此经常统称为多尺度方法. 关于这两大类方法的介绍, 可参考文献 [15-18].

本章仅限于讨论 $n \times n$ 阶线性方程组的数值求解, 而没有介绍超定方程组 ($n \times m$, $n > m$). 当前的诸多科学计算问题也常常导致求解各种大规模超定方程组. 比如, 在第 9 章将要介绍的 Kansa 方法中, 当检验数据多于中心数据时得到的离散方程组便是一个超定方程组. 而大量实践证明, 检验数据越多, Kansa 方法越稳定. 关于超定线性方程组的数值求解, 可进一步阅读文献 [19].

习　题　3

1. 证明定理 3.1 及定理 3.2.

2. 证明: 若矩阵范数 $\|\boldsymbol{A}\| < 1$, 则

$$\|(\boldsymbol{I} + \boldsymbol{A})^{-1}\| \leqslant \frac{1}{1 - \|\boldsymbol{A}\|}.$$

3. 已知 $\boldsymbol{Ax} = \boldsymbol{b}$, 给出系数矩阵 $\boldsymbol{A}$ 的 LU 分解, 并求解方程组, 这里

$$\boldsymbol{A} = \begin{bmatrix} 1 & 2 & 4 \\ 2 & 3 & 6 \\ 1 & 3 & 4 \end{bmatrix}, \boldsymbol{b} = \begin{bmatrix} 1 \\ 2 \\ 0 \end{bmatrix}.$$

4. 使用 LU 分解求解 $\boldsymbol{Ax} = \boldsymbol{b}$, 其中

$$\boldsymbol{A} = \begin{bmatrix} 1 & 2 & 3 & 4 \\ 2 & 2 & 1 & 2 \\ 3 & 1 & 3 & 1 \\ 4 & 2 & 4 & 4 \end{bmatrix}, \boldsymbol{b} = \begin{bmatrix} 30 \\ 17 \\ 18 \\ 36 \end{bmatrix}.$$

5. 使用 Cholesky 分解求解对称正定方程组

$$\begin{bmatrix} 4 & 2 & -2 \\ 2 & 2 & -3 \\ -2 & -3 & 6 \end{bmatrix} \begin{bmatrix} x_1 \\ x_2 \\ x_3 \end{bmatrix} = \begin{bmatrix} 4 \\ 1 \\ -4 \end{bmatrix}.$$

6. 使用 Cholesky 分解求解对称正定方程组

$$\begin{bmatrix} 1 & 2 & -2 & 3 & 5 \\ 2 & 2 & -3 & 6 & 3 \\ -2 & -3 & 2 & 6 & 8 \\ 3 & 6 & 6 & 6 & 3 \\ 5 & 3 & 8 & 3 & 4 \end{bmatrix} \begin{bmatrix} x_1 \\ x_2 \\ x_3 \\ x_4 \\ x_5 \end{bmatrix} = \begin{bmatrix} 9 \\ 10 \\ 11 \\ 24 \\ 23 \end{bmatrix}.$$

7. 利用 Givens 变换将上 Hessenberg 矩阵

$$\begin{bmatrix} 1 & 2 & -2 & 3 & 5 \\ 2 & 2 & -3 & 0 & 3 \\ & -3 & 2 & 6 & 0 \\ & & 1 & 3 & 3 \\ & & & 6 & 1 \end{bmatrix}$$

化简为上三角矩阵, 并给出 MATLAB 程序.

8. 已知 $\boldsymbol{x} = [1 \quad 2 \quad 3 \quad 4]^{\mathrm{T}}$, 求 Householder 矩阵 $\boldsymbol{H}$, 使得 $\boldsymbol{H}\boldsymbol{x} = -2\boldsymbol{e}_1$, 其中 $\|\boldsymbol{x}\|_2 = 4$.

9. 采用 Householder 变换对 $\boldsymbol{A}$ 进行 QR 分解, 其中

$$\boldsymbol{A} = \begin{bmatrix} 3 & 1 & -2 \\ 1 & 2 & 4 \\ -2 & 4 & 1 \end{bmatrix}.$$

10. 记 $\boldsymbol{a}_1, \boldsymbol{a}_2, \cdots, \boldsymbol{a}_n \in \mathbb{R}^n$ 为矩阵 $\boldsymbol{A}$ 的每一列, 利用 QR 分解证明

$$|\det \boldsymbol{A}| \leqslant \|\boldsymbol{a}_1\|_2 \|\boldsymbol{a}_2\|_2 \cdots \|\boldsymbol{a}_n\|_2.$$

11. 取初值 $\boldsymbol{x}^{(0)} = [0 \quad 0 \quad 0]^{\mathrm{T}}$, 试用 Jacobi 迭代、Gauss-Seidel 迭代及 SOR 迭代 (取最佳松弛因子) 分别求解线性方程组

$$\begin{bmatrix} 4 & 1 & 1 \\ 1 & 2 & 1 \\ 1 & 1 & 4 \end{bmatrix} \begin{bmatrix} x_1 \\ x_2 \\ x_3 \end{bmatrix} = \begin{bmatrix} 6 \\ 4 \\ 6 \end{bmatrix}.$$

迭代过程保留 5 位有效数字 (精确解 $\boldsymbol{x}^* = [1 \quad 1 \quad 1]^{\mathrm{T}}$), 并在理论上判别这三种迭代的收敛性.

12. 取初值 $\boldsymbol{x}^{(0)} = [0 \quad 0 \quad 0 \quad 0 \quad 0]^{\mathrm{T}}$, 试用 Jacobi 迭代、Gauss-Seidel 迭代及 SOR 迭代 (取最佳松弛因子) 分别求解线性方程组

$$\begin{bmatrix} 4 & -1 & -1 & 0 & 0 \\ -1 & 4 & -1 & -1 & 0 \\ -1 & -1 & 4 & -1 & -1 \\ 0 & -1 & -1 & 4 & -1 \\ 0 & 0 & -1 & -1 & 4 \end{bmatrix} \begin{bmatrix} x_1 \\ x_2 \\ x_3 \\ x_4 \\ x_5 \end{bmatrix} = \begin{bmatrix} 4 \\ 2 \\ 0 \\ 2 \\ 4 \end{bmatrix}.$$

迭代过程保留 5 位有效数字 (精确解 $\boldsymbol{x}^* = [2 \quad 2 \quad 2 \quad 2 \quad 2]^{\mathrm{T}}$).

13. 证明定理 3.5 及定理 3.6.

14. 证明定理 3.7 及定理 3.8.

15. 对于线性方程组 $\boldsymbol{A}\boldsymbol{x} = \boldsymbol{b}$, 其中 $\boldsymbol{A}$ 对称正定 (设 $\boldsymbol{A}$ 的特征值满足 $0 < \alpha \leqslant \lambda(\boldsymbol{A}) \leqslant \beta$), 证明迭代

$$\boldsymbol{x}^{(k+1)} = \boldsymbol{x}^{(k)} + \omega(\boldsymbol{b} - \boldsymbol{A}\boldsymbol{x}^{(k)}), \quad k = 0, 1, \cdots$$

当 $0 < \omega < \dfrac{2}{\beta}$ 时收敛.

16. 试用最速下降法和共轭梯度方法求解线性方程组

$$\begin{bmatrix} 4 & -1 & 0 \\ -1 & 4 & -1 \\ 0 & -1 & 4 \end{bmatrix} \begin{bmatrix} x_1 \\ x_2 \\ x_3 \end{bmatrix} = \begin{bmatrix} 3 \\ 2 \\ 3 \end{bmatrix}.$$

取初值为 $\boldsymbol{x}^{(0)} = [0 \quad 0 \quad 0]^{\mathrm{T}}$, 使得最终迭代误差 $\boldsymbol{r}^{(k)} = \boldsymbol{b} - \boldsymbol{A}\boldsymbol{x}^{(k)}$ 达到 $\|\boldsymbol{r}^{(k)}\|_2 / \|\boldsymbol{r}^{(0)}\|_2 < 10^{-4}$, 并给出迭代次数及迭代解.

17. 令 $\boldsymbol{A} \in \mathbb{R}^{n \times n}$ 为对称正定矩阵, 给定 $\tau > 0, \boldsymbol{b} \in \mathbb{R}^n$. 证明 $\|\boldsymbol{A}\boldsymbol{x} - \boldsymbol{b}\|_2^2 + \tau \boldsymbol{x}^{\mathrm{T}} \boldsymbol{A} \boldsymbol{x}$ 有唯一的最小值点 $\boldsymbol{x}_\tau^* \in \mathbb{R}^n$, 恰是线性方程组 $(\boldsymbol{A} + \tau \boldsymbol{I})\boldsymbol{x} = \boldsymbol{b}$ 的解.

18. 利用共轭梯度方法求解 $\boldsymbol{A}\boldsymbol{x} = \boldsymbol{b}$, 编程输入维数 n, 其中

$$
\boldsymbol{A} = \begin{bmatrix} n+1 & 1 & 1 & \cdots & 1 \\ 1 & n+2 & 1 & \cdots & 1 \\ 1 & 1 & n+3 & \cdots & 1 \\ \vdots & \vdots & \vdots & \ddots & \vdots \\ 1 & 1 & 1 & \cdots & 2n \end{bmatrix}, \quad \boldsymbol{b} = \begin{bmatrix} 1 \\ 2 \\ 3 \\ \vdots \\ n \end{bmatrix}.
$$

第 4 章
求解非线性方程组

4.1 问 题 介 绍

本章介绍一些求解非线性方程与非线性方程组的常用算法.

问题 4.1 对于给定的非线性函数 $\boldsymbol{f}: \mathbb{R}^n \to \mathbb{R}^n$, 求 $\boldsymbol{x}^* \in \mathbb{R}^n$, 使得 $\boldsymbol{f}(\boldsymbol{x}^*) = \boldsymbol{0}$. 当 $n = 1$ 时, 该问题为单变量非线性方程的求根问题; 当 $n > 1$ 时, 该问题为非线性方程组的求解问题.

对于非线性方程 (组) 问题, 我们一般采用迭代法进行求解, 即给定一个 (或一些) 初始值, 按照某一迭代规则产生一个向量序列 $\{\boldsymbol{x}_k\}(k = 1, 2, \cdots)$, 当 $k \to \infty$ 时, $\boldsymbol{x}_k \to \boldsymbol{x}^*$, 我们就说 $\{\boldsymbol{x}_k\}$ 收敛到问题的解. 为了说明收敛的快慢, 我们给出收敛速度的定义.

定义 4.1 设序列 $\{\boldsymbol{x}_k\}$ 的极限为 $\boldsymbol{x}^*$, 记 $\boldsymbol{e}_k = \boldsymbol{x}_k - \boldsymbol{x}^*$, 如果有

$$\lim_{k \to \infty} \frac{\|\boldsymbol{e}_{k+1}\|}{\|\boldsymbol{e}_k\|^r} = C,$$

则称序列 $\{\boldsymbol{x}_k\}$ 收敛到 $\boldsymbol{x}^*$ 的收敛速度是 r 阶的, 其中 r 为正数, C 为非负常数.

- $r = 1$, 称为一阶收敛或线性收敛, 并且此时必有 $0 < C < 1$.
- $r > 1$ 或 $r = 1, C = 0$, 称为超线性收敛.
- $r = 2$, 称为二阶收敛.

针对单变量非线性方程, 最为常见的数值求解方法有二分法、不动点法、Newton 迭代法及割线法; 对于非线性方程组, 有 Jacobi 迭代法、Gauss-Seidel 迭代法、SOR 迭代法、Newton 迭代法、Broyden 算法等.

4.2 非线性方程的迭代法

本节介绍单变量非线性方程求零根的计算方法, 即给定 $f: (a, b) \subseteq \mathbb{R} \to \mathbb{R}$, 求 $x^* \in (a, b)$, 使得 $f(x^*) = 0$.

4.2.1 二分法

由连续函数的介值定理知, 若 $f(x) \in C[a, b]$ 且 $f(a)f(b) < 0$, 则必存在 $x^* \in (a, b)$, 使得 $f(x^*) = 0$. 于是, 我们可以通过判断区间中点与两端点函数值的同号异号情况对零根进行逼近.

具体的逼近过程如下:

令 $a_1 = a, b_1 = b, x_1 = (a_1 + b_1)/2$, 若 $f(x_1) = 0$, 则 x_1 即为零根; 若 $f(a_1)f(x_1) > 0$, 则令 $a_2 = x_1, b_2 = b_1$; 若 $f(a_1)f(x_1) < 0$, 则令 $a_2 = a_1, b_2 = x_1$. 这样便把包含零根的区间缩小了一半. 再继续重复上述计算, 若计算至 n 步, 即 $x_n = (a_n + b_n)/2$, 若 $f(x_n) = 0$, 则 x_n 即为零根; 若 $f(a_n)f(x_n) > 0$, 则令 $a_{n+1} = x_n, b_{n+1} = b_n$; 若 $f(a_n)f(x_n) < 0$, 则令 $a_{n+1} = a_n, b_{n+1} = x_n$. 这样便得到包含零根的区间 $[a_{n+1}, b_{n+1}] \subset [a_n, b_n] \subset \cdots \subset [a_1, b_1] = [a, b]$. 继续这样的计算过程, 包含零根的区间以 $\dfrac{1}{2^n}$ 的速度缩减, 由中点所得到的序列 $\{x_k\}$ 的极限 x^* 就是原方程的零根. 以上这种迭代方法被称为二分法.

算法 4.1(二分法)

输入: a, b

输出: x_k

for $j = 1, 2, \cdots, k$ **do**

    计算函数值 $f(a + (b - a)/2)$

    if $f(a + (b - a)/2) = 0$

      $x_k = a + (b - a)/2$

    elseif $f(a) \cdot f(a + (b - a)/2) > 0$

      $a = a + (b - a)/2, b = b$

      $x_k = a + (b - a)/2$

    elseif $f(a) \cdot f(a + (b - a)/2) < 0$

      $a = a, b = a + (b - a)/2$

      $x_k = a + (b - a)/2$

    end

end

对于二分法, 容易验证有如下误差估计:

$$|x_n - x^*| \leqslant (b - a)/2^n.$$

由于

$$\lim_{k \to \infty} \frac{|e_{k+1}|}{|e_k|} = \frac{1}{2},$$

故二分法是线性收敛的.

例 4.1 用二分法求 $f(x) = x^3 - 2x - 1 = 0$ 在区间 $[1, 2]$ 的根.

解: 表 4-1 给出了迭代 10 次的区间中点以及对应函数值, 可以看到第 10 次迭代时 $f(x_{10})$ 已经非常接近 0 了.

表 4-1　二分法实验结果

n	x_n	$f(x_n)$	n	x_n	$f(x_n)$
1	1.5000	-0.6250	6	1.6094	-0.0503
2	1.7500	0.8594	7	1.6172	-0.0050
3	1.6250	0.0410	8	1.6211	0.0180
4	1.5625	-0.3103	9	1.6191	0.0065
5	1.5938	-0.1393	10	1.6182	0.0008

4.2.2　不动点迭代法

如果能将非线性方程 $f(x) = 0$ 写成等价形式 $x = \varphi(x)$, 则非线性函数求根问题将转化成求解等价问题: 求 x^*, 使得 $x^* = \varphi(x^*)$.

这个问题称为函数 $\varphi(x)$ 的不动点问题. 满足这个等式的 x^* 称为函数 $\varphi(x)$ 的不动点. 显然, $\varphi(x)$ 的选取不是唯一的.

给定初值 x_0, 我们可构造迭代方案

$$x_{k+1} = \varphi(x_k), k = 0, 1, 2, \cdots. \tag{4-1}$$

这样的迭代方法就称为不动点迭代法, x_0 称为初值, 连续函数 $\varphi(x)$ 称为迭代函数.

为了给出不动点迭代的收敛性, 我们先介绍压缩映像原理.

定理 4.1 (压缩映像原理)　如果式 (4-1) 中的迭代函数 $\varphi(x)$ 满足:

(1) $\varphi : [a, b] \to [a, b]$,

(2) $\varphi \in C^1[a, b]$,

(3) 存在 $0 < L < 1$, 使得 $|\varphi'(x)| \leqslant L, \forall x \in [a, b]$,

则 $\varphi(x)$ 在 $[a, b]$ 上有唯一的不动点 x^*, 而且对于 $\forall x_0 \in [a, b]$, 序列 $\{x_k\}$ 都收敛于不动点 x^*.

证明: 先证明存在性. 令 $F(x) = \varphi(x) - x$, 则 $F(a) \geqslant 0, F(b) \leqslant 0$. 而且 $F(x) \in C[a, b]$, 故 $\exists x^* \in C[a, b]$, 使得

$$F(x^*) = 0,$$

即 $\varphi(x^*) = x^*$.

再证明唯一性. 假设 $x_1^* \neq x_2^*$ 均为不动点, 且

$$|x_1^* - x_2^*| \neq 0, \quad x_1^* = \varphi(x_1^*), \quad x_2^* = \varphi(x_2^*),$$

则 $|x_1^* - x_2^*| = |\varphi(x_1^*) - \varphi(x_2^*)| \leqslant L|x_1^* - x_2^*| < |x_1^* - x_2^*|$, 矛盾!

最后证明对于 $\forall x_0 \in [a, b]$, 序列 $\{x_k\}$ 都收敛于不动点 x^*. 任取 $x_0 \in [a, b]$, 则 $|x_{n+1} - x_n| \leqslant L^n|x_1 - x_0|$, 于是

$$
\begin{aligned}
|x_{n+k} - x_n| &\leqslant \sum_{m=1}^{k} |x_{n+m} - x_{n+m-1}| \\
&\leqslant L^n \frac{1 - L^k}{1 - L} |x_1 - x_0|.
\end{aligned} \tag{4-2}
$$

显然, $\{x_n\}$ 为 Cauchy 序列, 不妨设 $x_n \to x^*(n \to +\infty)$, 则 $x^* = \varphi(x^*)$.

在式 (4-2) 中, 令 $k \to +\infty$, 则不动点迭代的误差估计为

$$|x_n - x^*| \leqslant \frac{L^n}{1 - L}|x_1 - x_0|.$$

定理 4.2 设 x^* 是 $\varphi(x)$ 的不动点. 如果 $\varphi(x)$ 在 x^* 的某个邻域中是连续可微的, 而且 $|\varphi'(x^*)| < 1$, 则一定存在 $\delta > 0$, 只要初值 x_0 满足 $|x_0 - x^*| < \delta$, 不动点迭代序列 $\{x_k\}$ 就收敛于 x^*.

证明: 由 $\varphi'(x)$ 连续的性质可知, 存在 x^* 的邻域 $U_\delta(x^*) : |x - x^*| \leqslant \delta$, 使得 $\forall x \in U_\delta(x^*)$, 有 $|\varphi'(x)| \leqslant L < 1$, 于是

$$|\varphi(x) - x^*| = |\varphi(x) - \varphi(x^*)| \leqslant L|x - x^*| \leqslant |x - x^*| \leqslant \delta,$$

即 $\varphi(x)$ 可以看成 $U_\delta(x^*)$ 上的压缩映像. 由定理可知, 迭代过程 $x_{k+1} = \varphi(x_k)$ 对任意初值 $x_0 \in U_\delta(x^*)$ 是收敛的.

例 4.2 用不动点迭代法分别选取 $\varphi_1(x) = \sqrt[3]{2x+1}$ 和 $\varphi_2(x) = \dfrac{x^3 - 1}{2}$ 求解例 4.1 中 $f(x) = 0$ 的根.

解: 表 4-2 和表 4-3 分别给出了使用 $\varphi_1(x)$ 和 $\varphi_2(x)$ 迭代求解的数据结果. 可以看到, 使用 $\varphi_1(x)$ 求解时, 迭代 8 次后 $f(x_8)$ 的值已接近 10^{-5}. 而使用 $\varphi_2(x)$ 迭代求解时, 随着迭代次数的增加, 根已经超出了区间 $[1, 2]$.

表 4-2 选取 $\varphi_1(x) = \sqrt[3]{2x+1}$ 的实验结果

n	x_n	$f(x_n)$	n	x_n	$f(x_n)$
1	1.5000	-0.6250	5	1.6175	-0.0030
2	1.5870	-0.1748	6	1.6179	-0.0007
3	1.6102	-0.0456	7	1.6180	-0.0002
4	1.6160	-0.0117	8	1.6180	-4.9212×10^{-5}

表 4-3 选取 $\varphi_2(x) = \dfrac{x^3 - 1}{2}$ 的实验结果

n	x_n	$f(x_n)$	n	x_n	$f(x_n)$
1	1.5000	-0.6250	5	-0.5556	-0.0603
2	1.1875	-1.7004	6	-0.5857	-0.0295
3	0.3373	-1.6362	7	-0.6005	0.0156
4	-0.4808	-0.1495	8	-0.6083	-0.0085

4.2.3 Newton 迭代法

如果 $f(x)$ 在其零点 x^* 附近有充分的光滑性质, 则对 x^* 附近的任意点 x_k 可做如下 Taylor 展开:

$$f(x^*) = f(x_k) + f'(x_k)(x^* - x_k) + \frac{1}{2}f''(\xi_k)(x^* - x_k)^2,$$

其中, ξ_k 介于 x_k 与 x^* 之间. 当 x_k 充分接近 x^* 时, 忽略右端的高阶小量可得到近似表达式

$$f(x_k) + f'(x_k)(x^* - x_k) \approx 0.$$

由上式可解得

$$x^* \approx x_k - \frac{f(x_k)}{f'(x_k)},$$

从而可以构造迭代序列

$$x_{k+1} = x_k - \frac{f(x_k)}{f'(x_k)}, \quad k = 0, 1, 2, \cdots. \tag{4-3}$$

式 (4-3) 称为 Newton 迭代法.

关于 Newton 迭代法, 我们有下面的收敛性定理.

定理 4.3 假设 $f(x)$ 在其零点 x^* 附近二阶连续可微, 且 $f'(x^*) \neq 0$, 则存在 x^* 的 δ 邻域 $U_\delta(x^*)$, 使得对 $\forall x \in U_\delta(x^*)$, Newton 迭代收敛且收敛速度至少为二阶.

证明: 记 $\varphi(x) = x - \dfrac{f(x)}{f'(x)}$, 则显然有 $\varphi(x^*) = x^*$. 于是, Newton 迭代可以看作以 $\varphi(x)$ 为迭代函数的不动点迭代. 另外, 由于 $f'(x^*) \neq 0$ 且 $f'(x)$ 连续, 则一定存在 x^* 的 δ 邻域 $U_\delta(x^*)$, 使得对 $\forall x \in U_\delta(x^*)$ 都有 $f'(x) \neq 0$. 因此, $\varphi(x)$ 在 $U_\delta(x^*)$ 上有定义且一阶连续可微. 容易计算出

$$\varphi'(x^*) = 1 - \frac{[f'(x^*)]^2 - f(x^*)f''(x^*)}{[f'(x^*)]^2} = 0.$$

由不动点迭代收敛性定理的内容可知, Newton 迭代收敛且收敛速度至少为二阶. ∎

例 4.3 用 Newton 迭代法求解例 4.1 中 $f(x) = 0$ 的根.

解: 表 4-4 给出了 Newton 迭代法迭代 5 次的结果.

表 4-4 Newton 迭代法的实验结果

n	x_n	$f(x_n)$	n	x_n	$f(x_n)$
1	1.5000	-0.6250	4	1.6180	1.0862×10^{-7}
2	1.6316	0.0802	5	1.6180	1.3323×10^{-15}
3	1.6182	8.7588×10^{-4}			

4.2.4　割线法

为了避免在 Newton 迭代法中计算函数的导数值, 我们可采用差分逼近导数, 即

$$f'(x_k) \approx \frac{f(x_k) - f(x_{k-1})}{x_k - x_{k-1}}.$$

将以上近似表达式代入式 (4-3) 则得到割线法:

$$x_{k+1} = x_k - \frac{x_k - x_{k-1}}{f(x_k) - f(x_{k-1})} f(x_k), \quad k = 1, 2, \cdots. \tag{4-4}$$

割线法在开始迭代运算之前需要有两个初始值 x_0, x_1, 每向前迭代一步需要用到前面两步的计算结果, 因此也被称作两步法. 关于割线法的收敛性, 有如下定理.

定理 4.4　假设 $f(x)$ 在其零点 x^* 附近二阶连续可微, 且 $f'(x^*) \neq 0$. 如果初始值 x_0, x_1 充分接近 x^*, 则割线法收敛且为 $r = \dfrac{1 + \sqrt{5}}{2}$ 阶收敛.

证明: 由已知条件可知, 存在 x^* 的 δ_1 邻域 $U_{\delta_1}(x^*)$ 使得对 $\forall x \in U_{\delta_1}(x^*)$ 都有 $f'(x) \neq 0$, 且 $f(x)$ 在该邻域内二阶连续可微. 记

$$M_1 = \frac{\max_{x \in U_{\delta_1}(x^*)} |f''(x)|}{2 \min_{x \in U_{\delta_1}(x^*)} |f'(x)|},$$

则存在 δ_2 使得 $M_1 \delta_2 < 1$. 取 $\delta = \min\{\delta_1, \delta_2\}$, 定义新的邻域 $U_\delta(x^*)$, 令

$$M = \frac{\max_{x \in U_\delta(x^*)} |f''(x)|}{2 \min_{x \in U_\delta(x^*)} |f'(x)|},$$

则有 $M \leqslant M_1$.

下面证明当 $x_{k-1}, x_k \in U_\delta(x^*)$ 时, $x_{k+1} \in U_\delta(x^*)$.

构造割线方程

$$L(x) = f(x_k) \frac{x - x_{k-1}}{x_k - x_{k-1}} + f(x_{k-1}) \frac{x - x_k}{x_{k-1} - x_k},$$

由 Lagrange 插值余项估计

$$f(x) - L(x) = \frac{1}{2} f''(\xi)(x - x_k)(x - x_{k-1}), \quad \xi \in U_\delta(x^*).$$

因此

$$L(x^*) = -\frac{1}{2} f''(\xi_1)(x^* - x_k)(x^* - x_{k-1}), \quad \xi_1 \in U_\delta(x^*).$$

由于 $L(x_{k+1}) = 0$, 且

$$\begin{aligned}
L(x_{k+1}) - L(x^*) &= L'(\xi)(x_{k+1} - x^*) \\
&= \frac{f(x_k) - f(x_{k-1})}{x_k - x_{k-1}}(x_{k+1} - x^*) \\
&= f'(\xi_2)(x_{k+1} - x^*), \quad \xi_2 \in U_\delta(x^*),
\end{aligned}$$

记 $e_k = |x_k - x^*|$, 则有

$$e_{k+1} = \left| \frac{f''(\xi_1)}{2f'(\xi_2)} \right| e_k e_{k-1} \leqslant M\delta^2 < \delta,$$

由此可知 $x_{k+1} \in U_\delta(x^*)$. 进一步推导得到

$$e_k \leqslant \frac{1}{M} (M\delta)^k \to 0, \quad \text{当} k \to +\infty.$$

接下来证明收敛阶. 可以看到, 当 $k \to +\infty$ 时, 有

$$e_{k+1} = Ce_k e_{k-1}, \quad C = \frac{f''(x^*)}{2f'(x^*)}.$$

令 $E_{k+1} = Ce_{k+1}$, 则 $E_{k+1} = E_k \cdot E_{k-1}$. 两边取对数得

$$\ln E_{k+1} = \ln E_k + \ln E_{k-1}.$$

令 $y_k = \ln E_k$, 则 y_k 满足 Fibonacci 数列. 由差分方程对应的特征方程 $p^2 = p + 1$ 得到

$$p_1 = \frac{1 + \sqrt{5}}{2} \approx 1.618, \quad p_2 = \frac{1 - \sqrt{5}}{2} \approx -0.618,$$

则

$$y_k = C_1 p_1^k + C_2 p_2^k = C_1 p_1^k \left[1 + C_3 \left(\frac{p_2}{p_1} \right)^k \right].$$

由于 $p_1 > 1, |p_2| < 1$, 因此有 $e_k \approx \frac{1}{C} e^{C_1 p_1^k}$, 可得

$$\lim_{k \to +\infty} \frac{e_{k+1}}{e_k^{p_1}} = C^{p_1 - 1},$$

即为 p_1 阶收敛. ∎

例 4.4 用割线法求解例 4.1 中 $f(x) = 0$ 的根.

解: 割线法需要两个初始值才能进行迭代运算, 我们这里选择初始值 $x_1 = 1, x_2 = 1.5$. 表 4-5 给出了割线法迭代 7 次的结果.

表 4-5 割线法的实验结果

n	x_n	$f(x_n)$	n	x_n	$f(x_n)$
1	1.0000	-2.0000	5	1.6171	-0.0054
2	1.5000	-0.6250	6	1.6180	4.7983×10^{-5}
3	1.7273	0.6987	7	1.6180	-3.6420×10^{-8}
4	1.6073	-0.0622			

4.3 非线性方程组的迭代法

本节探讨含有 n 个未知量、n 个非线性方程的方程组的数值求解方法. 记每一个 $f_i(x_1, x_2, \cdots, x_n) : \mathbb{R}^n \to \mathbb{R}(i = 1, 2, \cdots, n)$ 为 n 元实值函数, 且至少有一个是非线性函数, 则一般的非线性方程组形式如下:

$$\begin{cases} f_1(x_1, x_2, \cdots, x_n) = 0, \\ f_2(x_1, x_2, \cdots, x_n) = 0, \\ \quad \vdots \\ f_n(x_1, x_2, \cdots, x_n) = 0. \end{cases} \tag{4-5}$$

4.3.1 基本非线性迭代法

与求解线性方程组类似, 求解非线性方程组也有三种基本迭代法: Jacobi 迭代、Gauss-Seidel 迭代、SOR 迭代. 给定迭代初始向量 $[x_1^{(0)} \quad x_2^{(0)} \quad \cdots \quad x_n^{(0)}]^{\mathrm{T}}$, 记 (k) 为第 k 次迭代, 则 Jacobi 迭代通过下列方案计算第 $k+1$ 次迭代的解向量:

$$\begin{cases} f_1(x_1^{(k+1)}, x_2^{(k)}, \cdots, x_n^{(k)}) = 0, \\ f_2(x_1^{(k)}, x_2^{(k+1)}, \cdots, x_n^{(k)}) = 0, \\ \quad \vdots \\ f_n(x_1^{(k)}, x_2^{(k)}, \cdots, x_n^{(k+1)}) = 0. \end{cases}$$

我们看到, 每一个方程 $f_i(x_1^{(k)}, x_2^{(k)}, \cdots, x_i^{(k+1)}, \cdots, x_n^{(k)}) = 0$ 是独立求解的.

Gauss-Seidel 迭代格式如下:

$$\begin{cases} f_1(x_1^{(k+1)}, x_2^{(k)}, \cdots, x_n^{(k)}) = 0, \\ f_2(x_1^{(k+1)}, x_2^{(k+1)}, \cdots, x_n^{(k)}) = 0, \\ \quad \vdots \\ f_n(x_1^{(k+1)}, x_2^{(k+1)}, \cdots, x_n^{(k+1)}) = 0. \end{cases}$$

显然, 该迭代方法首先从第一个方程开始, 是一个逐次置换计算的过程. 在这个迭代格式中, $x_i^{(k+1)}$ 依然是从方程 $f_i(x_1^{(k+1)}, x_2^{(k+1)}, \cdots, x_i^{(k+1)}, \cdots, x_n^{(k)}) = 0$ 求解得到的, 只不过用到了前 $i-1$ 个方程求解得到的新的迭代值 $x_1^{(k+1)}, x_2^{(k+1)}, \cdots, x_{i-1}^{(k+1)}$.

SOR 迭代分为两个步骤.

第一步: 用 Gauss-Seidel 迭代求解

$$f_i(x_1^{(k+1)}, x_2^{(k+1)}, \cdots, x_{i-1}^{(k+1)}, x_i^{(k+1)}, x_{i+1}^{(k)}, \cdots, x_n^{(k)}) = 0,$$

得到 $x_i^{(k+1)}, i = 1, 2, \cdots, n.$

第二步: 选择合适的加权参数 ω, 更新 $x_i^{(k+1)}, i = 1, 2, \cdots, n$,

$$x_i^{(k+1)} = x_i^{(k)} + \omega(x_i^{(k+1)} - x_i^{(k)}).$$

例 4.5 用 Jacobi 迭代与 Gauss-Seidel 迭代分别求解非线性方程组

$$\begin{cases} f_1(x_1, x_2) = 10^4 x_1 x_2 - 1 = 0, \\ f_2(x_1, x_2) = e^{-x_1} + e^{-x_2} - 1.0001 = 0. \end{cases}$$

解: 选择初始迭代向量为 $[x_1 \quad x_2] = [0 \quad 1]^{\mathrm{T}}$, 则 Jacobi 迭代与 Gauss-Seidel 迭代的计算结果分别如表 4-6 和表 4-7 所示. 可以看出, Gauss-Seidel 迭代优于 Jacobi 迭代.

表 4-6　非线性 Jacobi 迭代的实验结果

k	x_1	x_2	f_1	f_2
0	0	1	-1.0000	0.3678
1	1.0000×10^{-4}	9.2103	8.2103	-0.0001
2	1.0857×10^{-5}	8.5172	-0.0753	0.0001
3	1.1741×10^{-5}	9.1073	0.0693	-0.0000
4	1.0980×10^{-5}	9.0993	-0.8717×10^{-3}	0.0008×10^{-3}
5	1.0990×10^{-5}	9.1062	0.7507×10^{-3}	-0.0000×10^{-3}

表 4-7　非线性 Gauss-Seidel 迭代的实验结果

k	x_1	x_2	f_1	f_2
0	0	1	-1.0000	0.3678
1	1.0000×10^{-4}	8.5172	7.5172	0
2	1.1741×10^{-5}	9.0993	0.0683	0
3	1.0990×10^{-5}	9.1061	0.7412×10^{-3}	0
4	1.0982×10^{-5}	9.1061	0.8054×10^{-5}	0
5	1.0982×10^{-5}	9.1061	0.8751×10^{-7}	0

4.3.2　Newton 迭代法

假设 $\boldsymbol{f}: \mathbb{R}^n \to \mathbb{R}^n$ 足够光滑且 $\boldsymbol{f}(\boldsymbol{x}^*) = 0$, 利用多元函数 Taylor 展开则有

$$\boldsymbol{f}(\boldsymbol{x}^*) = \boldsymbol{f}(\boldsymbol{x}^{(k)}) + \boldsymbol{\nabla}\boldsymbol{f}(\boldsymbol{x}^{(k)})(\boldsymbol{x}^* - \boldsymbol{x}^{(k)}) + O(\|\boldsymbol{x}^* - \boldsymbol{x}^{(k)}\|^2),$$

其中, $\boldsymbol{\nabla}\boldsymbol{f}(\boldsymbol{x}^{(k)})$ 为 Jacobi 矩阵

$$\boldsymbol{\nabla}\boldsymbol{f}(\boldsymbol{x}) = \begin{bmatrix} \dfrac{\partial f_1(\boldsymbol{x})}{\partial x_1} & \dfrac{\partial f_1(\boldsymbol{x})}{\partial x_2} & \cdots & \dfrac{\partial f_1(\boldsymbol{x})}{\partial x_n} \\ \dfrac{\partial f_2(\boldsymbol{x})}{\partial x_1} & \dfrac{\partial f_2(\boldsymbol{x})}{\partial x_2} & \cdots & \dfrac{\partial f_2(\boldsymbol{x})}{\partial x_n} \\ \vdots & \vdots & \ddots & \vdots \\ \dfrac{\partial f_n(\boldsymbol{x})}{\partial x_1} & \dfrac{\partial f_n(\boldsymbol{x})}{\partial x_2} & \cdots & \dfrac{\partial f_n(\boldsymbol{x})}{\partial x_n} \end{bmatrix}$$

在 $\boldsymbol{x}^{(k)}$ 处的取值. 忽略高阶项得到近似表达式

$$\nabla \boldsymbol{f}(\boldsymbol{x}^{(k)})(\boldsymbol{x}^* - \boldsymbol{x}^{(k)}) \approx -\boldsymbol{f}(\boldsymbol{x}^{(k)}), \quad k = 0, 1, 2, \cdots.$$

当 Jacobi 矩阵 $\nabla \boldsymbol{f}(\boldsymbol{x}^{(k)})$ 可逆时, 我们可以构造迭代式

$$\boldsymbol{x}^{(k+1)} = \boldsymbol{x}^{(k)} - [\nabla \boldsymbol{f}(\boldsymbol{x}^{(k)})]^{-1} \boldsymbol{f}(\boldsymbol{x}^{(k)}). \tag{4-6}$$

式 (4-6) 称为 Newton 迭代法, 其计算流程如下.

算法 4.2(Newton 迭代法)

输入: 初始值 $\boldsymbol{x}^{(0)}$

输出: $\boldsymbol{x}^{(k)}$

for $j = 1, 2, \cdots, k$ **do**

    $\boldsymbol{x}^{(k+1)} = \boldsymbol{x}^{(k)} - (\nabla \boldsymbol{f}(\boldsymbol{x}^{(k)}))^{-1} \boldsymbol{f}(\boldsymbol{x}^{(k)}).$

end

显然, Newton 迭代法也可以改写成两个步骤.

第一步: 求解线性方程组 $\nabla \boldsymbol{f}(\boldsymbol{x}^{(k)})\boldsymbol{y}^{(k)} = -\boldsymbol{f}(\boldsymbol{x}^{(k)})$.

第二步: 更新 $\boldsymbol{x}^{(k+1)} = \boldsymbol{x}^{(k)} + \boldsymbol{y}^{(k)}$.

例 4.6 用 Newton 迭代法求解非线性方程组

$$\begin{cases} f_1(x_1, x_2) = x_1 + x_2 - 2x_1x_2 = 0, \\ f_2(x_1, x_2) = x_1^2 + x_2^2 - 2x_1 + 2x_2 + 1 = 0. \end{cases}$$

解: 选择初始迭代向量为 $[x_1 \quad x_2] = [0.5 \quad -0.5]^{\mathrm{T}}$, 则 Newton 迭代法计算结果如表 4-8 所示.

表 4-8 Newton 迭代法的实验结果

k	$\boldsymbol{x} = [x_1 \quad x_2]$	Jacobi 矩阵	$\boldsymbol{f} = [f_1 \quad f_2]$
0	$[0.5 \quad -0.5]$	$\begin{bmatrix} 2 & 0 \\ -1 & 1 \end{bmatrix}$	$[0.5 \quad -0.5]$
1	$[0.25 \quad -0.25]$	$\begin{bmatrix} 1.5 & 0.5 \\ -1.5 & 1.5 \end{bmatrix}$	$[0.125 \quad 0.125]$
2	$[0.2083 \quad -0.3750]$	$\begin{bmatrix} 1.7500 & 0.5833 \\ -1.5833 & 1.2500 \end{bmatrix}$	$[-0.0104 \quad 0.0174]$
3	$[0.2158 \quad -0.3795]$	$\begin{bmatrix} 1.7589 & 0.5685 \\ -1.5685 & 1.2411 \end{bmatrix}$	$[0.6643 \quad 0.7529] \times 10^{-4}$
4	$[0.2158 \quad -0.3795]$	$\begin{bmatrix} 1.7591 & 0.5685 \\ -1.5685 & 1.2409 \end{bmatrix}$	$[-0.1985 \quad 0.6090] \times 10^{-8}$

4.3.3　Broyden 算法

为了避免在 Newton 迭代的每一步都计算 Jacobi 矩阵 $\nabla f(x^{(k)})$, 一个改进的算法是 Broyden 算法. 它只需要在迭代的第一步计算 $\nabla f(x^{(0)})$, 并求其逆矩阵 $[\nabla f(x^{(0)})]^{-1}$, 以后的每步迭代只需近似计算 $[\nabla f(x^{(k)})]^{-1}$.

记

$$r^{(k-1)} = f(x^{(k)}) - f(x^{(k-1)}), \quad A^{(k)} = \nabla f(x^{(k)}),$$

当 $x^{(k)}$ 充分接近 $x^{(k-1)}$ 时, 有近似表达式

$$f(x^{(k-1)}) \approx f(x^{(k)}) + \nabla f(x^{(k)})(x^{(k-1)} - x^{(k)}),$$

则

$$A^{(k)} y^{(k-1)} = A^{(k)}(x^{(k)} - x^{(k-1)}) \approx r^{(k-1)}. \tag{4-7}$$

假设有未知向量 $u^{(k-1)} \in \mathbb{R}^n$, 使得 $A^{(k)}$ 与 $A^{(k-1)}$ 满足

$$A^{(k)} = A^{(k-1)} + u^{(k-1)}(y^{(k-1)})^{\mathrm{T}}. \tag{4-8}$$

将式 (4-8) 代入式 (4-7) 中得到

$$r^{(k-1)} \approx A^{(k-1)} y^{(k-1)} + u^{(k-1)}(y^{(k-1)})^{\mathrm{T}} y^{(k-1)}.$$

于是

$$u^{(k-1)} \approx \frac{r^{(k-1)} - A^{(k-1)} y^{(k-1)}}{(y^{(k-1)})^{\mathrm{T}} y^{(k-1)}}.$$

将 $u^{(k-1)}$ 代入式 (4-8) 中, 则得到 $A^{(k)}$ 的近似计算表达式

$$A^{(k)} \approx A^{(k-1)} + \frac{r^{(k-1)} - A^{(k-1)} y^{(k-1)}}{(y^{(k-1)})^{\mathrm{T}} y^{(k-1)}} (y^{(k-1)})^{\mathrm{T}}.$$

利用下面的 Sherman-Morrison 公式可得到 $(A^{(k)})^{-1}$ 的计算表达式.

引理 4.1 (Sherman-Morrison 公式)　设 A 为 n 阶可逆矩阵, $x, y \in \mathbb{R}^n$. 若 $y^{\mathrm{T}} A^{-1} x \neq -1$, 则 $A + x y^{\mathrm{T}}$ 可逆, 且有

$$(A + x y^{\mathrm{T}})^{-1} = A^{-1} - \frac{A^{-1} x y^{\mathrm{T}} A^{-1}}{1 + y^{\mathrm{T}} A^{-1} x}.$$

由此, 我们推导出近似求解 $(A^{(k)})^{-1}$ 的表达式

$$(A^{(k)})^{-1} \approx (A^{(k-1)})^{-1} - \frac{[(A^{(k-1)})^{-1} r^{(k-1)} - y^{(k-1)}](y^{(k-1)})^{\mathrm{T}}(A^{(k-1)})^{-1}}{(y^{(k-1)})^{\mathrm{T}}(A^{(k-1)})^{-1} r^{(k-1)}}. \tag{4-9}$$

基于以上的推导, Broyden 算法的计算流程如下.

算法 4.3(Broyden 算法)

输入: 初始值 $\boldsymbol{x}^{(0)}$

输出: $\boldsymbol{x}^{(k)}$

计算 $(\boldsymbol{A}^{(0)})^{-1} = (\boldsymbol{\nabla}\boldsymbol{f}(\boldsymbol{x}^{(0)}))^{-1}$, $\boldsymbol{x}^{(1)} = \boldsymbol{x}^{(0)} - (\boldsymbol{A}^{(0)})^{-1}\boldsymbol{f}(\boldsymbol{x}^{(0)})$.

for $j = 1, \cdots, k$ **do**

    $\boldsymbol{r} = \boldsymbol{f}(\boldsymbol{x}^{(k)}) - \boldsymbol{f}(\boldsymbol{x}^{(k-1)})$

    $\boldsymbol{y} = \boldsymbol{x}^{(k)} - \boldsymbol{x}^{(k-1)}$

    $\boldsymbol{x}^{(k+1)} = \boldsymbol{x}^{(k)} - (\boldsymbol{A}^{(k)})^{-1}\boldsymbol{f}(\boldsymbol{x}^{(k)})$, 其中 $(\boldsymbol{A}^{(k)})^{-1}$ 通过式 (4-9) 近似计算.

end

例 4.7 用 Broyden 算法求解非线性方程组

$$\begin{cases} f_1(x_1, x_2) = x_1 + x_2 - 2x_1x_2 = 0, \\ f_2(x_1, x_2) = x_1^2 + x_2^2 - 2x_1 + 2x_2 + 1 = 0. \end{cases}$$

解: 选择初始迭代向量 $[x_1 \quad x_2] = [0.5 \quad -0.5]^{\mathrm{T}}$, 则 Broyden 算法的计算结果如表 4-9 所示.

表 4-9　Broyden 算法的计算结果

k	$\boldsymbol{x} = [x_1 \quad x_2]$	$\boldsymbol{A}^{(k)} \approx$	$\boldsymbol{f} = [f_1 \quad f_2]$
0	$[0.5 \quad -0.5]$	$\begin{bmatrix} 2 & 0 \\ -1 & 1 \end{bmatrix}$	$[0.5 \quad -0.5]$
1	$[0.25 \quad -0.25]$	$\begin{bmatrix} 1.7500 & 0.2500 \\ -1.2500 & 1.2500 \end{bmatrix}$	$[0.125 \quad 0.125]$
2	$[0.2000 \quad -0.4000]$	$\begin{bmatrix} 1.8300 & 0.4900 \\ -1.2500 & 1.2500 \end{bmatrix}$	$[-0.0400 \quad 0]$

4.4 程　序

本节分别给出求解非线性方程的二分法、不动点迭代法、Newton 迭代法、割线法及求解非线性方程组的 Jacobi 迭代法、Gauss-Seidel 迭代法、Newton 迭代法和 Broyden 迭代法的 MATLAB 程序.

```
1  %求解非线性方程的二分法（例4.1）
2  function [i,x,fx]=erfenfa(f,a,b,n)
3  for i=1:1:n
4    if abs(f(a+(b-a)/2))<1e-4
```

```
5     x=a+(b-a)/2;
6     i
7     x
8     f(x)
9     break;
10   elseif f(a)*f(a+(b-a)/2)>0
11     a=a+(b-a)/2;b=b;
12     x=a+(b-a)/2;
13   elseif f(a)*f(a+(b-a)/2)<0
14     a=a;b=a+(b-a)/2;
15     x=a+(b-a)/2;
16   end
17 end
18 end
```

```
1 %求解非线性方程的不动点迭代法（例4.2）
2 function x=fixed(x0,N)
3 for i=1:n
4   x=(x0^3-1)/2;
5   if abs(x-x0)<1e-04
6     x
7     i
8     break;
9   end
10   x0=x;
11 end
```

```
1 %求解非线性方程的Newton迭代法（例4.3）
2 function x=Newtonfa(x,N)
3 for i=1:N
4   f=@(x)x^3-2*x-1;
5   df=3*x^2-2;
6   y=f/df;
7   x=x-y;
8   if norm(f,2)<1e-4
9     x
10     i
11     f
12     break;
13   end
14 end
15 end
```

```
1  %求解非线性方程的割线法（例4.4）
2  x1=1;x2=1.5;N=7;
3  f=@(x)x.^3-2*x-1;
4  [x,ff]=gexianfa(x1,x2,N,f) %写在命令行窗口
5  function [x,ff]=gexianfa(x1,x2,N,f)
6  for i=3:N
7    x=x2-(x2-x1)*f(x2)/(f(x2)-f(x1));
8    x1=x2;
9    x2=x;
10 end
11 x;
12 ff=f(x);
13 end
```

```
1  %求解非线性方程组的Jacobi迭代法（例4.5）
2  x1=0;x2=1;k=2;
3  for i=1:k
4    ff1=0;
5    ff2=0;
6    f1=(10.^4*x1*x2-1);
7    f2=(exp(-x1)+exp(-x2)-1.0001);
8    [x1,x2]=eryuan(x1,x2,f1,f2,ff1,ff2);
9    x1=double(x1)
10   x2=double(x2)
11   fff1=(10.^4*x1*x2-1)
12   fff2=(exp(-x1)+exp(-x2)-1.0001)
13 end %写在命令行窗口
14 function [x1,x2]=eryuan(x1,x2,f1,f2,ff1,ff2,k)
15 syms x1;
16 eqn=f1(x1)==ff1; %定义方程
17 x1=solve(eqn,x1); %求方程eqn中的x
18 x1=vpa(x1);
19 syms x2;
20 eqn=f2(x2)==ff2;
21 x2=solve(eqn,x2);
22 x2=vpa(x2);
23 end
```

```
1  %求解非线性方程组的Gauss-seidel迭代法（例4.5）
2  x1=0;x2=1;k=5;
3  for i=1:k
4    ff1=0;
5    ff2=0;
```

```
6     f1=(10.^4*x1*x2-1);
7     f2=(exp(-x1)+exp(-x2)-1.0001);
8     [x1,x2]=eryuan(x1,x2,f1,f2,ff1,ff2);
9     x1=double(x1)
10    x2=double(x2)
11    fff1=(10.^4*x1*x2-1)
12    fff2=(exp(-x1)+exp(-x2)-1.0001)
13  end %写在命令行窗口
14  function [x1,x2]=eryuan2(x1,x2,f1,f2,ff1,ff2,k)
15  syms x1;
16  eqn=f1(x1)==ff1; %定义方程
17  x1=solve(eqn,x1); %求方程eqn中的x
18  x1=vpa(x1);
19  syms x2;
20  f2=(exp(-x1)+exp(-x2)-1.0001);
21  eqn=f2(x2)==ff2;
22  x2=solve(eqn,x2);
23  x2=vpa(x2);
24  end
```

```
1   %求解非线性方程组的Newton迭代法（例4.6）
2   function x=Newton(N,x)
3   for i=1:N
4     f(1)=x(1)+x(2)-2*x(1)*x(2);
5     f(2)=x(1)^2+x(2)^2-2*x(1)+2*x(2)+1;
6     df=[1-2*x(2),1-2*x(1); 2*x(1)-2,2*x(2)+2]; %Jacobi矩阵
7     y=df\f';
8     x=x-y;
9     if norm(f,2)<1e-4
10      x
11      df
12      f
13      break;
14    end
15  end
16  end
```

```
1   %求解非线性方程组的Broyden迭代法（例4.7）
2   x=[0.25,-0.25]'; %指定初始值
3   f=[0,0]';
4   f(1)=x(1)+x(2)-2*x(1)*x(2);
5   f(2)=x(1)^2+x(2)^2-2*x(1)+2*x(2)+1;
6   m=[0.5,-0.5]';
```

```
7   n=[0.5,-0.5]';
8   A=[2,0;-1,1];
9   N=2;
10  p=Broyden(N,x,m,n,A,f);%写在命令行
11  function x=Broyden(N,x,m,n,A,f)
12  for i=1:N
13    f(1)=x(1)+x(2)-2*x(1)*x(2);
14    f(2)=x(1)^2+x(2)^2-2*x(1)+2*x(2)+1;
15    y=x-n;
16    r=f-m;
17    m=f;
18    n=x;
19    A1=inv(A)-(((inv(A)*r)-y)*y'*(inv(A)))/(y'*(inv(A))*r);
20    x=x-(A1)*f;
21    if norm(f,2)<1e-4
22      x
23      f
24      break;
25    end
26  end
27  end
```

4.5　注　　记

非线性方程和非线性方程组的求根问题出现得很早, 在微积分发明之前就有人开始研究了. 然而, 真正有效的方法绝大多数建立在 Newton 迭代法基础之上 (Newton 迭代法于 1669 年发表). Kelley 在文献 [20] 中详细介绍了非线性方程 (组) 的 Newton 方法和多种拟 Newton 方法, 给出了各种方法的 MATLAB 程序. Deuflhard 在文献 [21] 中详细讨论了 Newton 方法的收敛性, 针对超定的基于应用背景的非线性方程组 (基于非线性偏微分方程的有限元离散所得到的方程组) 给出了 Newton 方法的算法设计和理论分析.

习　题　4

1. 已知 $f(x) = x^3 + 4x^2 - 10$ 在区间 $[1, 2]$ 上有一个零点, 试用二分法给出近似解及迭代次数, 误差精度控制为 $\varepsilon \leqslant 10^{-3}$.

2. 用二分法求解方程 $f(x) = x^3 + 2x^2 + 10x - 20 = 0$ 在区间 $(1, 2)$ 上误差小于 10^{-5} 的根以及迭代次数, 使其精确到 0.001.

3. 已知 $f(x) = x^3 + 4x^2 - 10$ 在区间 $[1, 2]$ 上有一个零点, 分别用函数

$$\varphi_1(x) = \frac{1}{2}(10 - x^3)^{1/2}, \quad \varphi_2(x) = \left(\frac{10}{4 + x}\right)^{1/2}$$

迭代求解并比较收敛情况.

4. 证明不动点迭代法的误差估计.

5. 证明: 对任意初值 x_0, 迭代

$$x_{n+1} = \sin x_n, \quad n = 0, 1, 2, \cdots$$

所生产的序列 x_n 都收敛于方程 $x = \sin x$ 的解.

6. 利用 Newton 迭代法解二次方程 $x^2 - C = 0$, 然后求 $\sqrt{61}$. $\left(\text{提示: } x_{k+1} = \dfrac{1}{2}\left(x_k + \dfrac{C}{x_k}\right)\right)$

7. 利用 Newton 迭代法和割线法求解区间 $[1, 2]$ 上 $f(x) = x^3 + 4x^2 - 10$ 的零根, 给出迭代 5 步的结果.

8. 给定非线性方程组

$$\begin{cases} x^2 + y^3 - 3 = 0, \\ x + y^2 - 5 = 0. \end{cases}$$

取初值 $(x^{(0)}, y^{(0)}) = (0, 0)$ 时, 利用 Jacobi 迭代、Gauss-Seidel 迭代和 SOR 迭代 (ω 取为 1.1) 进行求解, 相邻两次迭代误差精度控制为 10^{-4}.

9. 给定非线性方程组

$$\begin{cases} x^2 + y^2 + z^2 - 4 = 0, \\ x - y^2 + z^2 - 1 = 0, \\ x^2 - y - z^2 - 1 = 0. \end{cases}$$

取初值 $(x^{(0)}, y^{(0)}, z^{(0)}) = (0, 0, 0)$ 时, 利用 Jacobi 迭代、Gauss-Seidel 迭代和 SOR 迭代 (ω 取为 1.1) 进行求解, 相邻两次迭代误差精度控制为 10^{-5}.

10. 利用 Newton 迭代法和 Broyden 迭代法求解非线性方程组

(1)

$$\begin{cases} x^2 y + y^3 + z - 5 = 0, \\ x + xy + xz - 3 = 0. \end{cases}$$

(2)

$$\begin{cases} xy + y^2 + z^3 - 4 = 0, \\ x + \sin y + z^2 - 1 = 0, \\ x^3 - yz - z^2 - 4 = 0. \end{cases}$$

分别取不同的初值进行编程求解, 迭代误差精度控制为 10^{-5}, 并比较迭代次数和收敛速度.

11. 利用 Newton 迭代法和 Broyden 迭代法求解非线性方程组

(1)

$$\begin{cases} x_1 + x_2(x_2(5 - x_2) - 2) = 13, \\ x_1 + x_2(x_2(1 + x_2) - 14) = 29. \end{cases}$$

给定初值 $x_1 = 15, x_2 = -2$, 迭代误差精度控制为 10^{-5}.

(2)

$$\begin{cases} x_1 + 10x_2 = 0, \\ \sqrt{5}(x_3 - x_4) = 0, \\ (x_2 - x_3)^2 = 0, \\ \sqrt{10}(x_1 - x_4)^2 = 0. \end{cases}$$

给定初值 $x_1 = 1, x_2 = 2, x_3 = 1, x_4 = 1$, 迭代误差精度控制为 10^{-5}.

第 5 章
矩阵特征值计算

5.1 问 题 介 绍

本章介绍数值求解矩阵特征值的一些算法.

问题 5.1 给定 n 阶矩阵 $\boldsymbol{A}$, 如何求解一个常数 $\lambda \in \mathbb{C}$ 使得

$$\boldsymbol{A}\boldsymbol{x} = \lambda\boldsymbol{x}, \quad \boldsymbol{x} \in \mathbb{C}^n, \boldsymbol{x} \neq \boldsymbol{0}, \tag{5-1}$$

即为矩阵 $\boldsymbol{A}$ 的特征值计算问题. 其中, λ 称为矩阵 $\boldsymbol{A}$ 的特征值, $\boldsymbol{x}$ 为对应于 λ 的特征向量.

我们已经知道, 求解 $\boldsymbol{A}$ 的特征值, 只需要求解非线性方程

$$P(\lambda) = \det(\boldsymbol{A} - \lambda\boldsymbol{I}) = 0,$$

其中, $P(\lambda)$ 为特征多项式, 是关于 λ 的 n 次多项式. 当矩阵规模比较小时, 可以通过求解 $P(\lambda)$ 的全部根得到所有的特征值. 然而, 当矩阵规模较大时, 特征多项式的求根运算变得非常困难. 因此, 需要一些更加有效的数值方法用于快速求解矩阵的特征值. 为此, 我们先介绍有关矩阵特征值与特征向量的一些性质.

定理 5.1 假设矩阵 $\boldsymbol{A}$ 的 n 个特征值为 $\lambda_1, \lambda_2, \cdots, \lambda_n$, 则有

- $\sum\limits_{i=1}^{n} \lambda_i = \mathrm{tr}(\boldsymbol{A})$;

- $\prod\limits_{i=1}^{n} \lambda_i = \det(\boldsymbol{A})$;

- 若矩阵 $\boldsymbol{A}$ 与矩阵 $\boldsymbol{B}$ 相似, 则它们有相同的特征值.

定理 5.2(Gerschgorin 圆盘定理) 设 $\boldsymbol{A} = (a_{ij})_{n \times n}$, 则 $\boldsymbol{A}$ 的每一个特征值属于一个以 a_{ii} 为中心、$\sum\limits_{j=1,j\neq i}^{n} |a_{ij}|$ 为半径的圆盘, 即

$$|\lambda_i - a_{ii}| \leqslant \sum_{j=1,j\neq i}^{n} |a_{ij}|, \quad i = 1, 2, \cdots, n.$$

定义 5.1 设 $\boldsymbol{A}$ 为 n 阶实对称矩阵, 对任意向量 $\boldsymbol{x} \neq \boldsymbol{0}$,

$$R(\boldsymbol{x}) = \frac{\langle \boldsymbol{A}\boldsymbol{x}, \boldsymbol{x} \rangle}{\langle \boldsymbol{x}, \boldsymbol{x} \rangle}$$

称为关于 $\boldsymbol{x} \neq \boldsymbol{0}$ 的瑞利 (Rayleigh) 商.

定理 5.3 设 $\boldsymbol{A}$ 为 n 阶实对称矩阵, $\lambda_1 \geqslant \lambda_2 \geqslant \cdots \geqslant \lambda_n$ 为其特征值, 则

- $\lambda_n \leqslant \dfrac{\langle \boldsymbol{Ax}, \boldsymbol{x} \rangle}{\langle \boldsymbol{x}, \boldsymbol{x} \rangle} \leqslant \lambda_1$;

- $\lambda_n = \min\limits_{\boldsymbol{x} \neq \boldsymbol{0}} \dfrac{\langle \boldsymbol{Ax}, \boldsymbol{x} \rangle}{\langle \boldsymbol{x}, \boldsymbol{x} \rangle}$;

- $\lambda_1 = \max\limits_{\boldsymbol{x} \neq \boldsymbol{0}} \dfrac{\langle \boldsymbol{Ax}, \boldsymbol{x} \rangle}{\langle \boldsymbol{x}, \boldsymbol{x} \rangle}$.

5.2 幂 方 法

5.2.1 乘幂法

乘幂法用于计算一个给定实矩阵 $\boldsymbol{A} \in \mathbb{R}^{n \times n}$ 的最大特征值与特征向量. 使用乘幂法求矩阵特征值时, 需要矩阵 $\boldsymbol{A}$ 满足

(1) $\boldsymbol{A}$ 有 n 个线性无关的特征向量 $\boldsymbol{x}^1, \boldsymbol{x}^2, \cdots, \boldsymbol{x}^n$;

(2) $\boldsymbol{A}$ 的特征值满足 $|\lambda_1| > |\lambda_2| \geqslant \cdots \geqslant |\lambda_n|$.

乘幂法的基本思想是: 给定一个非零初始向量 $\boldsymbol{y}^0$, 通过迭代计算求解

$$\boldsymbol{y}^{k+1} = \boldsymbol{A}\boldsymbol{y}^k, \quad k = 0, 1, \cdots.$$

由于 $\boldsymbol{y}^0 \in \mathbb{R}^n$, $\boldsymbol{y}^0$ 可表示为

$$\boldsymbol{y}^0 = a_1 \boldsymbol{x}^1 + a_2 \boldsymbol{x}^2 + \cdots + a_n \boldsymbol{x}^n,$$

因此

$$\boldsymbol{y}^1 = \boldsymbol{A}\boldsymbol{y}^0 = \lambda_1 a_1 \boldsymbol{x}^1 + \lambda_2 a_2 \boldsymbol{x}^2 + \cdots + \lambda_n a_n \boldsymbol{x}^n,$$

$$\boldsymbol{y}^2 = \boldsymbol{A}\boldsymbol{y}^1 = \lambda_1^2 a_1 \boldsymbol{x}^1 + \lambda_2^2 a_2 \boldsymbol{x}^2 + \cdots + \lambda_n^2 a_n \boldsymbol{x}^n,$$

$$\vdots$$

$$\boldsymbol{y}^{k+1} = \boldsymbol{A}\boldsymbol{y}^k = \lambda_1^{k+1} a_1 \boldsymbol{x}^1 + \lambda_2^{k+1} a_2 \boldsymbol{x}^2 + \cdots + \lambda_n^{k+1} a_n \boldsymbol{x}^n$$

$$= \lambda_1^{k+1} \left(a_1 \boldsymbol{x}^1 + \left(\frac{\lambda_2}{\lambda_1}\right)^{k+1} a_2 \boldsymbol{x}^2 + \cdots + \left(\frac{\lambda_n}{\lambda_1}\right)^{k+1} a_n \boldsymbol{x}^n \right).$$

由于 $\left| \dfrac{\lambda_i}{\lambda_1} \right| < 1, i = 2, 3, \cdots, n$, 因此当 k 充分大时

$$\boldsymbol{y}^k \approx \lambda_1^k a_1 \boldsymbol{x}^1,$$

$$\boldsymbol{y}^{k+1} \approx \lambda_1^{k+1} a_1 \boldsymbol{x}^1,$$

比较可知

$$A y^k = y^{k+1} \approx \lambda_1 y^k.$$

这样, y^k 就成为最大特征值 λ_1 对应的特征向量的一个好的逼近. 显然, 向量 y^k 与 y^{k+1} 线性相关, 故而 λ_1 可以由其分量比值近似计算:

$$\lambda_1 \approx \frac{y_i^{k+1}}{y_i^k}.$$

算法 5.1 (乘幂法)

输入: 初始值 y^0

输出: A 的模最大的特征值 μ 以及所对应的特征向量 y

for $j = 1, 2, \cdots, k$ **do**

　　计算 $y^j = A y^{j-1}$

end

计算 $\lambda_1 = \dfrac{y_i^k}{y_i^{k-1}}$ 　　%y_i 是 y 的第 i 个分量

例 5.1 用乘幂法求解矩阵 $A = \begin{bmatrix} 1 & 0 & 2 \\ 0 & 1 & 0 \\ 0 & 4 & 2 \end{bmatrix}$ 的最大特征值及其对应的特征向量.

解: 选取初始向量 $[1 \quad 0 \quad 1]^T$, 使用乘幂法迭代求解 k 次所得的最大特征值 λ_1、对应的特征向量 y^k 及特征值的绝对误差 (矩阵 A 的最大特征值 $\lambda_{\max} = 2$) 如表 5-1 所示.

表 5-1　乘幂法的计算结果

k	y^k	λ_1	$\|\lambda_1 - \lambda_{\max}\|$
1	$[3 \quad 0 \quad 2]^T$	3.0000	1.0000
2	$[7 \quad 0 \quad 4]^T$	2.3333	0.3333
3	$[15 \quad 0 \quad 8]^T$	2.1429	0.1429
4	$[31 \quad 0 \quad 16]^T$	2.0667	0.0667
5	$[63 \quad 0 \quad 32]^T$	2.0323	0.0323
6	$[127 \quad 0 \quad 64]^T$	2.0159	0.0159
7	$[255 \quad 0 \quad 128]^T$	2.0079	0.0079
8	$[511 \quad 0 \quad 256]^T$	2.0039	0.0039

5.2.2　反幂法

反幂法用于计算一个给定实矩阵 $A \in \mathbb{R}^{n \times n}$ 的最小特征值与所对应的特征向量. 使用反幂法求矩阵特征值时, 需要矩阵 A 满足

(1) A 有 n 个线性无关的特征向量 $x^1, x^2, \cdots, x^n$;

(2) A 的特征值满足 $|\lambda_1| \geqslant |\lambda_2| \geqslant \cdots \geqslant |\lambda_n| > 0$.

由于 λ_i 是矩阵 A 的特征值, 因此 λ_i^{-1} 为矩阵 A^{-1} 的特征值, x^i 为 λ_i^{-1} 所对应的特征向量, 其满足

$$|\lambda_1^{-1}| \leqslant |\lambda_2^{-1}| \leqslant \cdots \leqslant |\lambda_n^{-1}|.$$

因此, 可用乘幂法求 A^{-1} 的最大特征值 λ_n^{-1}, 从而得到 A 的最小特征值 λ_n 及所对应的特征向量 x^n. 具体算法如下.

算法 5.2 (反幂法)

输入: 初始值 x^0, 可逆矩阵 A

输出: A 的模最小的特征值 λ_n 以及所对应的特征向量 x

for $j = 1, 2, \cdots, k$ **do**

    计算 $x^j = A^{-1} x^{j-1}$

end

计算 $\mu = \dfrac{x_i^{k-1}}{x_i^k}$ %x_i 是 x 的第 i 个分量

$\lambda_n = \dfrac{1}{\mu}$

例 5.2 用反幂法求矩阵 $A = \begin{bmatrix} 2 & 2 & -2 \\ 2 & 5 & -4 \\ -2 & -4 & 5 \end{bmatrix}$ 的最小特征值与所对应的特征向量.

解: 选取初始向量 $[1 \quad -0.5 \quad 0.5]^{\mathrm{T}}$, 使用反幂法求解 k 次所得的最小特征值 λ_n、对应的特征向量 x^k 以及特征值的绝对误差如表 5-2 所示.

表 5-2 反幂法的计算结果

k	x^k	λ_n	$|\lambda_n - \lambda_{\min}|$
1	$[1 \quad -0.2727 \quad 0.2727]^{\mathrm{T}}$	0.9091	0.0909
2	$[1 \quad -0.2523 \quad 0.2523]^{\mathrm{T}}$	0.9910	0.0090
3	$[1 \quad -0.2502 \quad 0.2502]^{\mathrm{T}}$	0.9991	9.0009×10^{-4}
4	$[1 \quad -0.2500 \quad 0.2500]^{\mathrm{T}}$	0.9999	9.0001×10^{-5}
5	$[1 \quad -0.2500 \quad 0.2500]^{\mathrm{T}}$	1.0000	9.0000×10^{-6}

5.3 QR 迭代

给定矩阵 $A \in \mathbb{R}^{n \times n}$, 则 A 可分解为 $A = Q_1 R_1$, Q_1 为正交矩阵, R_1 为上三角矩阵. 记 $A_1 = A$, 构造递推关系

$$A_k = Q_k R_k, \quad A_{k+1} = R_k Q_k,$$

可得到一系列矩阵 $A_k(k=1,2,\cdots)$. 显然

$$A_{k+1} = Q_k^{-1} A_k Q_k = Q_k^{-1} Q_{k-1}^{-1} A_{k-1} Q_{k-1} Q_k = \cdots = P^{-1} A P,$$

其中 $P = Q_1 Q_2 \cdots Q_k$. 因此, 矩阵 A_{k+1} 与矩阵 A 相似, 且有相同的特征值. 这样, 我们可以用矩阵 A_{k+1} 的主对角线元素 $a_{ii}^{k+1}(i=1,2,\cdots,n)$ 近似 A 的特征值 $\lambda_i(i=1,2,\cdots,n)$. 这种求解矩阵 A 的特征值的方法称为 QR 迭代, 具体计算方法如下.

算法 5.3(QR迭代)

输入: 矩阵 $A \in \mathbb{R}^{n \times n}$

输出: A 的全部特征值 $\lambda_1, \lambda_2, \cdots \lambda_n$

令 $A_1 = A$

for $j = 1, 2, \cdots, k$ **do**

  计算 A_j 的 QR 分解 $A_j = Q_j R_j$

  计算 $A_{j+1} = R_j Q_j$

end

for $i = 1, 2, \cdots, n$

  $\lambda_i = a_{ii}^{k+1}$

end

下面的定理保证了 QR 迭代的收敛性, 详细的证明可参考文献 [10].

定理 5.4   假设矩阵 $A \in \mathbb{R}^{n \times n}$ 的特征值满足 $|\lambda_1| > |\lambda_2| > \cdots > |\lambda_n| > 0$. T 是由矩阵 A 的所有特征向量构成的矩阵. 假设 T^{-1} 可进行 LU 分解, 则由 QR 迭代所得矩阵序列 $A_k = (a_{ij}^k)$ 满足

(1) A_k 的主对角线左下方的元素收敛于 0, 即

$$a_{ij}^k \to 0, \quad i > j, k \to \infty.$$

(2) A_k 的主对角线元素收敛于 A 的特征值, 即

$$a_{ii}^k \to \lambda_i, \quad 1 \leqslant i \leqslant n, k \to \infty.$$

例 5.3   用 QR 迭代求矩阵 $A = \begin{bmatrix} 1 & 2 & 3 \\ 2 & 1 & 3 \\ 3 & 3 & 6 \end{bmatrix}$ 的全部特征值.

解: 令

$$A_1 = A = \begin{bmatrix} 1 & 2 & 3 \\ 2 & 1 & 3 \\ 3 & 3 & 6 \end{bmatrix},$$

则由 QR 迭代可求得如下矩阵序列:

$$A_2 = \begin{bmatrix} 8.6429 & -1.8558 & 0.0000 \\ -1.8558 & -0.6429 & -0.0000 \\ -0.0000 & -0.0000 & 0.0000 \end{bmatrix}, \quad A_3 = \begin{bmatrix} 8.9954 & 0.2137 & -0.0000 \\ 0.2137 & -0.9954 & -0.0000 \\ 0.0000 & 0.0000 & 0.0000 \end{bmatrix},$$

$$A_4 = \begin{bmatrix} 8.9999 & -0.0238 & 0.0000 \\ -0.0238 & -0.9999 & 0.0000 \\ -0.0000 & 0.0000 & 0.0000 \end{bmatrix}, \quad A_5 = \begin{bmatrix} 9.0000 & 0.0026 & -0.0000 \\ 0.0026 & -1.0000 & -0.0000 \\ 0.0000 & 0.0000 & 0.0000 \end{bmatrix},$$

$$A_6 = \begin{bmatrix} 9.0000 & 0.0003 & 0.0000 \\ -0.0003 & -1.0000 & 0.0000 \\ -0.0000 & 0.0000 & 0.0000 \end{bmatrix}, \quad A_7 = \begin{bmatrix} 9.0000 & 0.0000 & -0.0000 \\ 0.0000 & -1.0000 & -0.0000 \\ 0.0000 & 0.0000 & 0.0000 \end{bmatrix}.$$

可以看出, 经过 7 次迭代以后, 矩阵 A_7 的主对角线元素已经非常接近 A 的特征值.

5.4 Rayleigh 商迭代

给定一个初始向量 x^0, 事实上我们可通过迭代表达式

$$\lambda_k = \frac{\langle A x^{k-1}, x^{k-1} \rangle}{\langle x^{k-1}, x^{k-1} \rangle}, \quad k = 1, 2, \cdots$$

近似求解矩阵 A 的特征值及特征向量. 另外, 由于矩阵 $A - \sigma I$ 与矩阵 A 有相同的特征向量, 结合反幂法的思想, 可构造 Rayleigh 商迭代. 具体计算流程如下.

算法 5.4(Rayleigh商迭代)

输入: 初始值 x^0, 矩阵 A

输出: A 的特征值 λ 以及所对应的特征向量 y

for $j = 1, 2, \cdots, k$ **do**

- $\sigma_j = \dfrac{\langle A x^{j-1}, x^{j-1} \rangle}{\langle x^{j-1}, x^{j-1} \rangle}$

- 计算 $(A - \sigma_j I) y^j = x^{j-1}$

- $x^j = \dfrac{y^j}{\|y^j\|}$

- $\lambda = \langle A x^j, x^j \rangle, \ y = x^j$

end

假设 $\boldsymbol{x}$ 是一个近似向量, 我们现在分析 Rayleigh 商 $\dfrac{\langle \boldsymbol{Ax}, \boldsymbol{x}\rangle}{\langle \boldsymbol{x}, \boldsymbol{x}\rangle}$ 对矩阵 $\boldsymbol{A}$ 的一个特征值的近似程度.

假设向量 $\boldsymbol{x}_j$ 是矩阵 $\boldsymbol{A}$ 的对应于特征值 λ_j 的特征向量且范数为 1, 则

$$\boldsymbol{x} = \alpha \boldsymbol{x}_j + \boldsymbol{u}, \quad \text{其中} \boldsymbol{u} \perp \boldsymbol{x}_j.$$

因此

$$\frac{\langle \boldsymbol{Ax}, \boldsymbol{x}\rangle}{\langle \boldsymbol{x}, \boldsymbol{x}\rangle} = \frac{\langle \alpha\lambda_j\boldsymbol{x}_j + \boldsymbol{Au}, \alpha\boldsymbol{x}_j + \boldsymbol{u}\rangle}{\langle \alpha\boldsymbol{x}_j + \boldsymbol{u}, \alpha\boldsymbol{x}_j + \boldsymbol{u}\rangle}$$

$$= \frac{\alpha^2\lambda_j + \alpha\langle \boldsymbol{Au}, \boldsymbol{x}_j\rangle + \alpha\langle \lambda_j\boldsymbol{x}_j, \boldsymbol{u}\rangle + \langle \boldsymbol{Au}, \boldsymbol{u}\rangle}{\alpha^2 + \langle \boldsymbol{u}, \boldsymbol{u}\rangle}.$$

进一步, 如果 $\boldsymbol{A}$ 是对称矩阵, 则

$$\langle \boldsymbol{Au}, \boldsymbol{x}_j\rangle = \langle \boldsymbol{u}, \boldsymbol{Ax}_j\rangle = \langle \boldsymbol{u}, \lambda_j\boldsymbol{x}_j\rangle = 0.$$

因此

$$\frac{\langle \boldsymbol{Ax}, \boldsymbol{x}\rangle}{\langle \boldsymbol{x}, \boldsymbol{x}\rangle} = \frac{\alpha^2\lambda_j + \langle \boldsymbol{Au}, \boldsymbol{u}\rangle}{\alpha^2 + \langle \boldsymbol{u}, \boldsymbol{u}\rangle}$$

$$= \lambda_j + \frac{\langle \boldsymbol{Au}, \boldsymbol{u}\rangle - \lambda_j\langle \boldsymbol{u}, \boldsymbol{u}\rangle}{\alpha^2 + \langle \boldsymbol{u}, \boldsymbol{u}\rangle}$$

$$= \lambda_j + \frac{\langle \boldsymbol{Au}, \boldsymbol{u}\rangle - \lambda_j\langle \boldsymbol{u}, \boldsymbol{u}\rangle}{\|\boldsymbol{x}\|^2}.$$

通过以上计算可发现, Rayleigh 商与特征值 λ_j 之间的误差满足

$$\left| \frac{\langle \boldsymbol{Ax}, \boldsymbol{x}\rangle}{\langle \boldsymbol{x}, \boldsymbol{x}\rangle} - \lambda_j \right| \leqslant (\|\boldsymbol{A}\| + |\lambda_j|) \left(\frac{\|\boldsymbol{u}\|}{\|\boldsymbol{x}\|} \right)^2$$

$$\leqslant 2\|\boldsymbol{A}\| \left(\frac{\|\boldsymbol{u}\|}{\|\boldsymbol{x}\|} \right)^2.$$

例 5.4 用 Rayleigh 商迭代求矩阵 $\boldsymbol{A} = \begin{bmatrix} 2 & -1 & 2 \\ 5 & -3 & 3 \\ -1 & 0 & -2 \end{bmatrix}$ 的特征值与所对应的特征向量.

解: 选取初始向量 $[1 \quad 1 \quad 2]^{\mathrm{T}}$, 则 Rayleigh 商迭代所求特征值 λ_k、对应的特征向量 $\boldsymbol{x}^k$ 以及特征值的绝对误差 (真实特征值为 $\lambda_1 = \lambda_2 = \lambda_3 = -1$) 如表 5-3 所示.

表 5-3　Rayleigh 商迭代的计算结果

k	x^k	λ_k	$|\lambda_k - (-1)|$
1	$[1 \quad 1 \quad 2]^{\mathrm{T}}$	0.5000	1.5000
2	$[-0.7600 \quad -1.0000 \quad 0.1600]^{\mathrm{T}}$	0.3383	1.3383
3	$[0.7673 \quad 1.0000 \quad -0.3700]^{\mathrm{T}}$	-0.2440	0.7560
4	$[-0.7997 \quad -1.0000 \quad 0.5263]^{\mathrm{T}}$	-0.5612	0.4388
5	$[0.8429 \quad 1.0000 \quad -0.6545]^{\mathrm{T}}$	-0.7384	0.2616
6	$[-0.8855 \quad -1.0000 \quad 0.7580]^{\mathrm{T}}$	-0.8413	0.1587
7	$[0.9209 \quad 1.0000 \quad -0.8366]^{\mathrm{T}}$	-0.9028	0.0972
8	$[-0.9475 \quad -1.0000 \quad 0.8928]^{\mathrm{T}}$	-0.9402	0.0598

5.5　程　　序

本节分别给出乘幂法、反幂法、QR 迭代法及 Rayleigh 商迭代法的 MATLAB 函数调用程序.

```
1  %乘幂法
2  function [eigen,v,err,k]=PowerMethod(A,v0,eps,N)
3  m=2;
4  k=0;
5  r1=length(v0);
6  v1=zeros(r1,N);
7  v1(:,1)=v0;
8  for i=2:N
9    v1(:,i)=A*v1(:,i-1);
10   m1=max(abs(v1(:,i)));
11   v1(:,i)=v1(:,i)/m1;
12   k=k+1;
13   err=abs(m1-m);
14   if abs(m1-m)<eps
15     break;
16   end
17 end
18 eigen=m1;
19 v=v1(:,k+1);
20 end
```

```
1  %反幂法
2  function [lbd,y1,i]=inversePowerMethod(A,u0,p,eps,max_iter)
3  B=A-p*eye(size(A));
4  [u0norm,id]=max(abs(u0));
5  beta0=u0(id);
6  y0=u0/u0norm;
```

```
7  for i=1:max_iter
8    u1=B^(-1)*y0;
9    beta1=u1(id)*sign(y0(id));
10   [u1norm,id]=max(abs(u1));
11   y1=u1/u1norm;
12   if abs(beta1-beta0)<eps
13     lbd=p+1/beta1;
14     break;
15   end
16   y0=y1;
17   beta0=beta1;
18 end
19 end
```

```
1  %QR迭代法
2  function [eigenvalues,iterations]=QRiteration(A,eps,N)
3  n=size(A,1);
4  R=A;
5  k=1;
6  for k=2:N
7    [Q,R]=qr(R);
8    R=R*Q
9    k=k+1;
10   if (norm(tril(R, -1))<eps*norm(R))
11     break;
12   end
13 end
14 eigenvalues=diag(R);
15 iterations=k;
16 end
```

```
1  %Rayleigh商迭代法
2  function [lambda,x]=rayleighRitz(A,x0,tol,maxiter)
3  n=size(A,1);
4  x=x0/norm(x0);
5  lambda=x'*A*x;
6  iter=0;
7  while iter<maxiter
8    iter=iter+1;
9    B=A-lambda*eye(n);
10   [Q,R]=qr(B*x);
11   x=Q(:,1);
12   lambda=x'*A*x;
```

```
13  if norm(B*x-lambda*x)<tol
14     break;
15   end
16 end
17 if iter==maxiter
18   warning('Maximum number of iterations reached!');
19 end
20 end
```

5.6 注　记

特征值的概念是由 Cayley 于 1855 年提出的. 1868 年, Weierstrass 证明了相似矩阵具有相同的特征值. 由于矩阵特征值在实际应用中的重要性, 有关其数值求解方法的研究很早就开始了. 乘幂法早在 20 世纪初期就被发明和使用, 反幂法于 1944 年由 Wielandt 发明. 1961 年, QR 迭代被 Francis 和 Kublanovskaya 独立发明.

Saad 在文献 [22] 中详细讨论了数值求解矩阵特征值的若干方法, 包括过滤和重启技术、预处理技术等. 有关特征值的计算, 还可进一步阅读文献 [19].

习　题　5

1. 证明定理 5.3.

2. 用乘幂法求下列矩阵的按模最大特征值及其对应的特征向量. 控制 $|\lambda_k - \lambda_{\max}| < 10^{-3}$ 时迭代停止.

(1) $\begin{bmatrix} 1 & -1 & 0 \\ 4 & -3 & 0 \\ -1 & 0 & -2 \end{bmatrix}$,
　(2) $\begin{bmatrix} 1 & 2 & 2 \\ 2 & 1 & 2 \\ 2 & 2 & 1 \end{bmatrix}$,

(3) $\begin{bmatrix} 3 & 1 & 0 & -1 \\ 1 & 3 & -1 & 0 \\ 0 & -1 & 3 & 1 \\ -1 & 0 & 1 & 3 \end{bmatrix}$,
　(4) $\begin{bmatrix} 2 & 0 & 2 & 2 \\ 0 & 1 & 4 & 10 \\ 0 & 0 & -1 & 0 \\ 0 & 0 & 0 & 9 \end{bmatrix}$.

3. 用反幂法求下列矩阵的按模最小特征值及其对应的特征向量. 控制 $|\lambda_k - \lambda_{\min}| < 10^{-3}$ 时迭代停止.

(1) $\begin{bmatrix} 3 & -1 & 0 \\ -1 & 2 & -1 \\ 0 & -1 & 3 \end{bmatrix}$,
　(2) $\begin{bmatrix} 1 & 2 & 1 \\ 0 & 1 & 2 \\ -1 & 3 & 2 \end{bmatrix}$,

(3) $\begin{bmatrix} 1 & 1 & 1 & 1 \\ 0 & 2 & 2 & 3 \\ 0 & 0 & 3 & 2 \\ 0 & 0 & 0 & 4 \end{bmatrix}$,
　(4) $\begin{bmatrix} 8 & -1 & 3 & -1 \\ -1 & 6 & 2 & 0 \\ 3 & 2 & 9 & 1 \\ -1 & 0 & 1 & 7 \end{bmatrix}$.

4. 用 QR 迭代近似计算下列矩阵的全部特征值 (迭代 8 次以后停止计算).

(1) $\begin{bmatrix} 1 & 4 & 2 \\ 0 & -3 & 4 \\ 0 & 4 & 3 \end{bmatrix}$,

(2) $\begin{bmatrix} 1 & -2 & 2 \\ -2 & -2 & 4 \\ 2 & 4 & 2 \end{bmatrix}$,

(3) $\begin{bmatrix} 5 & -2 & -5 & -1 \\ 1 & 0 & -3 & 2 \\ 0 & 2 & 2 & -3 \\ 0 & 0 & 1 & -2 \end{bmatrix}$,

(4) $\begin{bmatrix} -3 & 1 & 1 & 2 \\ 1 & -3 & 0 & 0 \\ 1 & 0 & 2 & 0 \\ 2 & 0 & 0 & 3 \end{bmatrix}$.

5. 假设 $\boldsymbol{x}^k, \boldsymbol{x}^{k+1}, \boldsymbol{x}^{k+2}$ 是由乘幂法所获得的三个向量, 其满足

$$\|\boldsymbol{x}^{k+2} + \alpha \boldsymbol{x}^{k+1} + \beta \boldsymbol{x}^k\| = 0.$$

λ_1 与 λ_2 为方程 $\lambda^2 + \alpha\lambda + \beta = 0$ 的两个根, 证明 $\lambda_1, \lambda_2, \boldsymbol{x}^k, \boldsymbol{x}^{k+1}, \boldsymbol{x}^{k+2}$ 满足特征方程

$$\boldsymbol{A}(\boldsymbol{x}^{k+1} - \lambda_1 \boldsymbol{x}^k) = \lambda_1(\boldsymbol{x}^{k+1} - \lambda_1 \boldsymbol{x}^k),$$

$$\boldsymbol{A}(\boldsymbol{x}^{k+1} - \lambda_2 \boldsymbol{x}^k) = \lambda_2(\boldsymbol{x}^{k+1} - \lambda_2 \boldsymbol{x}^k).$$

6. 给定三对角矩阵

$$\boldsymbol{A} = \begin{bmatrix} 2 & -1 & 0 & 0 & 0 & 0 \\ -1 & 2 & -1 & 0 & 0 & 0 \\ 0 & -1 & 2 & -1 & 0 & 0 \\ 0 & 0 & -1 & 2 & -1 & 0 \\ 0 & 0 & 0 & -1 & 2 & -1 \\ 0 & 0 & 0 & 0 & -1 & 2 \end{bmatrix}.$$

用乘幂法和反幂法求该矩阵的最大与最小特征值, 并近似计算矩阵 $\boldsymbol{A}$ 的条件数

$$\text{cond}(\boldsymbol{A}) = \frac{\lambda_{\max}}{\lambda_{\min}}.$$

7. 给定可逆矩阵 $\boldsymbol{A} = \begin{bmatrix} -2.2 & -0.4 & 1 \\ 1 & 0.5 & -0.5 \\ 0.4 & -0.2 & 0 \end{bmatrix}$. 判断该矩阵的逆矩阵是否可以进行 LU 分解, 并对

该矩阵进行 QR 迭代, 求其全部特征值.

8. 假设 $\boldsymbol{A}^{\mathrm{T}} = \boldsymbol{A}, \boldsymbol{B}^{\mathrm{T}} = -\boldsymbol{B}, \boldsymbol{AB} - \boldsymbol{BA} = \boldsymbol{I}$. 试证明

$$\boldsymbol{x}^{\mathrm{T}}\boldsymbol{x} = \boldsymbol{x}^{\mathrm{T}}\boldsymbol{AB}\boldsymbol{x} - \boldsymbol{x}^{\mathrm{T}}\boldsymbol{BA}\boldsymbol{x} \leqslant 2\|\boldsymbol{Ax}\|\|\boldsymbol{Bx}\|.$$

第6章
常微分方程数值方法

所谓微分方程, 指的是自变量、未知函数及函数的导数 (微分) 组成的关系式. 自变量只有一个的微分方程称为常微分方程. 常微分方程反映了物理、化学、生物、经济等中的一些现象, 所以它的求解是非常重要的. 例如, 历史上海王星的发现就是通过对常微分方程的近似计算而预测得到的. 再如, 下面三个经典模型问题所形成的方程 (组) 也是常微分方程 (组)

- 著名的 Malthus 人口模型 [记人口数量为 $N(t)$, t, r 分别为时间和生命系数]

$$\frac{\mathrm{d}N}{\mathrm{d}t} = rN.$$

- 数学摆模型. 一个质量为 m 的质点系在一根长度为 l 的线上, 受重力影响形成的运动方程 (取逆时针运动的方向作为计算摆与铅垂线所成的角 φ 的正方向)

$$\frac{\mathrm{d}^2\varphi}{\mathrm{d}t^2} = -\frac{g}{l}\sin\varphi.$$

- 双分子化学动力学模型 [其中 $k_i(i=1,2,3)$ 为反应率参数]

$$\begin{cases} \dfrac{\mathrm{d}x}{\mathrm{d}t} = k_1 Ax - k_2 xy, \\ \dfrac{\mathrm{d}y}{\mathrm{d}t} = k_2 xy - k_3 y. \end{cases}$$

类似的例子在各类实际应用中不胜枚举. 因此, 研究常微分方程的数值解法具有重要的实际意义. 对于较为简单的一小部分常微分方程, 我们可以通过初等积分等方法给出其通解, 从而得到解析解或渐近解. 但大多数常微分方程都很难求出解析解. 因此, 在实际应用中, 我们主要还是用数值方法求其逼近解. 随着计算机的快速发展, 常微分方程的数值求解算法备受重视.

本章将介绍常微分方程的几种常用的数值计算方法: 欧拉方法、Runge-Kutta 方法、线性多步方法.

6.1 欧拉方法

考虑一阶常微分方程初值问题

$$\begin{cases} \dfrac{\mathrm{d}y}{\mathrm{d}x} = f(x,y), & a \leqslant x \leqslant b, \\ y(a) = y_0. \end{cases} \tag{6-1}$$

其中, f 是 x 和 y 的已知函数, y_0 为给定的初值.

定理 6.1　如果函数 $f(x,y)$ 在区域 $\Omega = \{(x,y)|x \in [a,b], y \in (-\infty, +\infty)\}$ 内连续, 且关于 y 满足 Lipschitz 条件, 即存在正常数 L, 使得对 $\forall x \in [a,b]$, 不等式

$$|f(x,y_1) - f(x,y_2)| \leqslant L|y_1 - y_2|$$

均成立, 则式 (6-1) 存在唯一解 $y(x) \in C^1[a,b]$.

在本章中, 我们总假定函数 $f(x,y)$ 连续且满足 Lipschitz 条件.

在区间 $[a,b]$ 上引入有限个离散点

$$a = x_0 < x_1 < \cdots < x_N = b,$$

计算对应的函数值 y_n 逼近未知函数 $y(x)$, 即 $y_n \approx y(x_n), n = 1, 2, \cdots, N$. 方便起见, 常常选取等距节点, 即

$$x_n = a + nh, \quad n = 0, 1, \cdots, N,$$

其中步长 $h = (b-a)/N$.

假设式 (6-1) 的解 $y(x)$ 在 $[a,b]$ 上具有连续二阶导数, 由 Taylor 展开可得

$$y(x_{n+1}) = y(x_n) + hy'(x_n) + \frac{h^2}{2}y''(\xi_n),$$

$$= y(x_n) + hf(x_n, y(x_n)) + \frac{h^2}{2}y''(\xi_n),$$

其中 $x_n \leqslant \xi_n \leqslant x_{n+1}$. 用 y_n 逼近 $y(x_n)$, 省略高阶项可得

$$y_{n+1} = y_n + hf(x_n, y_n), \quad n = 0, 1, \cdots, N-1, \tag{6-2}$$

其中 $y_0 = y(a)$. 式 (6-2) 称为向前欧拉方法.

若将 $y(x_n)$ 在 x_{n+1} 处 Taylor 展开

$$y(x_n) = y(x_{n+1}) - hy'(x_{n+1}) + \frac{h^2}{2}y''(\xi_n),$$

即得

$$y(x_{n+1}) = y(x_n) + hf(x_{n+1}, y(x_{n+1})) - \frac{h^2}{2}y''(\xi_n),$$

省略高阶项可得

$$y_{n+1} = y_n + hf(x_{n+1}, y_{n+1}), \quad n = 0, 1, \cdots, N-1, \tag{6-3}$$

此格式称为向后欧拉方法, 显然, 此格式是隐格式. 若右端函数 $f(x,y)$ 对 y 是线性的, 则易于计算逼近解. 若为非线性, 则可利用第 4 章中提出的非线性方程求解方法进行计算.

欧拉方法的局部截断误差定义为

$$y(x_{n+1}) - y_{n+1} = O(h^2).$$

定义 6.1 当一个数值离散方法的局部截断误差为 $O(h^{p+1})$ 时, 称该方法具有 p 阶精度.

因此, 向前欧拉方法和向后欧拉方法均具有一阶精度. 接下来, 我们采用积分方法对欧拉方法进行改进.

式 (6-1) 可写为

$$y(x) = y(c) + \int_c^x f(x, y(x))\mathrm{d}x, \quad a \leqslant c \leqslant b,$$

用第 2 章数值积分中的梯形公式做近似替换, 可得

$$\begin{aligned}
y_{n+1} &= y_n + \int_{x_n}^{x_{n+1}} f(s, y(s))\mathrm{d}s \\
&\approx y_n + \int_{x_n}^{x_{n+1}} \frac{1}{2}(f(x_n, y_n) + f(x_{n+1}, y_{n+1}))\mathrm{d}s \\
&= y_n + \frac{1}{2}h(f(x_n, y_n) + f(x_{n+1}, y_{n+1})).
\end{aligned}$$

使用欧拉方法对上式右端所含 y_{n+1} 进行计算, 然后再用上述梯形公式进行校正, 便得到改进的欧拉方法. 该方法具有二阶精度.

将式 (6-3) 中 $y_n = y_{n-1} + hf(x_n, y_n)$ 代入式 (6-2) 中可以得到中心格式

$$y_{n+1} = y_{n-1} + 2hf(x_n, y_n),$$

此格式为二阶显式格式, 但却是不稳定的, 一般不被采用.

例 6.1 用向前欧拉方法、向后欧拉方法及改进的欧拉方法求解

$$\begin{cases} y' = x^2 - y + 1, \\ y(0) = 1, \end{cases}$$

其中步长 $h = 0.1$.

解: 已知 $f(x, y) = x^2 - y + 1, y_0 = 1$, 精确解为

$$y = x^2 - 2x - 2\mathrm{e}^{-x} + 3.$$

则向前欧拉方法为

$$y_{n+1} = y_n + h(x_n^2 - y_n + 1),$$

向后欧拉方法为

$$y_{n+1} = \frac{1}{1+h}(y_n + h(x_{n+1}^2 + 1)),$$

改进的欧拉方法为

$$y_{n+1} = y_n + \frac{h}{2}\left[(1-h)x_n^2 + x_{n+1}^2 + (h-2)y_n + 2 - h\right].$$

表 6-1 给出了精确解与三种欧拉方法的数值解.

表 6-1 实验结果

x	向前欧拉方法	向后欧拉方法	改进的欧拉方法	精确解
0	1	1	1	1
0.1	1	1.000909	1.000500	1.000325
0.2	1.001000	1.004462	1.002902	1.002538
0.3	1.004900	1.012238	1.008926	1.008363
0.4	1.013410	1.025671	1.020128	1.019359
0.5	1.028069	1.046065	1.037916	1.036938

定义 6.2 给定步长 h, 构造一种数值方法求解

$$y' = \lambda y, \quad \mathrm{Re}(\lambda) < 0, \tag{6-4}$$

得到解 y_n, 当 $n \to \infty$ 时, 若 $y_n \to 0$, 则称该方法对步长 h 是绝对稳定的; 否则称其是不稳定的.

以上定义表明, 构造的数值方法如果能使任何一步产生的误差逐步减小, 则称该数值方法是绝对稳定的.

定义 6.3 将构造的数值方法应用于式 (6-4), 若对一切

$$\mu = \lambda h \in \Omega$$

都是绝对稳定的, 则称区域 Ω 为该数值方法的绝对稳定域.

例如, 对于向前欧拉方法

$$y_{n+1} = y_n + hf(x_n, y_n) = y_n + \lambda h y_n,$$

若因误差实际求得 $\tilde{y}_n$, 即有

$$\tilde{y}_{n+1} = \tilde{y}_n + \lambda h \tilde{y}_n,$$

令 $e_n = \tilde{y}_n - y_n$, 则有

$$e_{n+1} = e_n + \lambda h e_n = (1 + \mu)e_n.$$

为了使误差逐步减小, μ 应满足

$$|1 + \mu| < 1.$$

由此可知, 向前欧拉方法的绝对稳定域是以 $(-1, 0)$ 为中心、半径为 1 的圆域; 同样可知, 向后欧拉方法的绝对稳定域是复平面的整个左半平面.

本节中所介绍的向前欧拉方法、向后欧拉方法及改进的欧拉方法均是由已知的 y_n 迭代计算 y_{n+1} 的值, 这样的计算方法称为单步差分方法.

6.2 Runge-Kutta 方法

6.2.1 方法介绍

由上节内容可知, 从 Taylor 展开思想出发可以建立一阶单步差分方法. 但是, 如果要建立更高阶的单步差分方法, 则需要对已知函数 $f(x, y)$ 求各阶偏导数, 这在实际应用中很不方便. 然而, 由向前欧拉方法、向后欧拉方法及改进的欧拉方法的计算格式可以看出, 它们均是对右端函数 $f(x, y)$ 的不同逼近. 由此, 利用中值定理, 可给出一般的逼近形式

$$y_{n+1} = y_n + hf(x_n + \theta h, y(x_n + \theta h)) = y_n + h\varphi(x_n, y_n, h),$$

这里, $\varphi(x_n, y_n, h) = f(x_n + \theta h, y(x_n + \theta h))$ 称为区间 $[x_n, x_{n+1}]$ 的平均斜率. 当 $\theta = 0$ 时, 即为向前欧拉方法; 当 $\theta = 1$ 时, 即为向后欧拉方法. 由此, 我们可以通过在区间上取若干点的斜率的线性组合来确定 $\varphi(x_n, y_n, h)$.

定义6.4 设 m 是一个正整数, 表示使用函数值 f 的个数, $a_i, c_i, b_{ij}(i = 2, 3, \cdots, m; j = 1, 2, \cdots, i-1)$ 为待定的加权因子 (为实数), 方法

$$y_{n+1} = y_n + h(c_1 K_1 + \cdots + c_m K_m) \tag{6-5}$$

称为式 (6-1) 的 m 级显式 Runge-Kutta 方法, 其中

$$
\begin{aligned}
K_1 &= f(x_n, y_n), \\
K_2 &= f(x_n + a_2 h, y_n + hb_{21}K_1), \\
&\cdots \\
K_m &= f\left(x_n + a_m h, y_n + h\sum_{i=1}^{m-1} b_{mi}K_i\right),
\end{aligned}
$$

系数满足

$$\sum_{j=1}^{m} c_j = 1; \quad a_i = \sum_{j=1}^{i-1} b_{ij}, \ i = 2, 3, \cdots, m.$$

若式 (6-5) 中的 $K_i(i = 1, 2, \cdots, m)$ 满足方程组

$$
\begin{cases}
K_1 = f(x_n, y_n + hb_{11}K_1), \\
K_2 = f(x_n + a_2 h, y_n + hb_{21}K_1 + hb_{22}K_2), \\
\cdots \\
K_m = f\left(x_n + a_m h, y_n + h\sum_{i=1}^{m} b_{mi}K_i\right),
\end{cases}
$$

则式 (6-5) 称为 m 级隐式 Runge-Kutta 方法, 其中系数满足

$$\sum_{j=1}^{m} c_j = 1; \quad a_i = \sum_{j=1}^{i} b_{ij}, \ i = 2, 3, \cdots, m.$$

6.2.2　常用的 Runge-Kutta 方法

我们常常采用 Taylor 展开思想求式 (6-5) 中的各个待定系数. 以二阶为例, 取两点 $(x,y),(x+a_2h,y+b_{21}hf(x,y))$ 线性组合

$$\varphi(x,y,h) = c_1f(x,y) + c_2f(x+a_2h,y+b_{21}hf(x,y)),$$

其中, 系数 c_1,c_2,a_2,b_{21} 的选取应尽可能使 $y(x)+h\varphi(x,y,h)$ 与 $y(x+h)$ 在 x 的 Taylor 展开有相同的项.

将 $\varphi(x,y,h)$ 在 (x,y) 处展开

$$\begin{aligned}\varphi(x,y,h) =& c_1f(x,y) + c_2[f(x,y) + a_2hf_x(x,y) + \\ & b_{21}hf(x,y)f_y(x,y)] + O(h^2),\end{aligned}$$

而

$$y(x+h) = y(x) + hy'(x) + \frac{h^2}{2}y''(x) + O(h^3)$$

$$= y(x) + h[f(x,y) + \frac{h}{2}(f_x(x,y) + f_y(x,y)f(x,y)) + O(h^2)],$$

比较系数可知

$$\begin{cases} c_1 + c_2 = 1, \\ c_2a_2 = 1/2, \\ c_2b_{21} = 1/2. \end{cases} \tag{6-6}$$

可以看到, 式 (6-6) 有无穷多组解.

若取 $c_1 = c_2 = \dfrac{1}{2}, a_2 = 1, b_{21} = 1$, 对应的二阶单步方法即是改进的欧拉方法:

$$\begin{cases} y_{n+1} = y_n + \dfrac{h}{2}(K_1 + K_2), \\ K_1 = f(x_n, y_n), \\ K_2 = f(x_n + h, y_n + hK_1). \end{cases}$$

若取 $c_1 = \dfrac{1}{4}, c_2 = \dfrac{3}{4}, a_2 = \dfrac{2}{3}, b_{21} = \dfrac{2}{3}$, 对应的二阶单步方法称为 Heun 方法:

$$\begin{cases} y_{n+1} = y_n + \dfrac{h}{4}(K_1 + 3K_2), \\ K_1 = f(x_n, y_n), \\ K_2 = f\left(x_n + \dfrac{2}{3}h, y_n + \dfrac{2}{3}hK_1\right). \end{cases}$$

其他 m 级 Runge-Kutta 方法也可如上述二阶方法一样构造, 即首先利用 Taylor 展开比较 h 的幂次不超过 p 的项的系数, 其次确定 m 级显式 Runge-Kutta 方法中系数满足的代数方程组, 最后求出方程组的解, 也就得到了 m 级 p 阶 Runge-Kutta 方法.

这里列举几种常用的 Runge-Kutta 方法.

- 三级三阶显式 Kutta 方法

$$
\begin{cases}
y_{n+1} = y_n + \dfrac{h}{6}(K_1 + 4K_2 + K_3), \\[2mm]
K_1 = f(x_n, y_n), \\[2mm]
K_2 = f\left(x_n + \dfrac{1}{2}h, y_n + \dfrac{1}{2}hK_1\right), \\[2mm]
K_3 = f(x_n + h, y_n - hK_1 + 2hK_2).
\end{cases}
$$

- 三级三阶显式 Heun 方法

$$
\begin{cases}
y_{n+1} = y_n + \dfrac{h}{4}(K_1 + 3K_3), \\[2mm]
K_1 = f(x_n, y_n), \\[2mm]
K_2 = f\left(x_n + \dfrac{1}{3}h, y_n + \dfrac{1}{3}hK_1\right), \\[2mm]
K_3 = f\left(x_n + \dfrac{2}{3}h, y_n + \dfrac{2}{3}hK_2\right).
\end{cases}
$$

- 四级四阶古典显式 Runge-Kutta 方法

$$
\begin{cases}
y_{n+1} = y_n + \dfrac{h}{6}(K_1 + 2K_2 + 2K_3 + K_4), \\[2mm]
K_1 = f(x_n, y_n), \\[2mm]
K_2 = f\left(x_n + \dfrac{1}{2}h, y_n + \dfrac{1}{2}hK_1\right), \\[2mm]
K_3 = f\left(x_n + \dfrac{1}{2}h, y_n + \dfrac{1}{2}hK_2\right), \\[2mm]
K_4 = f(x_n + h, y_n + hK_3).
\end{cases}
$$

- 四级四阶显式 Kutta 方法

$$
\begin{cases}
y_{n+1} = y_n + \dfrac{h}{8}(K_1 + 3K_2 + 3K_3 + K_4), \\[2mm]
K_1 = f(x_n, y_n), \\[2mm]
K_2 = f\left(x_n + \dfrac{1}{3}h, y_n + \dfrac{1}{3}hK_1\right), \\[2mm]
K_3 = f\left(x_n + \dfrac{2}{3}h, y_n - \dfrac{1}{3}hK_1 + hK_2\right), \\[2mm]
K_4 = f(x_n + h, y_n + hK_1 - hK_2 + hK_3).
\end{cases}
$$

• 四级四阶显式 Gill 方法

$$
\begin{cases}
y_{n+1} = y_n + \dfrac{h}{6}[K_1 + (2 - \sqrt{2})K_2 + (2 + \sqrt{2})K_3 + K_4], \\[2mm]
K_1 = f(x_n, y_n), \\[2mm]
K_2 = f\left(x_n + \dfrac{1}{2}h, y_n + \dfrac{1}{2}hK_1\right), \\[2mm]
K_3 = f\left(x_n + \dfrac{1}{2}h, y_n + \dfrac{\sqrt{2}-1}{2}hK_1 + (1 - \dfrac{\sqrt{2}}{2})hK_2\right), \\[2mm]
K_4 = f\left(x_n + h, y_n - \dfrac{\sqrt{2}}{2}hK_2 + \left(1 + \dfrac{\sqrt{2}}{2}\right)hK_3\right).
\end{cases}
$$

由于 Runge-Kutta 方法的级数从四变为五时, 精度的阶数并没有相应地从四提高到五, 故而四级以上的 Runge-Kutta 方法很少被采用. 而且, 级数越高, Runge-Kutta 方法中的待定系数越难求解. 我们也常常使用数值积分的方法逼近积分项, 从而确定参数. 更加详细的论述可参考文献 [23]. 对于隐式 Runge-Kutta 方法, 也可以用以上 Taylor 展开和数值积分的方法确定各个参数. Kuntzmann(1961 年) 和 Butcher(1964 年) 已提出对所有的 m 级方法均存在 $2m$ 阶隐式 Runge-Kutta 方法, 这显然要比显式 Runge-Kutta 方法优越.

例 6.2 对例 6.1 中的问题分别采用三级三阶显式 Kutta 方法、三级三阶显式 Heun 方法和四级四阶古典显式 Runge-Kutta 方法进行求解, 并与精确解进行比较.

解: 表 6-2 给出了三种方法的数值解与精确解.

表 6-2 三种方法的数值解与精确解

x	三级三阶显式 Kutta 方法	三级三阶显式 Heun 方法	四级四阶显式 Runge-Kutta 方法	精确解
0	1	1	1	1
0.1	1.000325	1.000327	1.000325	1.000325
0.2	1.002537	1.002542	1.002538	1.002538
0.3	1.008360	1.008368	1.008363	1.008363
0.4	1.019355	1.019364	1.019360	1.019359
0.5	1.036931	1.036943	1.036938	1.036938

6.3 线性多步法

式 (6-1) 也可以写成等价的积分形式

$$
y(x_{n+1}) = y(x_{n-p}) + \int_{x_{n-p}}^{x_{n+1}} f(s, y(s))\mathrm{d}s. \tag{6-7}
$$

若用节点 $x_{n-q}, x_{n-q+1}, \cdots, x_{n-1}, x_n(q$ 不一定等于 $p)$ 的数值积分近似式 (6-7) 右端的积分项, 可得

$$y_{n+1} = y_{n-p} + h\sum_{j=0}^{q} \alpha_j f(x_{n-j}, y_{n-j}),\qquad (6\text{-}8)$$

其中

$$\alpha_j = \frac{1}{h}\int_{x_{n-p}}^{x_{n+1}} l_j(t)\mathrm{d}t,$$

这里, $l_j(t)$ 是关于节点 $x_{n-q}, x_{n-q+1}, \cdots, x_{n-1}, x_n$ 的 Lagrange 基函数. 记 $r = \max\{p, q\}$, 可以证明式 (6-8) 是 $r+1$ 步的 $q+1$ 阶显式方法.

若用节点 $x_{n-q+1}, x_{n-q+2}, \cdots, x_n, x_{n+1}(q$ 不一定等于 $p)$ 的数值积分近似式 (6-7) 右端的积分项, 可得

$$y_{n+1} = y_{n-p} + h\sum_{j=0}^{q} \alpha_j f(x_{n-j+1}, y_{n-j+1}),\qquad (6\text{-}9)$$

其中

$$\beta_j = \frac{1}{h}\int_{x_{n-p}}^{x_{n+1}} l_j(t)\mathrm{d}t,$$

这里, $l_j(t)$ 是关于节点 $x_{n-q+1}, x_{n-q+2}, \cdots, x_n, x_{n+1}$ 的 Lagrange 基函数. 记 $r = \max\{p, q-1\}$, 可以证明式 (6-9) 是 $r+1$ 步的 $q+1$ 阶隐式方法.

特别地, 当 $p = 0$ 时, 式 (6-8) 和式 (6-9) 称为 Adams 方法. 显然, 当 $q = 0$ 时, 即为欧拉方法; 当 $q = 1$ 时, 式 (6-8) 为两步显式 Adams 格式

$$y_{n+1} = y_n + \frac{h}{2}[3f(x_n, y_n) - f(x_{n-1}, y_{n-1})],$$

式 (6-9) 为两步隐式 Adams 格式 (亦为梯形公式)

$$y_{n+1} = y_n + \frac{h}{2}[f(x_{n+1}, y_{n+1}) + f(x_n, y_n)].$$

在隐式格式中, y_{n+1} 一般需要通过迭代的方式求解, 相比同类显式格式, 其截断误差较小, 稳定性更好, 但是计算量较大. 为此, 我们提出预估-校正格式, 即用一个合适的显式格式求出 y_{n+1} 作为隐式格式的预估值, 再用隐式格式对预估值进行校正求解新的 y_{n+1}. 线性多步方法都有较好的稳定性. 常用的预估-校正格式如下.

• 改进的欧拉方法

$$\begin{cases} y_{n+1}^* = y_n + hf(x_n, y_n), \\[2mm] y_{n+1} = y_n + \dfrac{h}{2}[f(x_n, y_n) + f(x_{n+1}, y_{n+1}^*)]. \end{cases}$$

此格式即是用欧拉方法进行预估, 用梯形公式进行校正.

- 三点 Milne 公式

$$\begin{cases} y_{n+1}^* = y_{n-3} + \dfrac{h}{3}[8f(x_n, y_n) - 4f(x_{n-1}, y_{n-1}) + 8f(x_{n-2}, y_{n-2})], \\[2mm] y_{n+1} = y_{n-1} + \dfrac{h}{3}[f(x_{n+1}, y_{n+1}^*) + 4f(x_n, y_n) + f(x_{n-1}, y_{n-1})]. \end{cases}$$

- 四点 Adams 公式

$$\begin{cases} y_{n+1}^* = y_n + \dfrac{h}{24}[55f(x_n, y_n) - 59f(x_{n-1}, y_{n-1}) + 37f(x_{n-2}, y_{n-2}) - 9(x_{n-3}, y_{n-3})], \\[2mm] y_{n+1} = y_n + \dfrac{h}{24}[9f(x_{n+1}, y_{n+1}^*) + 19f(x_n, y_n) - 5f(x_{n-1}, y_{n-1}) + f(x_{n-2}, y_{n-2})]. \end{cases}$$

6.4 程 序

本节分别给出向前欧拉方法、向后欧拉方法、改进的欧拉方法 (例 6.1)、四阶 Runge-Kutta 方法及四点 Adams 方法的 MATLAB 程序.

```
1   %例6.1
2   a=0;
3   b=0.5;
4   h=0.1;
5   n=(b-a)/h;
6   x(1)=0;
7   y(1)=1;
8   %向前欧拉方法
9   for i=1:n
10    x(i+1)=x(i)+h;
11    y(i+1)=y(i)+h*(x(i)^2-y(i)+1)
12  end
13  %向后欧拉方法
14  a=0;b=0.5;h=0.1;n=(b-a)/h;x2(1)=0;y2(1)=1;
15  for i=1:n
16    x2(i+1)=x2(i)+h;
17    y2(i+1)=1/(1+h)*(y2(i)+h*(x2(i+1)^2+1))
18  end
19  %改进的欧拉方法
20  a=0;b=0.5;h=0.1;n=(b-a)/h;x3(1)=0;y3(1)=1;
21  for i=1:n
22    x3(i+1)=x3(i)+h;
23    y3(i+1)=y3(i)+(h/2)*((1-h)*x3(i)^2+(h-2)*y3(i)+x3(i+1)^2+2-h)
24  end
```

```
1  %四阶Runge-Kutta方法
2  function f=fun(x,y)
3  f=x*x-y+1;
4  end
5  function [x,y]=RungeKutta4(x0,xn,y0,h)
6  n=(xn-x0)/h;
7  x=zeros(n+1,1);
8  y=zeros(n+1,1);
9  x(1)=x0;
10 y(1)=y0;
11 for i=1:n
12   x(i+1)=x(i)+h;
13   K1=fun(x(i),y(i));
14   K2=fun(x(i)+h/2,y(i)+K1*h/2);
15   K3=fun(x(i)+h/2,y(i)+K2*h/2);
16   K4=fun(x(i)+h,y(i)+K3*h);
17   y(i+1)=y(i)+h/6*(K1+2*K2+2*K3+K4);
18 end
19 end
```

```
1  %四点Adams方法
2  function u=adams_4steps(f,u0,t,h,N)
3  u=zeros(N+1,1);
4  u(1)=u0;
5  u(2)=u(1)+h*f(t(1),u(1));
6  u(3)=u(2)+h*f(t(2),u(2));
7  u(4)=u(3)+h*f(t(2),u(2));
8  for n=4:N
9    f_nm3=f(t(n-3),u(n-3));
10   f_nm2=f(t(n-2),u(n-2));
11   f_nm1=f(t(n-1),u(n-1));
12   f_n=f(t(n),u(n));
13   u(n+1)=u(n)+h*(55*f_n-59*f_nm1+37*f_nm2-9*f_nm3)/24;
14 end
15 end
```

6.5 注　记

本章以一阶初值问题为模型, 介绍了数值求解常微分方程的三大类方法: 欧拉方法、Runge-Kutta 方法、线性多步方法. 欧拉方法于 1768 年被提出, Cauchy 于 1840 年完善了欧拉方法的理论分析. 1846 年, Adams 还是一个学生的时候就准确预测了海王星将会被发现, 他于 1883 年提出了 Adams-Bashforth 方法与 Adams-Moulton 方法 (统称为线性多步方法). Runge-Kutta 方法的提出时间是 1900 年左右, 其理论的完善主要由 Butcher 完成 [23].

习 题 6

1. 用向前欧拉方法、向后欧拉方法以及改进的欧拉方法求解初值问题

$$\begin{cases} y' = y - \dfrac{2x}{y}, \\ y(0) = 1 \end{cases}$$

在区间 $[0,1]$ 上的数值解, 其中取步长 $h = 0.1$.

2. 用向前欧拉方法、向后欧拉方法以及改进的欧拉方法求解初值问题

$$\begin{cases} y' = -y + 2x + 1, \\ y(0) = 1 \end{cases}$$

在区间 $[0,1]$ 上的数值解, 其中取步长 $h = 0.1$.

3. 给出用向前欧拉方法、向后欧拉方法以及改进的欧拉方法求解初值问题

$$\begin{cases} y' = -6y, \quad x \in [0,1], \\ y(0) = 1 \end{cases}$$

时的绝对稳定域及对步长的限制.

4. 给出欧拉方法的精度分析过程.

5. 用向前欧拉方法、改进的欧拉方法和三级三阶显式 Kutta 方法求解初值问题

$$\begin{cases} y' = x^3 - \dfrac{y}{x}, \\ y(1) = \dfrac{2}{5}, \end{cases}$$

其中精确解为 $y = \dfrac{1}{5}x^4 + \dfrac{1}{5x}, h = 0.1$, 比较三种方法的误差和精度.

6. 分析给出式 (6-1) 的向后欧拉方法和改进的欧拉方法的绝对稳定域.

7. 给出下述二步方法的绝对稳定域, 其中 $-1 \leqslant \alpha < 1$,

$$y_{n+2} - (1+\alpha)y_{n+1} + \alpha y_n = \frac{h}{12}[(5+\alpha)f_{n+2} + 8(1-\alpha)f_{n+1} - (1+5\alpha)f_n].$$

8. 给出下列隐式单步法的阶:

$$y_{n+1} = y_n + \frac{1}{6}h[4f(x_n, y_n) + 2f(x_{n+1}, y_{n+1}) + hf'(x_n, y_n)].$$

9. 用三级三阶显式 Heun 方法、四级四阶古典显式 Runge-Kutta 方法和四级四阶显式 Kutta 方法求解初值问题

$$\begin{cases} y' = -\dfrac{1}{x^2} - \dfrac{y}{x} - y^2, \ x \in [1,2], \\ y(1) = -1, \end{cases}$$

比较三种方法的误差和精度.

10. 以初值问题

$$\begin{cases} y' = x^3 - \dfrac{y}{x}, \\ y(1) = \dfrac{2}{5} \end{cases}$$

为例, 编程求解并比较三级三阶显式和隐式 Runge-Kutta 方法的计算精度.

11. 用二阶显式和隐式 Adams 方法求解第 2 题中的初值问题.

12. 针对第 10 题中提出的初值问题, 利用改进的欧拉方法、三点 Milne 公式和四点 Adams 公式求解并对比计算误差和精度.

13. 选择本章介绍的几种数值方法求解初值问题

$$\begin{bmatrix} u' \\ v' \end{bmatrix} = \begin{bmatrix} 32 & 66 \\ -66 & -133 \end{bmatrix} \begin{bmatrix} u \\ v \end{bmatrix} + \begin{bmatrix} \dfrac{2}{3}x + \dfrac{2}{3} \\ -\dfrac{1}{3}x + \dfrac{1}{3} \end{bmatrix}, \ x \in [0, 0.5],$$

其中初值条件为

$$\begin{bmatrix} u(0) \\ v(0) \end{bmatrix} = \begin{bmatrix} \dfrac{1}{3} \\ \dfrac{1}{3} \end{bmatrix},$$

比较各种方法的计算误差. 已知该问题的精确解为

$$u = \frac{2}{3}x + \frac{2}{3}\mathrm{e}^{-x} - \frac{1}{3}\mathrm{e}^{-100x},$$

$$v = -\frac{1}{3}x - \frac{1}{3}\mathrm{e}^{-x} + \frac{2}{3}\mathrm{e}^{-100x}.$$

第 7 章
有限差分方法

从本章开始, 我们将介绍偏微分方程的一些常用的数值求解方法 (包括有限差分方法、有限元方法、有限体积方法及无网格方法). 为此, 我们先介绍偏导数概念及常用的偏微分算子.

假定 $u : U \to \mathbb{R}, \boldsymbol{x} = [x_1 \quad x_2 \quad \cdots \quad x_n]^{\mathrm{T}} \in U \subset \mathbb{R}^n$, 则

- $u_{x_i}(\boldsymbol{x}) = \dfrac{\partial u}{\partial x_i}(\boldsymbol{x}) = \lim\limits_{h \to 0} \dfrac{u(\boldsymbol{x} + h\boldsymbol{e}_i) - u(\boldsymbol{x})}{h}.$

- $\dfrac{\partial^2 u}{\partial x_i \partial x_j} = u_{x_i x_j}, \qquad \dfrac{\partial^3 u}{\partial x_i \partial x_j \partial x_k} = u_{x_i x_j x_k}.$

- 引入多重指标 $\alpha = (\alpha_1, \alpha_2, \cdots, \alpha_n)$, 其中 $\alpha_i, i = 1, 2, \cdots, n$ 为非负整数, 且 $|\alpha| = \alpha_1 + \cdots + \alpha_n$. 则有

$$D^\alpha u(x) := \frac{\partial^{|\alpha|} u(x)}{\partial x_1^{\alpha_1} \partial x_2^{\alpha_2} \cdots \partial x_n^{\alpha_n}}.$$

- 记

$$D^2 \boldsymbol{u} := \begin{bmatrix} u_{x_1 x_1} & \cdots & u_{x_1 x_n} \\ \vdots & \ddots & \vdots \\ u_{x_n x_1} & \cdots & u_{x_n x_n} \end{bmatrix}_{n \times n}$$

为 Hessian 矩阵.

有了偏导数的记号, 我们介绍三个重要的偏微分算子.

- 梯度

假设 $\boldsymbol{x} = [x_1 \quad x_2 \quad x_3]$, 则 $\boldsymbol{u}$ 的梯度定义为

$$\nabla \boldsymbol{u} = [u_{x_1} \quad u_{x_2} \quad u_{x_3}]^{\mathrm{T}} \quad (\nabla \boldsymbol{u} 简记为 D\boldsymbol{u}).$$

- 散度

假设 $\boldsymbol{u} = [u_1(x) \quad u_2(x) \quad u_3(x)]^{\mathrm{T}}, \boldsymbol{x} = [x_1 \quad x_2 \quad x_3]^{\mathrm{T}}$, 则 $\boldsymbol{u}$ 的散度定义为

$$\nabla \cdot \boldsymbol{u} = \frac{\partial u_1}{\partial x_1} + \frac{\partial u_2}{\partial x_2} + \frac{\partial u_3}{\partial x_3} \quad (\nabla \cdot \boldsymbol{u} 简记为 \mathrm{div}(\boldsymbol{u})).$$

- 旋度

假设 $\boldsymbol{u} = [u_1(x) \quad u_2(x) \quad u_3(x)]^{\mathrm{T}}$, $x = [x_1 \quad x_2 \quad x_3]^{\mathrm{T}}$, 则 $\boldsymbol{u}$ 的旋度定义为

$$\nabla \times \boldsymbol{u} = \begin{vmatrix} \boldsymbol{i} & \boldsymbol{j} & \boldsymbol{k} \\ \dfrac{\partial}{\partial x_1} & \dfrac{\partial}{\partial x_2} & \dfrac{\partial}{\partial x_3} \\ u_1 & u_2 & u_3 \end{vmatrix}$$

$$= \left(\frac{\partial u_3}{\partial x_2} - \frac{\partial u_2}{\partial x_3} \right) \boldsymbol{i} + \left(\frac{\partial u_1}{\partial x_3} - \frac{\partial u_3}{\partial x_1} \right) \boldsymbol{j} + \left(\frac{\partial u_2}{\partial x_1} - \frac{\partial u_1}{\partial x_2} \right) \boldsymbol{k},$$

$\nabla \times \boldsymbol{u}$ 有时候简记为 $\mathrm{curl}(\boldsymbol{u})$.

7.1 偏微分方程及其分类

定义 7.1 假设 $k \geqslant 1$ 是一个整数, U 是 $\mathbb{R}^n$ 中的开集, 则方程

$$F(D^k u(\boldsymbol{x}), D^{k-1} u(\boldsymbol{x}), \cdots, Du(\boldsymbol{x}), u(\boldsymbol{x}), \boldsymbol{x}) = 0, \quad (\boldsymbol{x} \in U) \tag{7-1}$$

被称作 k 阶偏微分方程, 其中

$$F : \mathbb{R}^{n^k} \times \mathbb{R}^{n^{k-1}} \times \cdots \times \mathbb{R}^n \times \mathbb{R} \times U \to \mathbb{R},$$

$u : U \to \mathbb{R}$ 是未知函数.

下面的定义是对偏微分方程的一种分类.

定义 7.2 (偏微分方程分类)

- 式 (7-1) 被称作线性的, 如果对给定的函数 $a_\alpha(\boldsymbol{x})$ 与 f, 其形式为

$$\sum_{|\alpha| \leqslant k} a_\alpha(\boldsymbol{x}) D^\alpha u = f(\boldsymbol{x}).$$

- 式 (7-1) 被称作半线性的, 如果其形式为

$$\sum_{|\alpha| = k} a_\alpha(\boldsymbol{x}) D^\alpha u + a_0(D^{k-1} u, \cdots, Du, u, \boldsymbol{x}) = 0.$$

- 式 (7-1) 被称作拟线性的, 如果其形式为

$$\sum_{|\alpha| = k} a_\alpha(\boldsymbol{x})(D^{k-1} u(\boldsymbol{x}), \cdots, Du(\boldsymbol{x}), u(\boldsymbol{x}), \boldsymbol{x}) D^\alpha u + a_0(D^{k-1} u(\boldsymbol{x}), \cdots, Du(\boldsymbol{x}), u(\boldsymbol{x}), \boldsymbol{x}) = 0.$$

- 式 (7-1) 被称作非线性的, 如果其形式非线性地依赖于最高阶导数.

表 7-1 列出了一些常见的线性方程与非线性方程, 表 7-2 列出了一些常见的线性方程组与非线性方程组.

表 7-1 常见的线性方程与非线性方程列表

线性方程	Laplace 方程	$\Delta u = \sum_{i=1}^{n} u_{x_i x_i} = 0$
	Helmholtz 方程	$-\Delta u = \lambda u$
	线性传输方程	$u_t + \sum_{i=1}^{n} b^i u_{x_i} = 0$
	Liouville 方程	$u_t - \sum_{i=1}^{n} (b^i u)_{x_i} = 0$
	扩散方程	$u_t - \Delta u = 0$
	Schrödinger 方程	$iu_t + \Delta u = 0$
	Kolmogorov 方程	$u_t - \sum_{i,j=1}^{n} a_{ij} u_{x_i x_j} + \sum_{i=1}^{n} b_i u_{x_i} = 0$
	Fokker-Planck 方程	$u_t - \sum_{i,j=1}^{n} (a_{ij} u)_{x_i x_j} - \sum_{i=1}^{n} (b_i u)_{x_i} = 0$
	波动方程	$u_{tt} - \Delta u = 0$
	Klein-Gordon 方程	$u_{tt} - \Delta u + m^2 u = 0$
	Telegraph 方程	$u_{tt} + 2du_t - u_{xx} = 0$
	一般波方程	$u_{tt} - \sum_{i,j=1}^{n} a_{ij} u_{x_i x_j} + \sum_{i=1}^{n} b_i u_{x_i} = 0$
	Airy's 方程	$u_t + u_{xxx} = 0$
	Beam 方程	$u_{tt} + u_{xxxx} = 0$
非线性方程	Eikonal 方程	$\|Du\| = 1$
	非线性 Poisson 方程	$-\Delta u = f(u)$
	p-Laplacian 方程	$\text{div}(\|Du\|^{p-2} Du) = 0$
	极小曲面方程	$\text{div}\left(\dfrac{Du}{(1+\|Du\|^2)^{1/2}}\right) = 0$
	Monge-Ampère 方程	$\det(D^2 u) = f$
	Hamilton-Jacobi 方程	$u_t + H(Du, x) = 0$
	标量守恒律方程	$u_t + \text{div}\boldsymbol{F}(u) = 0$
	非黏性 Burgers 方程	$u_t + u u_x = 0$
	标量反应–扩散方程	$u_t - \Delta u = f(u)$
	渗流方程	$u_t - \Delta(u^\gamma) = 0$
	非线性波动方程	$u_{tt} - \Delta u + f(u) = 0$
	Korteweg-deVries(KdV) 方程	$u_t + u u_x + u_{xxx} = 0$
	非线性 Schrödinger 方程	$iu_t + \Delta u = f(\|u\|^2)u$

表 7-2　常见的线性方程组与非线性方程组列表

线性方程组	线弹性平衡方程组	$\mu\Delta\boldsymbol{u} + (\lambda+\mu)D(\text{div}\boldsymbol{u}) = \boldsymbol{0}$
	线弹性发展方程组	$\boldsymbol{u}_{tt} - \mu\Delta\boldsymbol{u} - (\lambda+\mu)D(\text{div}\boldsymbol{u}) = \boldsymbol{0}$
	Maxwell 方程组	$\begin{cases} \boldsymbol{E}_t = \text{curl}\boldsymbol{B} \\ \boldsymbol{B}_t = -\text{curl}\boldsymbol{E} \\ \text{div}\boldsymbol{B} = \text{div}\boldsymbol{E} = 0. \end{cases}$
非线性方程组	守恒律方程组	$\boldsymbol{u}_t + \text{div}\boldsymbol{F}(\boldsymbol{u}) = \boldsymbol{0}$
	反应-扩散方程组	$\boldsymbol{u}_t - \Delta\boldsymbol{u} = \boldsymbol{f}(\boldsymbol{u})$
	不可压 Euler 方程组	$\begin{cases} \boldsymbol{u}_t + \boldsymbol{u}\cdot D\boldsymbol{u} = -Dp \\ \text{div}\boldsymbol{u} = 0. \end{cases}$
	不可压 Navier-Stokes 方程组	$\begin{cases} \boldsymbol{u}_t + \boldsymbol{u}\cdot D\boldsymbol{u} - \Delta\boldsymbol{u} = -Dp \\ \text{div}\boldsymbol{u} = 0. \end{cases}$

　　求解偏微分方程 (组) 就是寻找在一定的初边值条件下满足式 (7-1) 的函数 u. 理想的结果是找到方程 (组) 的解析解, 或者得到方程解的存在性以及解的相关性质. 但是对于绝大多数偏微分方程 (组), 很难求得其解析解, 因而就需要借助数值方法求得问题的数值解. 本章将介绍经典的有限差分方法.

7.2　抛物型方程有限差分方法

7.2.1　一维抛物型方程离散

　　考虑如下一维热传导模型, 寻找 $u(x,t)$, 使得

$$\begin{cases} u_t = u_{xx}, & \forall(t,x) \in (0,T] \times (0,1), \\ u(0,t) = u(1,t) = 0, & \forall t \in (0,T], \\ u(x,0) = u_0(x), & \forall x \in [0,1], \end{cases} \tag{7-2}$$

这里 T 记为停止时间. 不失一般性, 假定空间域为 $[0,1]$.

　　首先, 将时空域 $(0,T] \times [0,1]$ 一致划分为 $N \times J$ 网格,

$$t_n = n\Delta t, \Delta t = \frac{T}{N}, n = 0, 1, \cdots, N,$$

$$x_j = j\Delta x, \Delta x = \frac{1}{J}, j = 0, 1, \cdots, J.$$

记 u_j^n 为精确解 u 在任意节点 (x_j, t_n) 处的近似解, 即 $u_j^n \approx u(x_j, t_n)$.

　　下面我们构造三种基本的有限差分格式. 对连续函数 $u(x,t)$ 定义差分算子

$$D_+^t u(x,t) = u(x, t+\Delta t) - u(x,t),$$
$$D_-^x u(x,t) = u(x,t) - u(x-\Delta x, t),$$
$$D_+^x u(x,t) = u(x+\Delta x, t) - u(x,t).$$

因而

$$D_+^t u_j^n = u_j^{n+1} - u_j^n,$$
$$D_+^x D_-^x u_j^n = D_-^x D_+^x u_j^n = u_{j+1}^n - 2u_j^n + u_{j-1}^n.$$

- 显格式

将

$$u_t(x_j, t_n) \approx D_+^t u_j^n / \Delta t,$$
$$u_{xx}(x_j, t_n) \approx D_+^x D_-^x u_j^n / (\Delta x)^2$$

代入式 (7-2), 可以得到显格式

$$u_j^{n+1} = u_j^n + \mu(u_{j+1}^n - 2u_j^n + u_{j-1}^n), \quad 1 \leqslant j \leqslant J-1, 0 \leqslant n \leqslant N-1, \qquad (7\text{-}3)$$

其中网格比 $\mu = \dfrac{\Delta t}{(\Delta x)^2}$.

边界条件可以直接逼近为

$$u_0^n = u_J^n = 0, \quad 0 \leqslant n \leqslant N-1,$$

初始条件逼近为

$$u_j^0 = u_0(j\Delta x), \quad 0 \leqslant j \leqslant J.$$

由以上逼近格式可以看出, u_j^{n+1} 在任意内点上的数值解可以显式地计算.

- 隐格式

同样地, 将

$$u_t(x_j, t_n) \approx D_+^t u_j^n / \Delta t,$$
$$u_{xx}(x_j, t_{n+1}) \approx D_+^x D_-^x u_j^{n+1} / (\Delta x)^2$$

代入式 (7-2), 可以得到差分格式

$$-\mu u_{j-1}^{n+1} + (1+2\mu)u_j^{n+1} - \mu u_{j+1}^{n+1} = u_j^n, \quad 1 \leqslant j \leqslant J-1, 0 \leqslant n \leqslant N-1. \qquad (7\text{-}4)$$

要求得每一时间层上的数值解, 必须求解线性方程组

$$\begin{bmatrix} 1+2\mu & -\mu & & \\ -\mu & 1+2\mu & -\mu & \\ & \ddots & \ddots & -\mu \\ & & -\mu & 1+2\mu \end{bmatrix} \begin{bmatrix} u_1^{n+1} \\ u_2^{n+1} \\ \vdots \\ u_{J-1}^{n+1} \end{bmatrix} = \begin{bmatrix} u_1^n + \mu u_0^{n+1} \\ u_2^n \\ \vdots \\ u_{J-1}^n + \mu u_J^{n+1} \end{bmatrix},$$

故称式 (7-4) 为隐格式.

- θ-格式

引入参数 θ, 将显格式与隐格式加权平均可得

$$\frac{D_+^t u_j^n}{\Delta t} = \frac{\theta D_+^x D_-^x u_j^{n+1} + (1-\theta)D_+^x D_-^x u_j^n}{(\Delta x)^2}, \quad 0 \leqslant \theta \leqslant 1, 1 \leqslant j \leqslant J-1$$

或

$$-\theta\mu u_{j-1}^{n+1} + (1+2\theta\mu)u_j^{n+1} - \theta\mu u_{j+1}^{n+1} = [1+(1-\theta)\mu D_+^x D_-^x]u_j^n. \tag{7-5}$$

可以看到, $\theta = 0$ 时为显格式; $\theta = 1$ 时为隐格式; 当 $\theta = \dfrac{1}{2}$ 时, 称为 Crank-Nicolson 格式.

7.2.2 稳定性、相容性和收敛性

如何判定差分格式的好坏以及对比差分格式的逼近效果? 为了回答这个问题, 我们介绍有限差分方法中常用到的一些重要概念. 事实上, 一个偏微分方程 (以一维时间依赖问题为例, $\forall (t,x) \in (0,T] \times \Omega$) 可以写为

$$Fu = f, \tag{7-6}$$

其中 $u \in U, f \in V, F : U \to V$ 是偏微分算子. 有限差分方法的本质是构造差分算子 $\tilde{F}$, 使得

$$\tilde{F}u(x_j, t_n) \approx Fu(x_j, t_n). \tag{7-7}$$

这里, 我们首先给出截断误差的定义.

定义 7.3 (截断误差) 对于式 (7-6), 式 (7-7) 的截断误差定义为

$$\mathrm{TE}(x,t) = \tilde{F}u(x,t) - Fu(x,t).$$

例如, 式 (7-3) 的截断误差为

$$\mathrm{TE}(x,t) = \frac{D_+^t u(x,t)}{\Delta t} - \frac{D_+^x D_-^x u(x,t)}{(\Delta x)^2}.$$

定义 7.4 (相容性) 当 $\Delta t, \Delta x \to 0$ 时, $TE(x,t) \to 0, \forall (t,x) \in (0,T) \times \Omega$, 则我们称式 (7-7) 是相容的.

定义 7.5 (收敛性) 对 $\forall (t,x) \in (0,T) \times \Omega$, 当 $x_j \to x, t_n \to t$ 时, $u_j^n \to u(x,t)$, 即当 (x_j, t_n) 逼近节点 (x,t) 时, 其数值解逼近精确解 $u(x,t)$, 则我们称式 (7-7) 是收敛的.

定义 7.6 (精度阶数) 若对足够光滑的解 u 和正整数 p, q, 当 $\Delta t, \Delta x \to 0$时,

$$\mathrm{TE}(x,t) \leqslant C[(\Delta t)^p + (\Delta x)^q],$$

我们就说式 (7-7) 对 Δt 具有 p 阶精度, 对 Δx 具有 q 阶精度.

定义 7.7 (适定性) 若一个偏微分方程的解存在且连续地依赖于初边值条件, 则称该方程是适定的.

定义 7.8 (稳定性) 对一个时间依赖的偏微分方程, 其对应的差分格式在某种给定范数 $\|\cdot\|$ 下是稳定的, 若存在一个常数 M, 使得

$$\|u^n\| \leqslant M\|u^0\|, \quad \forall n\Delta t \leqslant T,$$

其中 M 是不依赖于 $\Delta t, \Delta x$ 和初值 u^0 的常数.

下面利用 Fourier 分析技术给出 θ-格式的稳定性证明. 将

$$u_j^n = \lambda^n \mathrm{e}^{ik(j\Delta x)}$$

代入式 (7-5) 中得到

$$\lambda - 1 = \mu[\theta\lambda + (1-\theta)](\mathrm{e}^{ik\Delta x} - 2 + \mathrm{e}^{-ik\Delta x})$$

$$= \mu[\theta\lambda + (1-\theta)]\left[-4\sin^2\left(\frac{1}{2}k\Delta x\right)\right].$$

这里, λ 叫作放大因子, k 称为相应的波数. 求解上面的等式得到

$$\lambda = \frac{1 - 4(1-\theta)\mu\sin^2\left(\dfrac{1}{2}k\Delta x\right)}{1 + 4\theta\mu\sin^2\left(\dfrac{1}{2}k\Delta x\right)}.$$

显然, 当 $\theta = 0$, $0 < 2\mu \leqslant 1$ 时,

$$1 \geqslant 1 - 4\mu\sin^2\left(\frac{1}{2}k\Delta x\right) \geqslant -1,$$

从而 $|\lambda| \leqslant 1$, 也就是说, 显格式是条件稳定的 $\left(\mu \leqslant \dfrac{1}{2}\right)$. 同理可得, 隐格式与 Crank-Nicolson 格式都是无条件稳定的.

利用 Taylor 展开, 我们可以给出差分格式的截断误差阶. 考虑式 (7-5) 在点 $(x_j, t_{n+\frac{1}{2}})$ 处的截断误差

$$\mathrm{TE}(x_j, t_{n+\frac{1}{2}}) = \left[\frac{D_+^t u(x,t)}{\Delta t} - \frac{\theta D_+^x D_-^x u(x,t) + (1-\theta)D_+^x D_-^x u(x,t)}{(\Delta x)^2}\right]\Bigg|_{x_j, t_{n+\frac{1}{2}}},$$

$$u(x_j, t_{n+1}) - u(x_j, t_n) = \Delta t\, u_t(x_j, t_{n+\frac{1}{2}}) + \frac{(\Delta t)^3}{24} u_{t^3}(x_j, t_{n+\frac{1}{2}}) + \cdots.$$

而

$$\theta D_+^x D_-^x u(x_j, t_{n+1}) + (1-\theta)D_+^x D_-^x u(x_j, t_n)$$

$$= \left[(\Delta x)^2 u_{x^2} + \frac{(\Delta x)^4}{12} u_{x^4} + \cdots\right]\Bigg|_{x_j, t_{n+\frac{1}{2}}} +$$

$$\left(\theta - \frac{1}{2}\right)\Delta t\left[(\Delta x)^2 u_{x^2 t} + \frac{(\Delta x)^4}{12} u_{x^4 t} + \cdots\right]\Bigg|_{x_j, t_{n+\frac{1}{2}}} +$$

$$\left[\frac{1}{8}(\Delta t)^2(\Delta x)^2 u_{x^2 t^2} + \cdots\right]\Big|_{x_j, t_{n+\frac{1}{2}}},$$

所以

$$\text{TE}_j^{n+\frac{1}{2}} = -\left[(\theta - \frac{1}{2}]\Delta t u_{x^2 t} + \frac{(\Delta x)^2}{12} u_{x^4}\right]|_{x_j, t_{n+\frac{1}{2}}} + \left[\frac{(\Delta t)^2}{24} u_{t^3} - \frac{(\Delta t)^2}{8} u_{x^2 t^2}\right]\Bigg|_{x_j, t_{n+\frac{1}{2}}} +$$

$$\left[\frac{1}{12}(\frac{1}{2} - \theta)\Delta t (\Delta x)^2 u_{x^4 t}\right]\Bigg|_{x_j, t_{n+\frac{1}{2}}} + O((\Delta t)^2 + (\Delta x)^2).$$

显然, 显格式、隐格式的截断误差均为 $O(\Delta t + (\Delta x)^2)$, 而 Crank-Nicolson 格式的截断误差为 $O((\Delta t)^2 + (\Delta x)^2)$.

7.2.3 二维抛物型方程离散

考虑二维抛物问题, 以扩散方程为例:

$$u_t = u_{xx} + u_{yy}, \quad (x, y, t) \in (0, 1)^2 \times (0, T], \tag{7-8}$$

将空间区域划分为

$$0 = x_0 < x_1 < \cdots < x_{J_x} = 1, \ \Delta x = \frac{1}{J_x}, 0 = y_0 < y_1 < \cdots < y_{J_y} = 1, \ \Delta y = \frac{1}{J_y}.$$

记 $u_{i,j}^n \approx u(x_i, y_j, t_n)$, 且定义一个二阶中心差分算子

$$\delta_x^2 u_{i,j}^n = u_{i+1,j}^n - 2u_{i,j}^n + u_{i-1,j}^n.$$

这样, 我们可以得到二维扩散方程的离散格式. 图 7-1 显示了二维区域上的网格划分.

图 7-1 二维区域上的网格划分

- 显格式

$$\frac{u_{i,j}^{n+1} - u_{i,j}^n}{\Delta t} = \frac{\delta_x^2 u_{i,j}^n}{(\Delta x)^2} + \frac{\delta_y^2 u_{i,j}^n}{(\Delta y)^2}. \tag{7-9}$$

利用 Taylor 展开, 容易推导式 (7-9) 的截断误差为 $O(\Delta t + (\Delta x)^2 + (\Delta y)^2)$.

为了证明其稳定性, 将

$$u_{i,j}^n = \lambda^n \mathrm{e}^{i'(k_x i \Delta x + k_y j \Delta y)}$$

代入式 (7-9) 可得到

$$\lambda = 1 - 4\frac{\Delta t}{(\Delta x)^2}\sin^2\left(\frac{1}{2}k_x\Delta x\right) - 4\frac{\Delta t}{(\Delta x)^2}\sin^2\left(\frac{1}{2}k_y\Delta y\right).$$

容易看出, 为了使得 $|\lambda| \leqslant 1$, 需要使

$$\frac{\Delta t}{(\Delta x)^2} + \frac{\Delta t}{(\Delta y)^2} \leqslant \frac{1}{2}.$$

因此, 在这个限定条件下显格式是稳定的.

- 隐格式

$$\frac{u_{i,j}^{n+1} - u_{i,j}^n}{\Delta t} = \frac{\delta_x^2 u_{i,j}^{n+1}}{(\Delta x)^2} + \frac{\delta_y^2 u_{i,j}^{n+1}}{(\Delta y)^2}. \tag{7-10}$$

同样, 可推导式 (7-10) 的截断误差为 $O(\Delta t + (\Delta x)^2 + (\Delta y)^2)$. 用 Fourier 分析法可得到其放大因子为

$$\lambda = \frac{1}{1 + 4\mu_x\sin^2\left(\frac{1}{2}k_x\Delta x\right) + 4\mu_y\sin^2\left(\frac{1}{2}k_y\Delta y\right)},$$

其中 $\mu_x = \dfrac{\Delta t}{\Delta x^2}, \mu_y = \dfrac{\Delta t}{\Delta y^2}$. 明显地, $|\lambda| \leqslant 1$, 即隐格式是无条件稳定的.

- Crank-Nicolson 格式

$$\frac{u_{i,j}^{n+1} - u_{i,j}^n}{\Delta t} = \frac{1}{2}\left[\frac{\delta_x^2(u_{i,j}^n + u_{i,j}^{n+1})}{(\Delta x)^2} + \frac{\delta_y^2(u_{i,j}^n + u_{i,j}^{n+1})}{(\Delta y)^2}\right]. \tag{7-11}$$

其截断误差为 $O((\Delta t)^2 + (\Delta x)^2 + (\Delta y)^2)$, 放大因子为

$$\lambda = \frac{1 - 2\mu_x\sin^2\left(\frac{1}{2}k_x\Delta x\right) - 2\mu_y\sin^2\left(\frac{1}{2}k_y\Delta y\right)}{1 + 2\mu_x\sin^2\left(\frac{1}{2}k_x\Delta x\right) + 2\mu_y\sin^2\left(\frac{1}{2}k_y\Delta y\right)}.$$

因此, Crank-Nicolson 格式也是无条件稳定的.

7.2.4　ADI 格式

从上一节我们已经看到, 使用 Crank-Nicolson 格式求解二维抛物问题时, 需要在每一个时间层求解一个 $(J_x - 1) \times (J_y - 1)$ 阶的线性方程组. 这在实际计算中是非常耗时的. 为了避免在每一个时间层求解大规模线性方程组, 一种很好的方法是使用 ADI(Alternate Direction Implicit) 格式. 以二维方程为例, 该方法是将二维问题分解为两个一维问题求解, 从而只需要在每一个时间层上求解两个小规模的线性方程组即可. 该方法大大降低了计算复杂性, 提高了计算效率.

针对二维抛物型方程

$$u_t = u_{xx} + u_{yy}, \quad (x,y,t) \in \Omega \times (0,T],$$

下面介绍三个经典的 ADI 格式.

• Peaceman-Rachford 格式 (1955 年)

$$\frac{u_{i,j}^* - u_{i,j}^n}{\frac{1}{2}\Delta t} = \frac{\delta_x^2 u_{i,j}^*}{(\Delta x)^2} + \frac{\delta_y^2 u_{i,j}^n}{(\Delta y)^2},$$

$$\frac{u_{i,j}^{n+1} - u_{i,j}^*}{\frac{1}{2}\Delta t} = \frac{\delta_x^2 u_{i,j}^*}{(\Delta x)^2} + \frac{\delta_y^2 u_{i,j}^{n+1}}{(\Delta y)^2}.$$

由于 ADI 格式将二维问题分解为两个一维问题, 因此其放大因子由两部分构成

$$\lambda_1 = \left(1 - 2\mu_y \sin^2 \frac{1}{2}k_y\Delta y\right) \Big/ \left(1 + 2\mu_x \sin^2 \frac{1}{2}k_x\Delta x\right),$$

$$\lambda_2 = \left(1 - 2\mu_x \sin^2 \frac{1}{2}k_x\Delta x\right) \Big/ \left(1 + 2\mu_y \sin^2 \frac{1}{2}k_y\Delta y\right).$$

故而

$$\lambda = \lambda_1 \cdot \lambda_2 = \frac{\left(1 - 2\mu_y \sin^2 \frac{1}{2}k_y\Delta y\right)\left(1 - 2\mu_x \sin^2 \frac{1}{2}k_x\Delta x\right)}{\left(1 + 2\mu_x \sin^2 \frac{1}{2}k_x\Delta x\right)\left(1 + 2\mu_y \sin^2 \frac{1}{2}k_y\Delta y\right)}.$$

显然 $|\lambda| \leqslant 1$, Peaceman-Rachford 格式是无条件稳定的. 由 Taylor 展开易知该格式的截断误差为 $O((\Delta t)^2 + (\Delta x)^2 + (\Delta y)^2)$.

• Douglas-Rachford 格式 (1956 年)

$$(1 - \mu_x\delta_x^2)u_{i,j}^* = (1 + \mu_y\delta_y^2)u_{i,j}^n,$$
$$(1 - \mu_y\delta_y^2)u_{i,j}^{n+1} = u_{i,j}^* - \mu_y\delta_y^2 u_{i,j}^*.$$

其放大因子为

$$\lambda = \frac{1 + 16\mu_x\mu_y \sin^2\left(\frac{1}{2}k_x\Delta x\right)\sin^2\left(\frac{1}{2}k_y\Delta y\right)}{\left(1 + 4\mu_x \sin^2 \frac{1}{2}k_x\Delta x\right)\left(1 + 4\mu_y \sin^2 \frac{1}{2}k_y\Delta y\right)}.$$

该格式是无条件稳定的, 其截断误差为 $O((\Delta t)^2 + (\Delta x)^2 + (\Delta y)^2)$.

• Mitchell-Fairweather 格式 (1964 年)

$$\left[1 - \frac{1}{2}\left(\mu_x - \frac{1}{6}\right)\delta_x^2\right]u_{i,j}^* = \left[1 + \frac{1}{2}\left(\mu_y + \frac{1}{6}\right)\delta_y^2\right]u_{i,j}^n,$$

$$\left[1 - \frac{1}{2}\left(\mu_y - \frac{1}{6}\right)\delta_y^2\right]u_{i,j}^{n+1} = \left[1 + \frac{1}{2}\left(\mu_x + \frac{1}{6}\right)\delta_x^2\right]u_{i,j}^*.$$

其放大因子为

$$\lambda = \frac{\left(1 - 2\left(\mu_x + \dfrac{1}{6}\right)\sin^2 \dfrac{1}{2}k_x\Delta x\right)\left(1 - 2\left(\mu_y + \dfrac{1}{6}\right)\sin^2 \dfrac{1}{2}k_y\Delta y\right)}{\left(1 + 2\left(\mu_x - \dfrac{1}{6}\right)\sin^2 \dfrac{1}{2}k_x\Delta x\right)\left(1 + 2\left(\mu_y - \dfrac{1}{6}\right)\sin^2 \dfrac{1}{2}k_y\Delta y\right)}.$$

该格式是无条件稳定的, 其截断误差为 $O((\Delta t)^2 + (\Delta x)^4 + (\Delta y)^4)$.

7.3　双曲型方程有限差分方法

双曲型方程可以描述很多物理现象, 比如波的传播、弦的振动、空气动力学等. 本节将讨论双曲型偏微分方程的有限差分方法, 以空间一维模型为例, 介绍各种有限差分离散格式.

7.3.1　基本差分方法

考虑最简单的双曲型偏微分方程

$$u_t + au_x = 0, \quad (x,t) \in (0,1) \times (0,T], \tag{7-12}$$

其中 $a \neq 0$ 为常数.

与求解抛物型方程类似, 我们首先对时间区域 $(0,T]$ 与空间区域 $[0,1]$ 进行一致的网格剖分:

$$x_j = j\Delta x, 0 \leqslant j \leqslant J, \Delta x = 1/J,$$
$$t_j = n\Delta t, 0 \leqslant n \leqslant N, \Delta t = T/N.$$

有下面三种经典的差分格式.

- 迎风格式

$$u_j^{n+1} = u_j^n - a\frac{\Delta t}{\Delta x}(u_j^n - u_{j-1}^n), \quad a > 0, \tag{7-13}$$

$$u_j^{n+1} = u_j^n - a\frac{\Delta t}{\Delta x}(u_{j+1}^n - u_j^n), \quad a < 0. \tag{7-14}$$

为了讨论以上格式的稳定性, 我们记 $\mu = a\dfrac{\Delta t}{\Delta x}$, 将

$$u_j^n = \lambda^n \mathrm{e}^{ik(j\Delta x)}$$

代入式 (7-13) 中得到

$$\lambda(k) = 1 - \mu(1 - \mathrm{e}^{-ik\Delta x}) = 1 - \mu + \mu\cos(k\Delta x) - i\mu\sin(k\Delta x),$$

因此

$$|\lambda|^2 = (1-\mu)^2 + 2\mu(1-\mu)\cos(k\Delta x) + \mu^2\cos^2(k\Delta x) + \mu^2\sin^2(k\Delta x)$$
$$= (1-\mu)^2 + 2\mu(1-\mu)\cos(k\Delta x) + \mu^2.$$

当 $0 \leqslant \mu \leqslant 1$ 时, 有

$$|\lambda|^2 \leqslant (1-\mu)^2 + 2\mu(1-\mu) + \mu^2 = (1-\mu+\mu)^2 = 1.$$

因此, 式 (7-13) 和式 (7-14) 的稳定性条件是 $0 \leqslant \mu \leqslant 1$. 使用 Taylor 展开, 我们可以得到迎风格式的截断误差为 $O(\Delta t + \Delta x)$.

- Lax-Wendroff 格式

由式 (7-12) 以及 Taylor 展开可得到

$$u(x, t+\Delta t) = u(x,t) + \Delta t u_t(x,t) + \frac{(\Delta t)^2}{2} u_{tt}(x,t) + O((\Delta t)^3)$$
$$= u(x,t) - a\Delta t u_x(x,t) + \frac{(\Delta t)^2}{2} a^2 u_{xx}(x,t) + O((\Delta t)^3).$$

根据以上展开式, 并对 $u_x(x,t)$ 与 $u_{xx}(x,t)$ 使用中心差分逼近, 则有

$$u_j^{n+1} = u_j^n - \frac{\mu}{2}(u_{j+1}^n - u_{j-1}^n) + \frac{\mu^2}{2}(u_{j+1}^n - 2u_j^n + u_{j-1}^n). \tag{7-15}$$

式 (7-15) 称为 Lax-Wendroff 格式. 使用 Fourier 稳定性分析方法, 可以计算得到放大因子

$$\lambda = 1 - \frac{\mu}{2}(e^{ik\Delta x} - e^{-ik\Delta x}) + \frac{\mu^2}{2}(e^{ik\Delta x} - 2 + e^{-ik\Delta x})$$
$$= 1 - i\mu \sin(k\Delta x) - 2\mu^2 \sin^2\left(\frac{1}{2}k\Delta x\right),$$

因此可得

$$|\lambda|^2 = 1 - 4\mu^2(1-\mu^2)\sin^4\left(\frac{1}{2}k\Delta x\right).$$

当 $|\mu| \leqslant 1$ 时, Lax-Wendroff 格式是稳定的. 此格式的截断误差为 $O((\Delta t)^2 + (\Delta x)^2)$.

- Leap-Frog 格式

$$\frac{u_j^{n+1} - u_j^{n-1}}{2\Delta t} + a\frac{u_{j+1}^n - u_{j-1}^n}{2\Delta x} = 0. \tag{7-16}$$

使用 Fourier 稳定性分析方法, 我们可以得知该格式的放大因子满足

$$\lambda^2 + (i2\mu \sin(k\Delta x))\lambda - 1 = 0,$$

从而可得

$$\lambda = -i\mu \sin(k\Delta x) \pm (1 - \mu^2 \sin^2(k\Delta x))^{1/2}.$$

易知, 当 $|\mu| \leqslant 1$ 时, Leap-Frog 格式是稳定的. 该格式的截断误差为 $O((\Delta t)^2 + (\Delta x)^2)$.

我们看到, 以上三种经典离散格式的稳定性条件都为 $|\mu| = \left| a\dfrac{\Delta t}{\Delta x} \right| \leqslant 1$, 这个条件经常被称为 CFL(Courant-Friedrich-Levy) 条件.

7.3.2 　守恒律

在很多实际应用中, 双曲型方程常常表现为守恒律问题

$$\frac{\partial u}{\partial t} + \frac{\partial f(u)}{\partial x} = 0. \tag{7-17}$$

我们如下推导式 (7-17) 的 Lax-Wendroff 格式

$$u_{tt} = -(f_x)_t = -\left(\frac{\partial f}{\partial u}\frac{\partial u}{\partial t}\right)_x = (a(u)f_x)_x, \quad a(u) = \frac{\partial f}{\partial u},$$

因此

$$u(x, t+\Delta t) = u(x,t) + \Delta t u_t(x,t) + \frac{(\Delta t)^2}{2} u_{tt}(x,t) + O((\Delta t)^3)$$

$$= u(x,t) - \Delta t\frac{\partial f}{\partial x} + \frac{1}{2}(\Delta t)^2 \left(a(u)\frac{\partial f}{\partial x}\right)_x + O((\Delta t)^3).$$

对所有 x 的偏导数使用中心差分方法, 则有

$$u_j^{n+1} = u_j^n - \frac{\Delta t}{2\Delta x}[f(u_{j+1}^n) - f(u_{j-1}^n)] + \frac{1}{2}\left(\frac{\Delta t}{\Delta x}\right)^2 \cdot [a(u_{j+\frac{1}{2}}^n)(f(u_{j+1}^n) - \tag{7-18}$$

$$f(u_j^n)) - a(u_{j-\frac{1}{2}}^n)(f(u_j^n) - f(u_{j-1}^n))],$$

其中 $a(u_{j\pm\frac{1}{2}}^n) = a\left(\dfrac{1}{2}(u_{j\pm1}^n + u_j^n)\right)$.

特别地, 取 $f(u) = c_1 u + c_2$(其中 c_1, c_2 为常数) 时, 式 (7-18) 能够写成两步格式

$$u_{j+\frac{1}{2}}^{n+\frac{1}{2}} = \frac{1}{2}(u_j^n + u_{j+1}^n) - \frac{\Delta t}{2\Delta x}[f(u_{j+1}^n) - f(u_j^n)],$$

$$u_j^{n+1} = u_j^n - \frac{\Delta t}{\Delta x}\left[f(u_{j+\frac{1}{2}}^{n+\frac{1}{2}}) - f(u_{j-\frac{1}{2}}^{n+\frac{1}{2}})\right].$$

7.3.3 　二阶双曲型方程

考虑一维二阶双曲型方程

$$\begin{cases} u_{tt} = a^2 u_{xx}, \quad (x,t) \in (0,1) \times (0,T], \\ u(x,0) = f(x), \quad u_t(x,0) = g(x), \quad x \in [0,1], \\ u(0,t) = u_L(t), \quad u(1,t) = u_R(t), \quad t \in (0,T]. \end{cases}$$

- 显格式

选择均匀网格剖分以及内点 $1 \leqslant j \leqslant J-1, 1 \leqslant n \leqslant N-1$, 则可得到显格式

$$\frac{u_j^{n+1} - 2u_j^n + u_j^{n-1}}{(\Delta t)^2} = a^2 \frac{u_{j+1}^n - 2u_j^n + u_{j-1}^n}{(\Delta x)^2}. \tag{7-19}$$

这个格式需要两个初始时间层.

初始条件 $u(x,0) = f(x)$ 的逼近可以表示为

$$u_j^0 = f(x_j), \quad \forall 0 \leqslant j \leqslant J,$$

$u_t(x,0) = g(x)$ 的逼近可以表示为

$$\frac{u_j^1 - u_j^0}{\Delta t} = g(x_j), \quad \forall 1 \leqslant j \leqslant J - 1,$$

即

$$u_j^1 = u_j^0 + \Delta t g(x_j), \quad \forall 1 \leqslant j \leqslant J - 1.$$

式 (7-19) 的截断误差为 $O((\Delta t)^2 + (\Delta x)^2)$. 记 $\mu = a\dfrac{\Delta t}{\Delta x}$, 使用 Fourier 稳定性分析技术可计算放大因子为

$$\lambda - 2 + \frac{1}{\lambda} = \mu^2(e^{-ik\Delta x} + e^{ik\Delta x}),$$

即

$$\lambda^2 + (-2 + 4\mu^2 \sin^2 \frac{1}{2}k\Delta x)\lambda + 1 = 0.$$

求解得到

$$\lambda = (1 - 2\mu^2 \sin^2 \frac{1}{2}k\Delta x) \pm \sqrt{(1 - 2\mu^2 \sin^2 \frac{1}{2}k\Delta x)^2 - 1}.$$

为了使 $|\lambda| \leqslant 1$, 则需要

$$-1 \leqslant 1 - 2\mu^2 \sin^2 \frac{1}{2}k\Delta x \leqslant 1,$$

即 $|\mu| \leqslant 1$.

• Crank-Nicolson 格式

$$\frac{u_j^{n+1} - 2u_j^n + u_j^{n-1}}{(\Delta t)^2} = \frac{a^2}{2(\Delta x)^2}[(u_{j+1}^{n+1} - 2u_j^{n+1} + u_{j-1}^{n+1}) + (u_{j+1}^{n-1} - 2u_j^{n-1} + u_{j-1}^{n-1})].$$

该格式的截断误差为 $O((\Delta t)^2 + (\Delta x)^2)$, 其放大因子满足

$$\lambda - 2 + \frac{1}{\lambda} = \frac{1}{2}\mu^2 \left[-4\lambda \sin^2 \frac{1}{2}k\Delta x - \frac{4}{\lambda}\sin^2 \frac{1}{2}k\Delta x\right],$$

即

$$\left(1 + 2\mu^2 \sin^2 \frac{1}{2}k\Delta x\right)\lambda^2 - 2\lambda + (1 + 2\mu^2 \sin^2 \frac{1}{2}k\Delta x) = 0,$$

求解可得

$$\lambda = \left(1 \pm i\sqrt{(1 + 2\mu^2 \sin^2 \frac{1}{2}k\Delta x)^2 - 1}\right) \Big/ \left(1 + 2\mu^2 \sin^2 \frac{1}{2}k\Delta x\right).$$

显然

$$|\lambda|^2 = 1.$$

该格式是无条件稳定的.

接下来, 考虑二维双曲型方程

$$
\begin{cases}
u_{tt} = u_{xx} + u_{yy}, & (x, y, t) \in (0, 1)^2 \times (0, T), \\
u(x, y, 0) = f(x, y), & u_t(x, y, 0) = g(x, y), \\
u(0, y, t) = u_L(y, t), & u(1, y, t) = u_R(y, t), \\
u(x, 0, t) = u_B(x, t), & u(x, 1, t) = u_T(x, t).
\end{cases}
$$

使用和一维情形类似的方法可以推导该方程的显格式和 Crank-Nicolson 格式等.

- 显格式

$$
\frac{u_{i,j}^{n+1} - 2u_{i,j}^n + u_{i,j}^{n-1}}{(\Delta t)^2} = \frac{1}{h^2}[(u_{i+1,j}^n - 2u_{i,j}^n + u_{i-1,j}^n) + (u_{i,j+1}^n - 2u_{i,j}^n + u_{i,j-1}^n)]. \tag{7-20}
$$

这里我们选取 $h = \Delta x = \Delta y$, 记 $\mu = \dfrac{\Delta t}{h}$, 则该格式的放大因子满足

$$
\lambda^2 - 2\lambda + 1 = \mu^2\left[-4\lambda \sin^2 \frac{1}{2}k_x\Delta x - 4\lambda \sin^2 \frac{1}{2}k_y\Delta y\right],
$$

当

$$
-1 \leqslant 1 - 2\mu^2\left(\sin^2 \frac{1}{2}k_x\Delta x + \sin^2 \frac{1}{2}k_y\Delta y\right) \leqslant 1
$$

时, 可以计算得到

$$
|\lambda| = 1.
$$

因此, 式 (7-20) 的稳定性条件为 $|\mu| \leqslant \dfrac{1}{\sqrt{2}}$.

- ADI 格式

事实上, 很多 ADI 格式已经被构造用于求解二维与三维双曲型方程, 比如下面的 Fairweather-Mitchell 格式:

$$
u_{ij}^* = 2u_{ij}^n - u_{ij}^{n-1} - \frac{1}{12}(1-\mu^2)\delta_x^2[u_{ij}^* - \frac{2(1+5\mu^2)}{1-\mu^2}u_{ij}^n + u_{ij}^{n-1}] - \mu^2\frac{2(1+\mu^2)}{1-\mu^2}\delta_y^2 u_{ij}^n,
$$

$$
u_{ij}^{n+1} = u_{ij}^* - \frac{1-\mu^2}{12}\delta_y^2[u_{ij}^{n+1} - \frac{2(1+10\mu^2+\mu^4)}{(1-\mu^2)^2}u_{ij}^n + u_{ij}^{n-1}].
$$

这里 $\mu \neq 1$. 已经证明该格式的局部截断误差为

$$
-\frac{1}{180}h^6\mu^2\left[\left(\mu^4 - \frac{3}{4}\right)(u_{x^6} + u_{y^6}) + \frac{7}{4}\left(\mu^4 - \frac{29}{21}\right)(u_{x^4y^2} + u_{x^2y^4})\right] + \cdots = O(h^6).
$$

该格式的稳定性条件为

$$
\mu = \frac{\Delta t}{h} \leqslant \sqrt{3} - 1.
$$

7.4　椭圆型方程有限差分方法

7.4.1　基本差分方法

假设 $\Omega \subset \mathbb{R}^2$ 是一个以 $\partial\Omega$ 为边界的有界区域. 若对所有的 $(x, y) \in \Omega$ 有 $b^2 - ac < 0$, 则方程

$$a(x, y)\frac{\partial^2 u}{\partial x^2} + 2b(x, y)\frac{\partial^2 u}{\partial x \partial y} + c(x, y)\frac{\partial^2 u}{\partial y^2} = f\left(x, y, \frac{\partial u}{\partial x}, \frac{\partial u}{\partial y}\right)$$

称为椭圆型偏微分方程. 这类方程往往与 Dirichlet 型、Neumann 型、Robin 型边界搭配, 以保证其适定性.

我们以下面的二维 Poisson 方程为例介绍其有限差分方法.

$$\begin{cases} -(u_{xx} + u_{yy}) = f(x, y), & \forall (x, y) \in \Omega = (0, 1)^2, \\ u|_{\partial\Omega} = g(x, y), & \forall (x, y) \in \partial\Omega. \end{cases}$$

简单起见, 假设在 x, y 方向上的网格剖分是一致的, 即

$$x_i = ih, \quad y_j = jh, \quad 0 \leqslant i, j \leqslant J,$$

其中步长 $h = \dfrac{1}{J}$. 对 u_{xx} 与 u_{yy} 分别使用中心差分逼近, 则得到五点差分格式

$$\frac{u_{i+1,j} - 2u_{ij} + u_{i-1,j}}{h^2} + \frac{u_{i,j+1} - 2u_{ij} + u_{i,j-1}}{h^2} + f_{ij} = 0, \quad 1 \leqslant i, j \leqslant J - 1, \tag{7-21}$$

即

$$u_{i+1,j} + u_{i-1,j} + u_{i,j+1} + u_{i,j-1} - 4u_{ij} = -h^2 f_{ij}. \tag{7-22}$$

边界条件可以直接逼近, 比如在 $y = 1$ 这条边上的逼近可写为

$$u_{i,J} = g(x_i, 1), \quad 0 \leqslant i \leqslant J.$$

定义局部的截断误差

$$\mathrm{TE}_{ij} = \frac{1}{h^2}[u(x_{i+1}, y_j) + u(x_{i-1}, y_j) + u(x_i, y_{j+1}) + u(x_i, y_{j-1}) - 4u(x_i, y_j)] + f(x_i, y_j),$$

则利用 Taylor 展开技术容易得到截断误差上界

$$|\mathrm{TE}_{ij}| \leqslant \frac{h^2}{12} \max_{(x,y) \in \Omega}(|u_{x^4}| + |u_{y^4}|).$$

如果对节点按照从下到上、从左到右的顺序进行编号, 则未知量可写为

$$\boldsymbol{u} = [u_{1,1} \quad \cdots \quad u_{J-1,1} \quad u_{1,2} \quad \cdots \quad u_{J-1,2} \quad \cdots \quad u_{1,J-1} \quad \cdots \quad u_{J-1,J-1}]^{\mathrm{T}}.$$

式 (7-22) 的系数矩阵为

$$
A = \begin{bmatrix} B & -I & & & 0 \\ -I & B & -I & & \\ & \ddots & \ddots & \ddots & \\ & & -I & B & -I \\ 0 & & & -I & B \end{bmatrix}_{(J-1)^2 \times (J-1)^2},
$$

其中

$$
B = \begin{bmatrix} 4 & -1 & & & 0 \\ -1 & 4 & -1 & & \\ & \ddots & \ddots & \ddots & \\ & & -1 & 4 & -1 \\ 0 & & & -1 & 4 \end{bmatrix}_{(J-1) \times (J-1)}.
$$

这样, 式 (7-22) 可以写为线性方程组

$$
Au = b,
$$

其中 b 是右端向量.

7.4.2 其他应用

- 混合边界椭圆型方程

$$
\begin{cases} -(u_{xx} + u_{yy}) = f(x,y), & \forall(x,y) \in \Omega = (0,1)^2, \\ u(0,y) = g^L(y), \quad u(1,y) = g^R(y), & \forall y \in (0,1), \\ u_y(x,0) = g^B(x), \quad u_y(x,1) = g^T(x), & \forall x \in (0,1). \end{cases}
$$

采用五点格式离散上面的方程可得

$$
u_{i+1,j} + u_{i-1,j} + u_{i,j+1} + u_{i,j-1} - 4u_{ij} = -h^2 f_{ij}, \quad 1 \leqslant i,j \leqslant J-1. \tag{7-23}
$$

对边界条件 $u(0,y) = g^L(y), u(1,y) = g^R(y)$ 进行直接逼近

$$
u_{0,j} = g_j^L, u_{J,j} = g_j^R, \quad 0 \leqslant j \leqslant J.
$$

对边界条件 $u_y(x,0) = g^B(x), u_y(x,1) = g^T(x)$ 使用中心差分逼近

$$
u_{i,1} - u_{i,-1} = 2h g_i^B, \quad u_{i,J+1} - u_{i,J-1} = 2h g_i^T, \quad 0 \leqslant i \leqslant J.
$$

将上式代入式 (7-23), 取 $j = 0$ 得到

$$
u_{i+1,0} + u_{i-1,0} + 2u_{i,1} - 4u_{i,0} = 2h g_i^B - h^2 f_{i,0}, \quad 1 \leqslant i \leqslant J-1,
$$

取 $j = J$ 则得到

$$u_{i+1,J} + u_{i-1,J} + 2u_{i,J-1} - 4u_{i,J} = -2hg_i^T - h^2 f_{i,J}, \quad 1 \leqslant i \leqslant J-1.$$

定义解向量

$$\boldsymbol{u} = [u_{1,0} \quad \cdots \quad u_{J-1,0} \quad u_{1,1} \quad \cdots \quad u_{J-1,1} \quad u_{1,2} \quad \cdots, u_{J-1,2} \quad \cdots \quad u_{1,J} \quad \cdots \quad u_{J-1,J}]^T,$$

则得到离散线性方程组

$$\boldsymbol{Au} = \boldsymbol{b},$$

其中 $\boldsymbol{b}$ 是右端向量, 此时系数矩阵为

$$\boldsymbol{A} = \begin{bmatrix} -\boldsymbol{B} & 2\boldsymbol{I} & & & 0 \\ \boldsymbol{I} & -\boldsymbol{B} & \boldsymbol{I} & & \\ & \ddots & \ddots & \ddots & \\ & & \boldsymbol{I} & -\boldsymbol{B} & \boldsymbol{I} \\ 0 & & & 2\boldsymbol{I} & -\boldsymbol{B} \end{bmatrix}_{(J^2-1)\times(J^2+1)}.$$

- 变系数问题

考虑下面的变系数问题:

$$-[(a(x,y)u_x)_x + (b(x,y)u_y)_y] + c(x,y)u = f(x,y), \quad (x,y) \in (0,1)^2,$$

其中 $a(x,y), b(x,y) > 0, c(x,y) \geqslant 0$.

构造逼近

$$(au_x)_x|_{i,j} \approx \left(a_{i+\frac{1}{2},j} \frac{u_{i+1,j} - u_{i,j}}{h} - a_{i-\frac{1}{2},j} \frac{u_{i,j} - u_{i-1,j}}{h} \right)/h,$$

$$(bu_y)_y|_{i,j} \approx \left(b_{i,j+\frac{1}{2}} \frac{u_{i,j+1} - u_{i,j}}{h} - b_{i,j-\frac{1}{2}} \frac{u_{i,j} - u_{i,j-1}}{h} \right)/h,$$

则可得到该问题的差分格式为

$$a_{i+\frac{1}{2},j}u_{i+1,j} + b_{i,j+\frac{1}{2}}u_{i,j+1} + a_{i-\frac{1}{2},j}u_{i-1,j} + b_{i,j-\frac{1}{2}}u_{i,j-1} - \alpha_{i,j}u_{i,j} = -h^2 f_{i,j},$$

其中

$$\alpha_{i,j} = a_{i+\frac{1}{2},j} + a_{i-\frac{1}{2},j} + a_{i,j+\frac{1}{2}} + a_{i,j-\frac{1}{2}} + h^2 c_{i,j}.$$

7.5 程 序

本节分别给出显格式、隐格式求解一维、二维扩散方程, 迎风格式、Lax-Wendroff 格式、Leap-Frog 格式求解对流方程, 显格式、Cramk-Nicolson 格式求解一维、二维波动方程以及二维泊松方程五点差分格式的 MATLAB 程序.

```
1   %显格式求解一维扩散方程
2   format long
3   l=65; %节点数
4   t=0.0005; %时间步长
5   J1=10; %时间步数
6   h=1/(l-1); %空间步长
7   T1=zeros(l,1);
8   T2=zeros(l,1);
9   T5=zeros(l,1);
10  E=zeros(l,1);
11  E1=zeros(l,1);
12  r=t/(h^2); %网格比
13  out=0;
14  for i=1:l
15    x(i)=(i-1)*h;
16  end
17  for i=1:l
18    T1(i)=sin(sqrt(2)*x(i));%初值
19  end
20  for out=1:J1
21    T2(1)=0;
22    T2(1)=exp(-2*t*out)*sin(sqrt(2)*x(1));
23    for i=1:l
24      T5(i)=exp(-2*t*out)*sin(sqrt(2)*x(i));%精确解
25    end
26    for i=2:l-1
27      T2(i)=r*T1(i-1)+(1-2*r)*T1(i)+r*T1(i+1);
28    end
29    for i=2:l-1
30      T1(i)=T2(i);
31    end
32  end
33  for i=2:l-1
34    E(i)=abs(T5(i)-T2(i));%绝对误差
35    E1(i)=E(i)/T5(i);%相对误差
36  end
37  plot(x,E,'r*');
38  hold on
39  plot(x,E1,'gsquare')
```

```
1   %隐格式求解一维扩散方程
2   format long
3   l=129; %节点数
```

```
4   t=0.0005;   %时间步长
5   J1=100;   %时间步数
6   h=1/(l-1);   %空间步长
7   T1=zeros(l,1);
8   T2=zeros(l,1);
9   T5=zeros(l,1);
10  E=zeros(l,1);
11  A=zeros(l-2,l-2);
12  E3=zeros(l-2,1);
13  b=zeros(l-2,1);
14  D=zeros(l-2,l-2);
15  L=zeros(l-2,l-2);
16  e3=0;
17  T31=zeros((l-2),1);
18  r=t/(h^2);   %网格比
19  out=0;
20  for i=1:l
21      x(i)=(i-1)*h;
22  end
23  for i=1:l
24      T1(i)=sin(sqrt(2)*x(i));%初值
25  end
26  for out=1:J1
27      T2(1)=0;
28      T2(l)=exp(-2*t*out)*sin(sqrt(2)*x(l));
29      for i=1:l
30          T5(i)=exp(-2*t*out)*sin(sqrt(2)*x(i));%T5为精确解
31      end
32      for i=1:l-2
33          A(i,i)=1+2*r;
34          if(i~=l-2)
35              A(i,i+1)=-r;
36          end
37          if(i~=1)
38              A(i,i-1)=-r;
39          end
40      end
41      b(1)=T1(2)+r*T2(1);
42      b(l-2)=T1(l-1)+r*T2(l);
43      for i=2:l-3
44          b(i)=T1(i+1);
45      end
```

```
46    T31=inv(A)*b;
47    for i=1:l-2
48      T2(i+1)=T31(i);
49    end
50    for i=2:l-1
51      T1(i)=T2(i);%更新T1
52    end
53  end
54  for i=2:l-1
55    E(i)=abs(T5(i)-T2(i));
56    E1(i)=E(i)/T5(i);
57  end
58  plot(x,E,'r*');
```

```
1   %显格式求解二维扩散方程
2   clear;
3   format long·
4   l=101;   %节点数(x方向)
5   m=1;   %节点数(y方向)
6   t=0.00001;   %时间步长
7   J1=100;   %时间步数
8   h=1/(l-1);   %空间步长
9   T1=zeros(l,m);
10  T2=zeros(l,m);
11  T5=zeros(l,m);
12  E=zeros(l,m);
13  E1=zeros(l,m);
14  r=t/(h^2);   %网格比
15  out=0;
16  for i=1:l
17    x(i)=(i-1)*h;
18  end
19  for j=1:m
20    y(j)=(j-1)*h;
21  end
22  for i=1:l
23    for j=1:m
24      T1(i,j)=cos(x(i)+y(j));%初值
25    end
26  end
27  for out=1:J1
28    for j=1:m
29      T2(1,j)=exp(-2*t*out)*cos(y(j));
```

```
30    T2(l,j)=exp(-2*t*out)*cos(1+y(j));
31    end
32    for i=1:l
33      T2(i,1)=exp(-2*t*out)*cos(x(i));
34      T2(i,m)=exp(-2*t*out)*cos(x(i)+1);
35    end
36    for i=1:l
37      for j=1:m
38        T5(i,j)=exp(-2*t*out)*cos(x(i)+y(j));%精确解
39      end
40    end
41    for i=2:l-1
42      for j=2:m-1
43        T2(i,j)=r*T1(i-1,j)+(1-4*r)*T1(i,j)+r*T1(i+1,j)+r*T1(i,j+1)+r*T1(i,j-1);
44      end
45    end
46    for i=2:l-1
47      for j=2:m-1
48        T1(i,j)=T2(i,j);
49      end
50    end
51  end
52  for i=2:l-1
53    for j=2:m-1
54      E(i,j)=abs(T5(i,j)-T2(i,j));    %绝对误差
55      E1(i,j)=E(i,j)/T5(i,j);         %相对误差
56    end
57  end
58  plot3(x,y,E,'r*');
```

```
1   %隐格式求解二维扩散方程
2   format long
3   l=101;
4   m=l;
5   t=0.0005;
6   J1=10;
7   h=1/(l-1);
8   T1=zeros(l,m);
9   T2=zeros(l,m);
10  T5=zeros(l,m);
11  E=zeros(l,m);
12  E1=zeros(l,m);
13  A=zeros((l-2)*(m-2),(l-2)*(m-2));
```

```
14    E3=zeros((l-2)*(m-2),1);
15    b=zeros((l-2)*(m-2),1);
16    e3=0;
17    r=t/(h^2);
18    out=0;
19    for i=1:l
20      x(i)=(i-1)*h;
21    end
22    for j=1:m
23      y(j)=(j-1)*h;
24    end
25    for i=1:l
26      for j=1:m
27        T1(i,j)=cos(x(i)+y(j));%初值
28      end
29    end
30    for out=1:J1
31      for j=1:m
32        T2(1,j)=exp(-2*t*out)*cos(y(j));
33        T2(l,j)=exp(-2*t*out)*cos(1+y(j));
34      end
35      for i=1:l
36        T2(i,1)=exp(-2*t*out)*cos(x(i));
37        T2(i,m)=exp(-2*t*out)*cos(x(i)+1);
38      end
39      for i=1:l
40        for j=1:m
41          f(i,j)=0;
42        end
43      end
44      for i=1:l
45        for j=1:m
46          T5(i,j)=exp(-2*t*out)*cos(x(i)+y(j));%T5精确解
47        end
48      end
49      for i=1:l-2
50        A((i-1)*(m-2)+1,(i-1)*(m-2)+1)=1+4*r;
51        A((i-1)*(m-2)+1,(i-1)*(m-2)+2)=-r;
52        A(i*(m-2),i*(m-2))=1+4*r;
53        A(i*(m-2),i*(m-2)-1)=-r;
54        for j=2:m-3
55          A((i-1)*(m-2)+j,(i-1)*(m-2)+j)=1+4*r;
```

```
56        A((i-1)*(m-2)+j,(i-1)*(m-2)+j+1)=-r;
57        A((i-1)*(m-2)+j,(i-1)*(m-2)+j-1)=-r;
58      end
59    end
60    for i=1:l-3
61      for j=1:m-2
62        A((i-1)*(m-2)+j,i*(m-2)+j)=-r;
63      end
64    end
65    for i=1:l-3
66      for j=1:m-2
67        A(i*(m-2)+j,(i-1)*(m-2)+j)=-r;
68      end
69    end
70    b(1)=T1(2,2)+r*T2(1,2)+r*T2(2,1);
71    b(m-2)=T1(2,m-1)+r*T2(1,m-1)+r*T2(2,m);
72    for j=2:m-3
73      b(j)=T1(2,j+1)+r*T2(1,j+1);
74    end
75    b((l-3)*(m-2)+1)=T1(l-1,2)+r*T2(1,2)+r*T2(l-1,1);
76    b((l-2)*(m-2))=T1(l-1,m-1)+r*T2(l,m-1)+r*T2(l-1,m);
77    for j=2:m-3
78      b((l-3)*(m-2)+j)=T1(l-1,j+1)+r*T2(l,j+1);
79    end
80    for i=1:l-4
81      b(i*(m-2)+1)=T1(i+2,2)+r*T2(i+2,1);
82      b((i+1)*(m-2))=T1(i+2,m-1)+r*T2(i+2,m);
83      for j=2:m-3
84        b(i*(m-2)+j)=T1(i+2,j+1);
85      end
86    end
87    T31=zeros((l-2)*(m-2),1);
88    T31=inv(A)*b;
89    T41=reshape(T31,(l-2),(m-2));
90    for i=1:l-2
91      for j=1:m-2
92        T2(i+1,j+1)=T41(j,i);
93      end
94    end
95    for i=2:l-1
96      for j=2:m-1
97        T1(i,j)=T2(i,j);
```

```
98        end
99      end
100  end
101  for i=2:1-1
102    for j=2:m-1
103      E(i,j)=abs(T5(i,j)-T2(i,j));
104      E1(i,j)=E(i,j)/T5(i,j);
105    end
106  end
```

```
1   %迎风格式求解对流方程
2   format long
3   l=65;
4   T=0.1;
5   J1=11;
6   t=T/(J1-1);
7   h=1/(l-1);
8   u1=zeros(l,1);
9   u2=zeros(l,1);
10  u5=zeros(l,1);
11  E=zeros(l,1);
12  E1=zeros(l,1);
13  a=-1;
14  r=a*(t/h);
15  for i=1:l
16    x(i)=(i-1)*h;
17  end
18  for i=1:l
19    u1(i)=sin(x(i));%初始条件
20  end
21  for out=2:J1
22    u2(1)=sin((out-1)*t);
23    u2(l)=sin(1+(out-1)*t);%边界条件
24    for i=2:1-1
25      u2(i)=u1(i)-r*(u1(i+1)-u1(i));%a<0的迎风格式
26      u2(i)=u1(i)-r*(u1(i)-u1(i-1));%a>0的迎风格式
27    end
28    for i=1:l
29      u5(i)=sin(x(i)+(out-1)*t);
30    end
31    for i=2:1-1
32      u1(i)=u2(i);
33    end
```

```
34  end
35  for i=2:1-1
36    E(i)=abs(u5(i)-u2(i));
37    E1(i)=E(i)/u5(i);
38  end
39  e1=max(E)
40  e2=max(E1)
```

```
1   %Lax-Wendroff格式求解对流方程
2   format long
3   l=65;
4   T=0.1;
5   J1=11;
6   t=T/(J1-1);
7   h=1/(l-1);
8   u1=zeros(l,1);
9   u2=zeros(l,1);
10  u5=zeros(l,1);
11  E=zeros(l,1);
12  E1=zeros(l,1);
13  a=-1;
14  r=a*(t/h);
15  for i=1:l
16    x(i)=(i-1)*h;
17  end
18  for i=1:l
19    u1(i)=sin(x(i));%初始条件
20  end
21  for out=2:J1
22    u2(1)=sin((out-1)*t);
23    u2(1)=sin(1+(out-1)*t);%边界条件
24    for i=2:1-1
25      u2(i)=u1(i)-(r/2)*(u1(i+1)-u1(i-1))+((r^2)/2)*(u1(i+1)-2*u1(i)+u1(i-1));
26    end
27    for i=1:l
28      u5(i)=sin(x(i)+(out-1)*t);
29    end
30    for i=2:1-1
31      u1(i)=u2(i);
32    end
33  end
34  for i=2:1-1
35    E(i)=abs(u5(i)-u2(i));
```

```
36    E1(i)=E(i)/u5(i);
37  end
38  e1=max(E)
39  e2=max(E1)
```

```
1   %Leap-Frog格式求解对流方程(习题7的第10题)
2   a1=0; b1=1;%x取值范围
3   tfinal=0.5;%最终时刻
4   dt=0.01;%时间步长
5   h=0.1;%空间步长
6   lambda=dt/h;
7   x=a1:h:b1;
8   t=0:dt:tfinal;
9   Nt=length(t);
10  Nx=length(x);
11  u=zeros(Nt,Nx);
12  %初边值条件
13  u(1,:)=sin(x);
14  u(2,:)=u(1,:);
15  u(:,1)=sin(t);
16  u(:,Nx)=sin(1+t);
17  for i=2:Nt-1
18    for j=2:Nx-1
19      u(i+1,j)=u(i-1,j)+lambda*u(i,j+1)-lambda*u(i,j-1);
20    end
21  end
22  %精确解
23  u0=sin(x+t(Nt));
24  plot(x, u0,'r--','Linewidth',0.5);
25  hold on;
26  plot(x, u(Nt,:),'b-','Linewidth',0.5);
27  legend('精确解','数值解');
28  xlabel('x');
29  ylabel('u');
```

```
1   %显格式求解一维波动方程 (习题7的第11题)
2   a1=0; b1=1;%x取值范围
3   tfinal=0.5;%最终时刻
4   dt=0.0001;%时间步长;
5   h=0.1;%空间步长
6   a=-1;
7   lambda=dt^2/h^2;
8   x=a1:h:b1;
```

```
9    t=0:dt:tfinal;
10   Nt=length(t);
11   Nx=length(x);
12   u=zeros(Nt,Nx);
13   %初边值条件
14   u(1,:)=cos(x);
15   u(2,:)=u(1,:)+dt*(-cos(x));
16   u(:,1)=exp(-t);
17   u(:,Nx)=exp(-t)*cos(x(Nx));
18   for i=2:Nt-1
19     for j=2:Nx-1
20       u(i+1,j)=-u(i-1,j)+(2-2*a*lambda)*u(i,j)+a*lambda*u(i,j-1)+a*lambda*u(
             i,j+1);
21     end
22   end
23   %精确解
24   u0=exp(-t(Nt))*cos(x);
25   plot(x, u0,'r--','Linewidth',0.5);
26   hold on;
27   plot(x, u(Nt,:),'b-','Linewidth',0.5);
28   legend('精确解','数值解');
29   xlabel('x');
30   ylabel('u');
```

```
1    %Crank-Nicolson格式求解一维波动方程
2    clc;
3    clear;
4    t=0.0001;
5    n=200;
6    L=129;
7    h=1/(L-1);
8    a=-1;
9    A = zeros(L-2,L-2);
10   B = zeros(L-2,L-2);
11   b = zeros(L-2,1);
12   T31=zeros((L-2),1);
13   r = t/h;
14   for  i=1:L
15     x(i)=h*(i-1);
16   end
17   for i=1:L%精确解
18     u5(i)=cos(x(i))*exp(-n*t);
19   end
```

```
20   for i=1:L%初始条件
21     u1(i)=cos(x(i));
22   end
23   A(1,1)=1;
24   A(1,2)=a*r/4;
25   A(L-2,L-3)=-a*r/4;
26   A(L-2,L-2)=1;
27   for i = 2:L-3
28     A(i,i)=1;
29     A(i,i+1)=a*r/4;
30     A(i,i-1)=-a*r/4;
31   end
32   B(1,1)=1;
33   B(1,2)=-a*r/4;
34   B(L-2,L-3)=a*r/4;
35   B(L-2,L-2)=1;
36   for i = 2:L-3
37     B(i,i)=1;
38     B(i,i+1)=-a*r/4;
39     B(i,i-1)=a*r/4;
40   end
41   for j=1:n
42     u2(1)=cos(x(1))*exp(-j*t);
43     u2(L)=cos(x(L))*exp(-j*t) ;
44     b(1)=u2(1);
45     b(L-2)=u2(L);
46     for i=2:L-3
47       b(i)=u1(i+1);
48     end
49     T31=inv(A)*B*b;
50     for i=1:L-2
51       u2(i+1)=T31(i);
52     end
53     u1=u2;
54   end
55   E1=abs(u2-u5);
56   e=norm(E1,2)
```

```
1   %显格式求解二维波动方程（习题7的第12题）
2   ax=0; bx=1;%x取值范围
3   ay=0; by=1;%y取值范围
4   tfinal=0.5;%最终时刻
5   dt=0.0001;%时间步长;
```

```
 6  h=0.1;%x, y方向空间步长相等, 为h
 7  lambda=dt^2/h^2;
 8  x=ax:h:bx;
 9  y=ay:h:by;
10  t=0:dt:tfinal;
11  Nt=length(t);
12  Nx=length(x);
13  Ny=length(y);
14  u=zeros(Nx,Ny,Nt);
15  %初边值始条件
16  for i=2:Nx-1
17      for j=2:Ny-1
18          u(i,j,1)=(sin(pi*x(i)))*(sin(pi*y(j)));
19      end
20  end
21  for k=1:Nt%x=0, x=1边界
22      for j=1:Ny
23          u(1,j,k)=0;
24          u(Nx,j,k)=0;
25      end
26  end
27  for k=1:Nt%y=0, y=1边界
28      for i=1:Nx
29          u(i,1,k)=0;
30          u(i,Ny,k)=0;
31      end
32  end
33  u(:,:,2)=u(:,:,1);
34  for k=2:Nt-1
35      for i=2:Nx-1
36          for j=2:Ny-1
37              u(i,j,k+1)=-u(i,j,k-1)+(2-4*lambda)*u(i,j,k)+lambda*(u(i+1,j,k)+
                      u(i-1,j,k)+u(i,j+1,k)+u(i,j-1,k));
38          end
39      end
40  end
41  uu=u(:,:,Nt);
42  %精确解
43  u0=zeros(Nx,Ny);
44  for i=2:Nx-1
45      for j=2:Ny-1
46          u0(i,j)=(sin(pi*x(i)))*(sin(pi*y(j)))*(cos(2^(1/2)*pi*t(Nt)));
```

```
47      end
48  end
49  [x,y]=meshgrid(x,y);
50  surf(x,y,u0-u(:,:,Nt));
```

```
1   %求解二维狄利克雷边界条件泊松方程（习题7的第14题）
2   clear all;clc;
3   ax=0; bx=1;%x取值范围
4   ay=0; by=1;%y取值范围
5   N=100;
6   dx=0.1;%x方向空间步长;
7   dy=dx;%y方向空间步长
8   h=dy;
9   x=ax:h:bx;
10  y=ay:h:by;
11  Ny=length(y);
12  Nx=length(x);
13  u=zeros(Ny,Nx);
14  %初边值条件
15  u(1,:)=x.^2;
16  u(Ny,:)=x.^2+1+sin(x);
17  u(:,1)=y.^2;
18  u(:,Nx)=1+y.^2+y*sin(1);
19  u0=zeros(Nx,Ny);
20  for i=1:Nx
21    for j=1:Ny
22      u0(i,j)=x(i)^2+y(j)^2+y(j)*sin(x(i));
23    end
24  end
25  for n=1:N
26    for i=2:Ny-1
27      for j=2:Nx-1
28        u(i,j)=1/4*(u(i,j+1)+u(i,j-1)+u(i+1,j)+u(i-1,j)-h*h*(2-y(j)*
               sin(x(i))+y(j)));
29      end
30    end
31    E=abs(u-u0);
32    e1=norm(E,2);
33    if e1<1e-04
34      break;
35    end
36  end
```

7.6 注 记

有限差分方法是数值离散偏微分方程的最古老的方法, 在 20 世纪的很长一段时间内被数学家和工程技术人员广泛研究和使用, 为科技的发展起到了重要作用. 20 世纪初期, Richardson 与 Southwell 在有限差分方法的理论和应用研究方面进行了开创性的工作. 数值求解双曲型方程的稳定性条件最早在 1928 年由 Courant, Friedrich, Levy 给出, 被称为著名的 CFL 条件. 20 世纪中叶左右, 对有限差分方法做出重要贡献的数学家很多, 诸如 Neumann, Courant, Lax 等. 20 世纪中后期, 以 Kreiss 为首, Kreiss 的学生及学生的学生广泛开展了有限差分方法研究. 这棵庞大的遗传树包括了很多杰出数学家: Gustafsson, Fornberg, Engquist, Strikwerda, LeVeque, Trefethen, 等等.

要进一步深入了解有限差分方法, 可阅读文献 [24–26].

习 题 7

1. 写出式 (7-2) 和式 (7-8) 隐式离散后的系数矩阵.

2. 对于一维扩散问题

$$
\begin{cases}
u_t = u_{xx}, & (x,t) \in (0,1) \times (0,T), \\
u(x,0) = \cos x, \\
u(0,t) = e^{-t}, \ u(1,t) = 0,
\end{cases}
$$

其精确解为 $u = e^{-t}\cos x$. 取步长 $h = 0.001, 0.005, 0.01$, 采用显格式、隐格式和 $\theta-$ 格式分别计算 $T = 0.5$ 时的数值解, 并分析计算结果.

3. 考虑非线性热传导方程

$$
\begin{cases}
u_t(x,t) = (a(u)u_x)_x, & (x,t) \in (0,1) \times (0,T), \\
u(x,0) = \sin(2\pi x), \\
u(0,t) = u(1,t) = 0,
\end{cases}
$$

假定 $0 < a_* \leqslant a(u) \leqslant a^*$, 试给出此方程的显格式, 并计算 $a(u) = \dfrac{1 + 2u^2}{1 + u^2}$, 空间步长 $h = 0.02$, $T = 0.1$ 时不同时间步长的数值解.

4. 分析给出方程 (7-8) 的显格式和 Crank-Nicolson 格式的截断误差阶.

5. 考虑二维扩散问题

$$
\begin{cases}
u_t = k(u_{xx} + u_{yy}), & (x,y,t) \in (0,1)^2 \times (0,T), \\
u(x,y,0) = \sin(x + y), \\
u(0,y,t) = e^{-t}\sin y, \ u(1,y,t) = e^{-t}\sin(1 + y), \\
u(x,0,t) = e^{-t}\sin x, \ u(x,1,t) = e^{-t}\sin(x + 1),
\end{cases}
$$

其精确解为 $u = e^{-t}\sin(x + y)$, 其中 $k = 0.5$ 为扩散系数. 取步长 $h = 0.0005, 0.001, 0.005$, 采用显格式、隐格式和 $\theta-$格式分别计算 $T = 0.1$ 时的数值解, 并分析计算结果.

6. 采用 7.2 节的 ADI 格式求解第 5 题中的扩散问题, 并进行数值结果比较.

7. 分析给出 7.2 节中 Peaceman-Rachford 格式的放大因子推导过程, 并由 Taylor 展开推导截断误差阶.

8. 考虑式 (7-13) 和式 (7-14) 中 a 的正负对其建立的影响.

9. 对于方程 $u_t + au_x = 0$, 考虑 Lax-Friedrich 方法

$$\frac{u_j^{(k+1)} - \frac{1}{2}(u_{j+1}^{(k)} + u_{j-1}^{(k)})}{\Delta t} + a\frac{u_{j+1}^{(k)} - u_{j-1}^{(k)}}{2h} = 0$$

的稳定性.

10. 考虑双曲型问题

$$\begin{cases} u_t + au_x = 0, & (x,t) \in (0,1) \times (0,T), \\ u(x,0) = \sin x, \\ u(0,t) = \sin t, \ u(1,t) = \sin(1+t), \end{cases}$$

其精确解为 $u = \sin(x+t)$, 其中 $a = -1$. 取步长 $h = 0.0005, 0.001, 0.005$, 采用迎风格式、Lax-Wendroff 格式和 Leap-Frog 格式分别计算 $T = 0.1$ 时的数值解, 并比较误差大小和精度.

11. 考虑一维二阶双曲型问题

$$\begin{cases} u_{tt} = au_{xx}, & (x,t) \in (0,1) \times (0,T), \\ u(x,0) = \cos x, \ u_t(x,0) = -\cos x, \\ u(0,t) = \mathrm{e}^{-t}, \ u(1,t) = \mathrm{e}^{-t}\cos 1, \end{cases}$$

其精确解为 $u = \mathrm{e}^{-t}\cos x$, 其中 $a = -1$. 取不同空间步长, 采用显格式和 Crank-Nicolson 格式分别计算 $T = 0.5$ 时的数值解, 并比较误差大小和精度.

12. 考虑二维二阶双曲型问题

$$\begin{cases} u_{tt} = u_{xx} + u_{yy}, & (x,y,t) \in (0,1)^2 \times (0,T), \\ u(x,y,0) = \sin\pi x\sin\pi y, \ u_t(x,y,0) = 0, \\ u(0,y,t) = u(1,y,t) = 0, \\ u(x,0,t) = u(x,1,t) = 0, \end{cases}$$

其精确解为 $u(x,y,t) = \sin\pi x\sin\pi y\cos\sqrt{2}\pi t$. 取不同空间步长, 采用显格式、Crank-Nicolson 格式和 ADI 格式分别计算 $T = 0.5$ 时的数值解, 并比较误差大小和精度.

13. 考虑三维二阶双曲型问题

$$\begin{cases} u_{tt} = a(u_{xx} + u_{yy} + u_{zz}), & (x,y,z,t) \in (0,1)^3 \times (0,T), \\ u(x,y,z,0) = \sin(x+y+z), \ u_t(x,y,z,0) = -\sqrt{3}\sin(x+y+z), \\ u(0,y,z,t) = \mathrm{e}^{-\sqrt{3}t}\sin(y+z), \ u(1,y,z,t) = \mathrm{e}^{-\sqrt{3}t}\sin(1+y+z), \\ u(x,0,z,t) = \mathrm{e}^{-\sqrt{3}t}\sin(x+z), \ u(x,1,z,t) = \mathrm{e}^{-\sqrt{3}t}\sin(x+1+z), \\ u(x,y,0,t) = \mathrm{e}^{-\sqrt{3}t}\sin(x+y), \ u(x,y,1,t) = \mathrm{e}^{-\sqrt{3}t}\sin(x+y+1), \end{cases}$$

其精确解为 $u = \mathrm{e}^{-\sqrt{3}t}\sin(x+y+z)$, 其中 $a = -1$. 取不同空间步长, 采用显格式和 Crank-Nicolson 格式分别计算 $T = 0.5$ 时的数值解, 并比较误差大小和精度.

14. 考虑泊松问题

$$\begin{cases} \Delta u = f(x,y), & (x,y) \in \Omega, \\ u(x,y) = g(x,y), & (x,y) \in \partial\Omega, \end{cases}$$

其中 $\Omega = (0,1)^2$, 精确解为 $u = x^2 + y^2 + y\sin x$, 且 $f(x,y) = 2 - y\sin x + y$, $g(x,y)$ 可由精确解给出. 取初始迭代值 $u^{(0)} = \mathbf{0}$, 在不同的空间步长下, 采用五点差分格式分别计算 $T = 1$ 时的数值解, 并给出误差分析和收敛阶.

第 8 章

有限元方法

有限元方法是比有限差分方法更加灵活的一种方法. 与有限差分方法相比, 有限元方法一方面更加适用于一些不规则复杂求解区域, 另一方面大大降低了对微分方程解的光滑性要求. 本质上, 有限元方法属于 Ritz-Galerkin 逼近的特殊情形.

8.1 一维椭圆型方程离散

我们考虑两点边值问题

$$\begin{cases} -\dfrac{\mathrm{d}^2 u}{\mathrm{d}x^2} = f(x), & 0 < x < 1, \\ u(0) = u(1) = 0, \end{cases} \tag{8-1}$$

其中 f 是给定的实值分片连续有界函数.

对于实值分片连续有界函数, 我们引入一个内积的记号

$$(v, \omega) = \int_0^1 v(x)\omega(x)\mathrm{d}x,$$

以及解函数空间

$$V = \{v : v 在 [0,1] 上连续, \frac{\mathrm{d}v}{\mathrm{d}x} 分片连续且有界, 且 v(0) = v(1) = 0\}. \tag{8-2}$$

给式 (8-1) 的两端同时乘以 $v \in V$, 然后在区间 $[0,1]$ 上积分, 可得

$$-\left(\frac{\mathrm{d}^2 u}{\mathrm{d}x^2}, v\right) = (f, v).$$

结合边界条件 $v(0) = v(1) = 0$, 对上式进行分部积分, 可得到变分问题

$$\left(\frac{\mathrm{d}u}{\mathrm{d}x}, \frac{\mathrm{d}v}{\mathrm{d}x}\right) = (f, v), \quad \forall v \in V. \tag{8-3}$$

式 (8-3) 被称为式 (8-1) 的变分形式 (或弱形式). 另外, 如果我们假定 $\dfrac{\mathrm{d}^2 u}{\mathrm{d}x^2}$ 存在并且是分片连续的, 则对式 (8-3) 左端分部积分并结合边界条件 $v(0) = v(1) = 0$, 可得

$$-\left(\frac{\mathrm{d}^2 u}{\mathrm{d}x^2} + f, v\right) = 0, \quad \forall v \in V,$$

于是

$$\left(\frac{\mathrm{d}^2 u}{\mathrm{d}x^2} + f\right)(x) = 0, \quad 0 < x < 1.$$

因此, 式 (8-1) 等价于在一定的正则化条件下求解式 (8-3).

空间 V 是无限维的, 我们试图用一个有限维子空间 V_h 去逼近.

首先将区间 $[0,1]$ 划分为一些子区间

$$I_j = [x_{j-1}, x_j], \quad 1 \leqslant j \leqslant N+1.$$

记 $h_j = x_j - x_{j-1}$, 其中 N 为一个正整数, 且

$$0 = x_0 < x_1 < \cdots < x_N < x_{N+1} = 1.$$

记 $h = \max_{1 \leqslant j \leqslant N+1} h_j$, h 用于度量剖分的好坏.

这样, 我们定义有限元空间

$$V_h = \{v : v \text{在}[0,1]\text{上连续}, v \text{在每个}I_j\text{上是线性函数}, \text{且}v(0) = v(1) = 0\}. \tag{8-4}$$

对比式 (8-4) 与式 (8-2), 我们知道 $V_h \subset V$, 即 V_h 为 V 的一个子空间. 现在我们需要构造一组线性基函数 $\phi_j(x) \in V_h (1 \leqslant j \leqslant N)$, 使得其能张开成有限维空间 V_h, 并且满足

$$\phi_j(x_i) = \begin{cases} 1, & \text{当}i = j, \\ 0, & \text{当}i \neq j. \end{cases}$$

由 $\phi_j(x)$ 在 $[0,1]$ 上的分片连续性以及 Lagrange 基函数的特点, 可以计算出

$$\phi_j(x) = \begin{cases} \dfrac{x - x_{j-1}}{h_j}, & x \in [x_{j-1}, x_j], \\ \dfrac{x_{j+1} - x}{h_{j+1}}, & x \in [x_j, x_{j+1}], \\ 0, & \text{其他}. \end{cases}$$

因此, 对于任意函数 $v \in V_h$, 有唯一的表示

$$v(x) = \sum_{j=1}^{N} v_j \phi_j(x), \quad x \in [0,1],$$

其中 $v_j = v(x_j)$, 即 V_h 为基函数 $\{\phi_j\}_{j=1}^{N}$ 构成的 N 维线性空间.

基于以上准备, 我们现在来介绍求解上述椭圆型方程的有限元方法: 寻找 $u_h \in V_h$, 使得

$$\left(\frac{\mathrm{d}u_h}{\mathrm{d}x}, \frac{\mathrm{d}v}{\mathrm{d}x}\right) = (f, v), \quad \forall v \in V_h, \tag{8-5}$$

其中

$$u_h(x) = \sum_{j=1}^{N} u_j \phi_j(x), \quad u_j = u_h(x_j).$$

选取 $v = \phi_i(x)$, 对每一个 i, 我们可以得到

$$\sum_{j=1}^{N} \left(\frac{\mathrm{d}\phi_j}{\mathrm{d}x}, \frac{\mathrm{d}\phi_i}{\mathrm{d}x} \right) u_j = (f, \phi_i), \quad 1 \leqslant i \leqslant N. \tag{8-6}$$

这是一个关于未知解 $u_j(j = 1, 2, \cdots, N)$ 的 N 维线性方程组, 可以写为矩阵形式

$$\boldsymbol{Au} = \boldsymbol{F}, \tag{8-7}$$

其中 $\boldsymbol{A} = (a_{ij})$ 是一个 $N \times N$ 矩阵, $a_{i,j} = \left(\dfrac{\mathrm{d}\phi_j}{\mathrm{d}x}, \dfrac{\mathrm{d}\phi_i}{\mathrm{d}x} \right)$, $\boldsymbol{u} = [u_1 \quad \cdots \quad u_N]^{\mathrm{T}}$ 为 N 维向量, $\boldsymbol{F} = [F_1 \quad \cdots \quad F_N]^{\mathrm{T}}$ 亦为 N 维向量且 $F_i = (f, \phi_i)$.

这里的矩阵 $\boldsymbol{A}$ 常被称为刚度矩阵, $\boldsymbol{F}$ 为载荷向量. 通过简单的计算可以得到

$$\left(\frac{\mathrm{d}\phi_j}{\mathrm{d}x}, \frac{\mathrm{d}\phi_j}{\mathrm{d}x} \right) = \int_{x_{j-1}}^{x_j} \frac{1}{h_j^2} \mathrm{d}x + \int_{x_j}^{x_{j+1}} \frac{1}{h_{j+1}^2} \mathrm{d}x = \frac{1}{h_j} + \frac{1}{h_{j+1}}, \quad 1 \leqslant j \leqslant N,$$

$$\left(\frac{\mathrm{d}\phi_j}{\mathrm{d}x}, \frac{\mathrm{d}\phi_{j-1}}{\mathrm{d}x} \right) = \left(\frac{\mathrm{d}\phi_{j-1}}{\mathrm{d}x}, \frac{\mathrm{d}\phi_j}{\mathrm{d}x} \right) = \int_{x_{j-1}}^{x_j} \frac{-1}{h_j^2} \mathrm{d}x = -\frac{1}{h_j}, \quad 2 \leqslant j \leqslant N,$$

$$\left(\frac{\mathrm{d}\phi_j}{\mathrm{d}x}, \frac{\mathrm{d}\phi_i}{\mathrm{d}x} \right) = 0, \quad \text{当} |j - i| > 1.$$

因此, 矩阵 $\boldsymbol{A}$ 是三对角矩阵. 另外我们有

$$\sum_{i,j=1}^{N} v_j \left(\frac{\mathrm{d}\phi_j}{\mathrm{d}x}, \frac{\mathrm{d}\phi_i}{\mathrm{d}x} \right) v_i = \left(\sum_{j=1}^{N} v_j \frac{\mathrm{d}\phi_j}{\mathrm{d}x}, \sum_{i=1}^{N} v_i \frac{\mathrm{d}\phi_i}{\mathrm{d}x} \right) \geqslant 0$$

等式成立当且仅当 $\dfrac{\mathrm{d}v}{\mathrm{d}x} \equiv 0$, 这里 $v(x) = \displaystyle\sum_{j=1}^{N} v_j \phi_j(x)$. 因为 $v(0) = 0$, 所以 $\dfrac{\mathrm{d}v}{\mathrm{d}x} \equiv 0$ 等价于 $v(x) \equiv 0$, 或者对于所有的 $j = 1, 2, \cdots, N$, 有 $v_j = 0$. 因此矩阵 $\boldsymbol{A}$ 是对称且正定的, 这保证了 $\boldsymbol{A}$ 的非奇异性, 即式 (8-7) 有唯一解.

8.2 二维椭圆型方程离散

本节我们考虑二维 Poisson 方程

$$\begin{cases} -\Delta u = f(x_1, x_2), & (x_1, x_2) \in \Omega, \\ u = 0, & (x_1, x_2) \in \partial\Omega. \end{cases} \tag{8-8}$$

其中, $\boldsymbol{x} = [x_1 \quad x_2]$, Ω 为平面上的有界区域, $\partial\Omega$ 为其边界, f 是 Ω 上给定的实值分片连续有界函数.

定义 Δ 为 Laplacian 算子

$$\Delta u = \frac{\partial^2 u}{\partial x_1^2} + \frac{\partial^2 u}{\partial x_2^2}.$$

对向量值函数 $\boldsymbol{b} = (b_1, b_2)$, 定义散度算子为

$$\boldsymbol{\nabla} \cdot \boldsymbol{b} = \frac{\partial b_1}{\partial x_1} + \frac{\partial b_2}{\partial x_2}.$$

则有散度定理

$$\int_{\Omega} \boldsymbol{\nabla} \cdot \boldsymbol{b} \mathrm{d}\boldsymbol{x} = \int_{\partial \Omega} \boldsymbol{b} \cdot \boldsymbol{n} \mathrm{d}s.$$

其中, $\boldsymbol{n} = [n_1 \quad n_2]$ 为边界 $\partial \Omega$ 上的单位外法向量, $\mathrm{d}\boldsymbol{x}$ 为单元面积, $\mathrm{d}s$ 为 $\partial \Omega$ 的单位弧长.

我们将 $\boldsymbol{b} = \left(\omega \dfrac{\partial v}{\partial x_1}, 0\right)$ 和 $\boldsymbol{b} = \left(0, \omega \dfrac{\partial v}{\partial x_2}\right)$ 分别应用于散度定理, 则有

$$\int_{\Omega} \left(\omega \frac{\partial^2 v}{\partial x_1^2} + \frac{\partial v}{\partial x_1} \frac{\partial \omega}{\partial x_1}\right) \mathrm{d}\boldsymbol{x} = \int_{\partial \Omega} \omega \frac{\partial v}{\partial x_1} n_1 \mathrm{d}s, \tag{8-9}$$

$$\int_{\Omega} \left(\omega \frac{\partial^2 v}{\partial x_2^2} + \frac{\partial v}{\partial x_2} \frac{\partial \omega}{\partial x_2}\right) \mathrm{d}\boldsymbol{x} = \int_{\partial \Omega} \omega \frac{\partial v}{\partial x_2} n_2 \mathrm{d}s. \tag{8-10}$$

记 $\boldsymbol{\nabla} v$ 为 v 的梯度, 即 $\boldsymbol{\nabla} v = \left(\dfrac{\partial v}{\partial x_1}, \dfrac{\partial v}{\partial x_2}\right)$. 将式 (8-9) 和式 (8-10) 相加, 可得到 Green 公式

$$\int_{\Omega} (\omega \Delta v + \boldsymbol{\nabla} v \cdot \boldsymbol{\nabla} \omega) \mathrm{d}\boldsymbol{x} = \int_{\partial \Omega} \omega \cdot \frac{\partial v}{\partial \boldsymbol{n}} \mathrm{d}s, \tag{8-11}$$

其中

$$\frac{\partial v}{\partial \boldsymbol{n}} = \frac{\partial v}{\partial x_1} n_1 + \frac{\partial v}{\partial x_2} n_2.$$

现在定义 Poisson 方程的解函数空间

$$V = \left\{v : v\text{在}\Omega\text{连续}, \frac{\partial v}{\partial x_1} \text{和} \frac{\partial v}{\partial x_2} \text{在}\Omega\text{上分片连续}, \text{且}v|_{\partial \Omega} = 0\right\}. \tag{8-12}$$

将式 (8-8) 左右两端同乘一个检验函数 $v \in V$, 并在 Ω 上积分, 利用格林公式和齐次边界条件, 可以将问题转化为变分问题: 寻找 $u \in V$, 使得

$$a(u, v) = (f, v), \quad \forall v \in V, \tag{8-13}$$

其中

$$a(u, v) = \int_{\Omega} \boldsymbol{\nabla} u \cdot \boldsymbol{\nabla} v \mathrm{d}\boldsymbol{x}, \quad (f, v) = \int_{\Omega} f v \mathrm{d}\boldsymbol{x}.$$

我们现在构造一个有限维子空间 $V_h \subset V$. 为了简单起见, 假定 Ω 为一个多边形区域, $\partial \Omega$ 为其边界. 将 Ω 剖分为非重叠三角形 K_i 组成的集合 $\mathcal{T}_h$(见图 8-1):

$$\Omega = \bigcup_{K_i \in \mathcal{T}_h} K_i = K_1 \cup K_2 \cup \cdots \cup K_m,$$

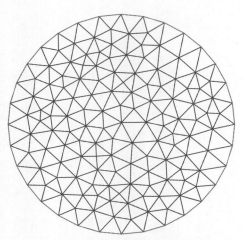

图 8-1　二维区域三角网格剖分

要求任意一个三角形的顶点都不会是其他三角形边上的点. 记

$$h = \max_{K \in T_h} \text{diam}(K), \quad \text{diam}(K) = K\text{的最长边}.$$

此时, 有限元空间为

$$V_h = \left\{ v : v\text{在}\Omega\text{是连续的}, v\text{在每个三角形}K \in T_h\text{上是线性函数}, \text{且}v|_{\partial\Omega} = 0 \right\}.$$

显然, $V_h \subset V$.

假定 $\boldsymbol{x}_i \in T_h, 1 \leqslant i \leqslant N$, 定义基函数 $\phi_j \in V_h$ 满足

$$\phi_j(\boldsymbol{x}_i) = \delta_{ij} = \begin{cases} 1, & \text{当}i = j\text{时}, \\ 0, & \text{当}i \neq j\text{时}. \end{cases}$$

这样, 任意函数 $v \in V_h$ 有唯一表示

$$v(\boldsymbol{x}) = \sum_{j=1}^{N} v_j \phi_j(\boldsymbol{x}), \quad v_j = v(\boldsymbol{x}_j). \tag{8-14}$$

现在可给出求解式 (8-8) 的有限元方法, 即寻找 $u_h \in V_h$, 使得

$$a(u_h, v) = (f, v), \quad \forall v \in V_h, \tag{8-15}$$

其中

$$a(u, v) = \int_{\Omega} \boldsymbol{\nabla} u \cdot \boldsymbol{\nabla} v \mathrm{d}\boldsymbol{x}, \quad (f, v) = \int_{\Omega} f v \mathrm{d}\boldsymbol{x},$$

$$u_h(\boldsymbol{x}) = \sum_{j=1}^{N} u_j \phi_j(\boldsymbol{x}), \quad u_j = u(\boldsymbol{x}_j).$$

取 $v = \phi_i(\boldsymbol{x})$, 式 (8-15) 等价于求解线性方程组

$$\boldsymbol{A}\boldsymbol{u} = \boldsymbol{F},$$

其中 $\boldsymbol{A} = (a_{ij})$ 是一个 $N \times N$ 矩阵, 且 $a_{ij} = (\boldsymbol{\nabla}\phi_j, \boldsymbol{\nabla}\phi_i)$, $\boldsymbol{F}_i = [\boldsymbol{F} \quad \phi_i]$ 为 N 维向量. 可以进一步证明矩阵 $\boldsymbol{A}$ 是对称正定的, 从而证明式 (8-15) 的解 u_h 是存在且唯一的.

8.3　有限元收敛理论

8.3.1　变分问题解的存在性

考虑变分问题: 寻找 $u \in V$, 使得

$$A(u, v) = F(v), \quad \forall v \in V, \tag{8-16}$$

其中 V 为 Hilbert 实空间, $F \in V'$. 下面我们给出此变分问题的存在唯一性定理.

定理 8.1 (Lax-Milgram 引理)　令 V 为 Hilbert 实空间, 其范数为 $\|\cdot\|_V$, $A(\cdot, \cdot) : V \times V \to R$ 为双线性形式, $F(\cdot) : V \to R$ 为线性连续泛函. 假定 $A(\cdot, \cdot)$ 是有界的, 即

$$\exists \beta > 0 : |A(\omega, v)| \leqslant \beta \|\omega\|_V \|v\|_V, \quad \text{对所有的} \omega, v \in V,$$

而且是强制的, 即

$$\exists \alpha > 0 : |A(v, v)| \geqslant \alpha \|v\|_V^2, \quad \text{对所有的} v \in V,$$

存在唯一解 $u \in V$, 并且满足

$$\|u\|_V \leqslant \frac{1}{\alpha} \|F\|_{V'},$$

其中 V' 为 V 的对偶空间.

假定一个有限维子空间 V_h 可逼近一个无限维空间 V, 则满足

$$\inf_{v_h \in V_h} \|v - v_h\|_V \to 0, \quad \text{当} h \to 0, v \in V.$$

Ritz-Galerkin 方法为: 寻找 $u_h \in V_h$, 使得

$$A(u_h, v_h) = F(v_h), \quad \text{对所有的} v_h \in V_h. \tag{8-17}$$

定理 8.2 (Céa 引理)　在定理 8.1 的假设下, 式 (8-17) 存在一个唯一解 u_h, 且

$$\|u_h\|_V \leqslant \frac{1}{\alpha} \| F \|_V'.$$

如果 u 为式 (8-16) 的解, 则

$$\|u - u_h\|_V \leqslant \frac{\beta}{\alpha} \inf_{v_h \in V_h} \|u - v_h\|_V,$$

当 $h \to 0$ 时, u_h 收敛到 u.

8.3.2　Sobolev 空间

令 $\Omega \subset \mathbb{R}^d$ 是一个以 $\partial\Omega$ 为边界的有界区域. 定义 Lebesgue 空间

$$L^p(\Omega) = \{v : \|v\|_{L^p(\Omega)} < \infty\},$$

以及空间上定义的范数

$$\|v\|_{L^p(\Omega)} = \left(\int_{\Omega} |v(\boldsymbol{x})|^p \mathrm{d}\boldsymbol{x}\right)^{1/p}, \quad \text{当} 1 \leqslant p < \infty \text{时},$$

$$\|v\|_{L^\infty(\Omega)} = \sup\{|v(\boldsymbol{x})| : \boldsymbol{x} \in \Omega\}, \quad \text{当} p = \infty \text{时}.$$

定义 8.1 (弱导数)　对于 Ω 上的局部 Lebesgue 可积函数 u, 如果存在另一个 Ω 上的局部 Lebesgue 可积函数 v 满足

$$\int_{\Omega} v\phi \mathrm{d}\boldsymbol{x} = (-1)^{|\alpha|} \int_{\Omega} u D^\alpha \phi \mathrm{d}\boldsymbol{x}, \quad \forall \phi \in C_0^\infty(\Omega),$$

则称 v 是 u 的弱导数, 记为 $D^\alpha u$.

例 8.1　$f(x) = |x|$, 在 $[-1, 1]$ 上的弱导数为

$$g(x) = \begin{cases} 1, & x \geqslant 0, \\ -1, & x < 0. \end{cases}$$

对 $\forall \phi \in C_0^\infty[-1, 1]$, 由于

$$\begin{aligned}
\int_{-1}^{1} f(x)\phi' \mathrm{d}x &= \int_{-1}^{1} |x|\phi' \mathrm{d}x \\
&= -\int_{-1}^{0} x\phi' \mathrm{d}x + \int_{0}^{1} x\phi' \mathrm{d}x \\
&= \int_{-1}^{0} \phi \mathrm{d}x - \int_{0}^{1} \phi \mathrm{d}x \\
&= -\int_{-1}^{1} g(x)\phi \mathrm{d}x.
\end{aligned}$$

定义 Ω 上的 Sobolev 空间

$$W^{k,p}(\Omega) = \{v \in L_{\mathrm{loc}}^1(\Omega) : \|v\|_{W^{k,p}(\Omega)} < \infty\},$$

其中, $L_{\mathrm{loc}}^1(\Omega) = \{v : v \in L^1(K), \text{对任意的紧集} K \subset \Omega\}$, 相应的 Sobolev 范数

$$\|v\|_{W^{k,p}(\Omega)} = \left(\sum_{|\alpha| \leqslant k} \|D^\alpha v\|_{L^p(\Omega)}^p\right)^{1/p}, \quad \text{当} 1 \leqslant p < \infty,$$

$$\|v\|_{W^{k,\infty}(\Omega)} = \max_{|\alpha| \leqslant k} \|D^\alpha v\|_{L^\infty(\Omega)}.$$

类似地, 定义 Sobolev 半范数

$$|v|_{W^{k,p}(\Omega)} = \left(\sum_{|\alpha|=k} \|D^\alpha v\|_{L^p(\Omega)}^p \right)^{1/p}, \quad |v|_{W^{k,\infty}(\Omega)} = \max_{|\alpha|=k} \|D^\alpha v\|_{L^\infty(\Omega)}.$$

我们常常记 $H^k(\Omega) = W^{k,2}(\Omega)$ 是一个 Hilbert 空间, 并定义其上内积为

$$(u,v)_k = \int_\Omega \sum_{|\alpha| \leqslant k} D^\alpha u D^\alpha v \mathrm{d}\boldsymbol{x}.$$

定义 $\mathbb{R}^d$ 上的 Sobolev 空间

$$H^k(\mathbb{R}^d) = \{v \in L^2(\mathbb{R}^d) : \hat{v}(\boldsymbol{\omega})(1 + \|\boldsymbol{\omega}\|_2^2)^{\frac{k}{2}} \in L^2(\mathbb{R}^d)\},$$

以及相应的 Sobolev 范数

$$\|v\|_{H^k(\mathbb{R}^d)}^2 = \int_{\mathbb{R}^d} |\widehat{v}(\boldsymbol{\omega})|^2 (1 + \|\boldsymbol{\omega}\|_2^2)^k \mathrm{d}\boldsymbol{\omega}.$$

下面的两个定理在有限元方法理论分析中至关重要. 要了解更多内容, 可阅读文献 [27].

定理 8.3 (延拓定理) 假设 $\Omega \subseteq \mathbb{R}^d$ 是一个具有 Lipschitz 连续边界的开区域, $k \geqslant 0$, 则对所有的 $f \in H^k(\Omega)$, 存在延拓算子 $E : H^k(\Omega) \to H^k(\mathbb{R}^d)$, 使得

(1) $Ef|_\Omega = f|_\Omega$,

(2) $\|Ef\|_{H^k(\mathbb{R}^d)} \leqslant C\|f\|_{H^k(\Omega)}$.

定理 8.4 (嵌入定理) 假设 $\Omega \subseteq \mathbb{R}^d$ 是一个具有 Lipschitz 连续边界的开区域, $1 \leqslant p < \infty$. 则

(1) $W^{k,p}(\Omega) \hookrightarrow L^{\frac{dp}{d-kp}}(\Omega)$, 当 $0 \leqslant kp < d$ 时;

(2) $W^{k,p}(\Omega) \hookrightarrow L^q(\Omega)$, 当 $kp = d$, 且 $p \leqslant q < \infty$ 时;

(3) $W^{k,p}(\Omega) \hookrightarrow C^0(\bar{\Omega})$, 当 $kp > d$ 时.

8.3.3 有限元插值理论

定义有限单元 K 上的 k 次插值算子

$$\prod_K^k (v) = \sum_i v(a_i)\phi_i, \quad \forall v \in C^0(K),$$

其中 a_i 是单元 K 中的节点, ϕ_i 是基函数. 因此, 全局插值算子可以定义为

$$\prod_h^k (v)|_K = \prod_K^k (v|_K), \quad \forall v \in C^0(\bar{\Omega}), K \in \mathcal{T}_h.$$

假设所有的单元 K 都可以通过对参考单元 $\hat{K}$ 的仿射变换得到, 即

$$K = F_K(\hat{K}), \quad F_K(\hat{\boldsymbol{x}}) = B_K \hat{\boldsymbol{x}} + b_K,$$

则有下面四个重要引理. 要了解详细的证明过程, 可阅读文献 [28,29].

引理 8.1 (等价范数) 对任意 $v \in H^m(K), m \geqslant 0$, 记 $\hat{v} = v(F_K(\hat{x}))$, 则 $\hat{v} \in H^m(\hat{K})$, 且存在常数 C 使得

$$|v|_{m,K} \leqslant C\|B_K^{-1}\|^m |\det(B_K)|^{1/2} |\hat{v}|_{m,\hat{K}}, \quad \hat{v} \in H^m(\hat{K}), \tag{8-18}$$

$$|\hat{v}|_{m,\hat{K}} \leqslant C\|B_K\|^m |\det(B_K)|^{-1/2} |v|_{m,K}, \quad v \in H^m(K). \tag{8-19}$$

定义

$$h_K = \text{diam}(K), \quad \rho_K = \sup\{\text{diam}(S), S\text{是单元}K\text{的内切球}\},$$
$$h_{\hat{K}} = \text{diam}(\hat{K}), \quad \rho_{\hat{K}} = \sup\{\text{diam}(S), S\text{是单元}\hat{K}\text{的内切球}\}.$$

引理 8.2 (B_K, B_K^{-1} 有界)

$$\|B_K^{-1}\| \leqslant \frac{h_{\hat{K}}}{\rho_K}, \quad \|B_K\| \leqslant \frac{h_K}{\rho_{\hat{K}}}.$$

引理 8.3 (Bramble-Hilbert引理) 假设线性映射 $\hat{L} : H^s(\hat{K}) \to H^m(\hat{K}), m \geqslant 0, s \geqslant 0$ 满足

$$\hat{L}(\hat{p}) = 0, \quad \hat{p}\text{为任意阶数不超过}l\text{的多项式},$$

则有

$$|\hat{L}(\hat{v})|_{m,\hat{K}} \leqslant \|\hat{L}\| \inf_{\hat{p} \in P_l} \|\hat{v} + \hat{p}\|_{s,\hat{K}}, \quad \forall v \in H^s(\hat{K}).$$

引理 8.4 (有界性) 存在常数 $C(\hat{K})$ 使得

$$\inf_{\hat{p} \in P_k(\hat{K})} \|\hat{v} + \hat{p}\|_{k+1,\hat{K}} \leqslant C(\hat{K})|\hat{v}|_{k+1,\hat{K}}.$$

综合上述四个引理, 将得到整体区域 Ω 上的有限元插值误差估计.

定理 8.5 令 $m = 0, 1$, $l = \min(k, s-1) \geqslant 1$. 假设网格剖分 $\mathcal{T}_h$ 是拟一致的 $\left(\text{即存在} \right.$ 正常数 c, 使得对任意有限单元 K 都有 $\left. \frac{h_K}{\rho_K} \leqslant c\right)$, 则存在不依赖于 h 与 h_K 的常数 C, 使得

$$\left\|v - \prod_{h}^{k}(v)\right\|_{m,\Omega} \leqslant Ch^{l+1-m}\|v\|_{l+1,\Omega}, \quad \forall v \in H^s(\Omega).$$

8.3.4 误差估计

本节针对式 (8-8) 给出有限元离散的各种误差估计. 式 (8-8) 的变分形式是寻找 $u \in H_0^1(\Omega)$ 满足

$$a(u, v) = (\nabla u, \nabla v) = (f, v), \quad \forall v \in H_0^1(\Omega). \tag{8-20}$$

由 Cauchy-Schwarz 不等式可知

$$|a(u, v)| = |(\nabla u, \nabla v)| \leqslant \|\nabla u\|_0 \|\nabla v\|_0 \leqslant \|u\|_1 \|v\|_1.$$

这就说明了 $a(\cdot,\cdot)$ 在空间 $H_0^1(\Omega) \times H_0^1(\Omega)$ 上的有界性. 强制性的证明可借助于 Poincaré 不等式

$$\int_\Omega v^2 \mathrm{d}\boldsymbol{x} \leqslant C \int_\Omega |\boldsymbol{\nabla} u|^2 \mathrm{d}\boldsymbol{x}, \quad \forall v \in H_0^1(\Omega).$$

由此可知

$$a(v,v) = \|\boldsymbol{\nabla} v\|_0^2 \geqslant \frac{1}{1+C}\|v\|_1^2.$$

由 Lax-Milgram 引理可知式 (8-20) 的解存在且唯一.

我们构造 $H_0^1(\Omega)$ 上的有限维子空间

$$V_h = \{v_h \in C^0(\overline{\Omega}) : v_h|_K \in P_k(K), \forall K \in \mathcal{T}_h\},$$

这样, 式 (8-20) 的有限元方法为寻找 $u_h \in V_h$ 满足

$$(\boldsymbol{\nabla} u_h, \boldsymbol{\nabla} v_h) = (f, v_h), \quad \forall v_h \in V_h.$$

- H^1 模误差估计

由 Céa 引理, 对任意 $u \in H^s(\Omega) \cup H_0^1(\Omega), s \geqslant 2$, 可得到

$$\|u - u_h\|_1 \leqslant (1+C)\inf_{v_h \in V_h}\|u - u_h\|_1 \leqslant (1+C)\|u - \prod_h u\|_1 \leqslant Ch^l\|u\|_{l+1},$$

其中 $l = \min(k, s-1)$.

- L^2 模误差估计

L^2 模的估计需要用到 Aubin-Nitsche 技术. 记有限元误差为 $e = u - u_h$, 让 w 满足

$$\begin{cases} -\Delta w = e, & \Omega, \\ w = 0, & \partial\Omega. \end{cases} \tag{8-21}$$

其变分形式为

$$a(w,v) = (e,v), \quad \forall v \in H_0^1(\Omega).$$

因此有

$$\begin{aligned} \|u - u_h\|_0^2 &= (u - u_h, u - u_h) = a(u - u_h, w) = a(u - u_h, w - \prod_h w) \\ &\leqslant \|u - u_h\|_1 \|w - \prod_h w\|_1 \leqslant Ch^{l+1}\|u\|_{l+1}\|w\|_2. \end{aligned}$$

由于式 (8-21) 满足先验不等式

$$\|w\|_2 \leqslant C\|e\|_0,$$

因此我们有

$$\|u - u_h\|_0 \leqslant Ch^{l+1}\|u\|_{l+1}.$$

8.4　一些常见有限元

8.4.1　P_1, P_2 有限元

用 P_k 表示最高阶数不超过 k 的多项式全体. 显然, d 维空间中的 P_k 多项式有

$$\dim P_k = \frac{(k+d)\cdots(k+1)}{d!} = C_{k+d}^k$$

个基函数, 这些基函数所对应的系数往往称作自由度. 自由度的个数与基函数个数是对应相等的.

- P_1 有限元空间为

$$V_h = \{v \in C^0(\overline{\Omega}) : v|_K \in P_1(K), \forall K \in \mathcal{T}_h\}.$$

记三角形 K 的 3 个顶点为 $a_i(x_i, y_i)(i = 1, 2, 3)$, 并将其按照逆时针排序 (如图 8-2所示).

图 8-2　P_1 有限元

记每一个顶点 a_i 处的局部基函数为 $\lambda_i \in P_1(K)$, 其满足

$$\lambda_i(a_j) = \delta_{ij}, \quad 1 \leqslant i, j \leqslant 3.$$

简单计算可得

$$\lambda_i(x, y) = \frac{1}{2A}(\alpha_i + \beta_i x + \gamma_i y), \quad i = 1, 2, 3,$$

其中

$$A = \frac{1}{2} \begin{vmatrix} 1 & x_1 & y_1 \\ 1 & x_2 & y_2 \\ 1 & x_3 & y_3 \end{vmatrix},$$

$$\alpha_i = x_j y_k - x_k y_j, \beta_i = y_j - y_k, \gamma_i = -(x_j - x_k).$$

这样, K 上的函数 $v \in P_1(K)$ 可写为

$$v(x, y) = \sum_{i=1}^{3} v(a_i)\lambda_i(x, y).$$

- P_2 有限元空间为

$$V_h = \{v \in C^0(\overline{\Omega}) : v|_K \in P_2(K), \forall K \in \mathcal{T}_h\}.$$

P_2 有限元及其自由度分布如图 8-3所示. 以下引理提供了二维空间中 P_2 多项式的自由度
选取方案之一.

图 8-3　P_2 有限元

引理 8.5　定义在三角形 K 上的函数 $v \in P_2(K)$ 被 $v(a_i)(i = 1, 2, 3)$ 与 $v(a_{ij})(1 \leqslant i < j \leqslant 3)$ 唯一确定.

通过简单计算可知, 自由度 $v(a_i)$ 所对应的基函数为

$$\psi_i(x, y) = \lambda_i(2\lambda_i - 1),$$

自由度 $v(a_{ij})$ 所对应的基函数为

$$\psi_{ij}(x, y) = 4\lambda_i\lambda_j.$$

这样, K 上的函数 $v \in P_2(K)$ 可写为

$$v(x, y) = \sum_{i=1}^{3} v(a_i)\psi_i(x, y) + \sum_{1 \leqslant i < j}^{3} v(a_{ij})\psi_{ij}(x, y).$$

8.4.2　Q_1, Q_2 有限元

用 Q_k 表示每一个变量最高阶数不超过 k 的多项式全体, 其有

$$\dim Q_k = (k+1)^d$$

个自由度, 则 Q_k 有限元空间为

$$V_h = \{v \in C^0(\overline{\Omega}) : v|_K \in Q_k(K), \forall K \in \mathcal{T}_h\}.$$

当其中的 k 取 1 和 2 时, 分别称为 Q_1 有限元与 Q_2 有限元 (如图 8-4 与图 8-5 所示).

图 8-4　Q_1 有限元

图 8-5　Q_2 有限元

• Q_1 有限元

记矩形 K 的 4 个顶点为 $a_i(x_i, y_i)(i = 1, 2, 3, 4)$, 并将其按照逆时针排序 (如图 8-4 所示). 记每一个顶点 a_i 处的局部基函数为 $\xi_i \in Q_1(K)$, 其满足

$$\xi_i(a_j) = \delta_{ij}, \quad 1 \leqslant i, j \leqslant 4.$$

假设 $\xi_1(x, y) = c_1 + c_2 x + c_3 y + c_4 xy \in Q_1(K)$, 则 $\xi_1(x, y)$ 满足

$$\xi_1(a_1) = 1, \xi_1(a_2) = \xi_1(a_3) = \xi_1(a_4) = 0. \tag{8-22}$$

记 $\boldsymbol{c} = [c_1 \quad c_2 \quad c_3 \quad c_4]^{\mathrm{T}}, \boldsymbol{b} = [1 \quad 0 \quad 0 \quad 0]^{\mathrm{T}}$, 则式 (8-22) 等价于

$$\boldsymbol{Ac} = \boldsymbol{b},$$

其中

$$\boldsymbol{A} = \begin{bmatrix} 1 & x_1 & y_1 & x_1y_1 \\ 1 & x_2 & y_2 & x_2y_2 \\ 1 & x_3 & y_3 & x_3y_3 \\ 1 & x_4 & y_4 & x_4y_4 \end{bmatrix}.$$

求解线性方程组可知

$$c_1 = \frac{1}{|\boldsymbol{A}|} \begin{vmatrix} x_2 & y_2 & x_2y_2 \\ x_3 & y_3 & x_3y_3 \\ x_4 & y_4 & x_4y_4 \end{vmatrix}, \quad c_2 = -\frac{1}{|\boldsymbol{A}|} \begin{vmatrix} 1 & y_2 & x_2y_2 \\ 1 & y_3 & x_3y_3 \\ 1 & y_4 & x_4y_4 \end{vmatrix},$$

$$c_3 = \frac{1}{|\boldsymbol{A}|} \begin{vmatrix} 1 & x_2 & x_2y_2 \\ 1 & x_3 & x_3y_3 \\ 1 & x_4 & x_4y_4 \end{vmatrix}, \quad c_4 = -\frac{1}{|\boldsymbol{A}|} \begin{vmatrix} 1 & x_2 & y_2 \\ 1 & x_3 & y_3 \\ 1 & x_4 & y_4 \end{vmatrix}.$$

同样地, 可解得 $\xi_2(x, y), \xi_3(x, y), \xi_4(x, y)$ 的表达式. 因此, 在矩形 K 上, $Q_1(K)$ 中的函数 $v(x, y)$ 可表示为

$$v(x,y) = \sum_{i=1}^{4} v(x_i, y_i)\xi_i(x,y).$$

- Q_2 有限元

函数 $v(x,y) \in Q_2(K)$ 可由自由度

$$\text{顶点值}: v(a_1), v(a_2), v(a_3), v(a_4),$$
$$\text{边中点值}: v(a_{12}), v(a_{23}), v(a_{34}), v(a_{14}),$$
$$\text{中心点值}: v(a_{44})$$

唯一确定 (如图 8-5 所示).

8.4.3 其他有限元

- Crouzeix-Raviart 有限元

事实上, 三角形 K 上的 P_1 型多项式 $v(x,y)$ 也可由 3 个边中点值 $v(a_{23}), v(a_{13}), v(a_{12})$ 唯一确定. 因此, 可用 $v(a_{23}), v(a_{13}), v(a_{12})$ 作为自由度以确定 K 上的局部基函数. 以 a_{23} 中点为例, 假设自由度 $v(a_{23})$ 对应的基函数为

$$\psi_{23}(x,y) = c_1\lambda_1(x,y) + c_2\lambda_2(x,y) + c_3\lambda_3(x,y).$$

代入条件

$$\psi_{23}(a_{23}) = 1, \quad \psi_{23}(a_{12}) = 0, \quad \psi_{23}(a_{13}) = 0,$$

则得到

$$\psi_{23}(x,y) = 1 - 2\lambda_1.$$

通过类似的计算可知

$$\psi_{13}(x,y) = 1 - 2\lambda_2, \quad \psi_{12}(x,y) = 1 - 2\lambda_3.$$

Crouzeix-Raviart 有限元空间为

$$V_h = \{v \in L^2(\Omega) : v|_K \text{为线性函数}, v\text{在}K\text{的边中点连续}, \forall K \in \mathcal{T}_h\}.$$

- Morley 有限元

二次多项式 $v(x,y) \in P_2(K)$ 也可由 6 个自由度

$$v(a_1), v(a_3), v(a_3), \frac{\partial v}{\partial \boldsymbol{n}}(a_{23}), \frac{\partial v}{\partial \boldsymbol{n}}(a_{12}), \frac{\partial v}{\partial \boldsymbol{n}}(a_{13})$$

确定 (如图 8-6所示). Morley 有限元空间为 $V_h = \{v \in L^2(\Omega) : v|_K \in P_2(K), \text{在}K\text{的顶点处}$ $v\text{连续}, \text{在边中点处}\frac{\partial v}{\partial \boldsymbol{n}}\text{连续}, \forall K \in \mathcal{T}_h\}$.

图 8-6　Morley 有限元

- 旋转 Q_1 有限元

若选取矩形 K 的 4 个边中点值作为自由度 (如图 8-7所示), 则可唯一确定 K 上形如

$$v(x,y) = c_1 + c_2 x + c_3 y + c_4(x^2 - y^2)$$

的多项式, 此时得到旋转 Q_1 有限元空间

$$V_h = \{v \in L^2(\Omega) : v|_K = c_1 + c_2 x + c_3 y + c_4(x^2 - y^2),$$
$$\text{在矩形}K\text{的边中点处}v\text{连续}, \forall K \in \mathcal{T}_h\}.$$

图 8-7　旋转 Q_1 有限元

- Wilson 有限元

$$V_h = \{v \in L^2(\Omega) : v|_K \in P_2(K), v\text{由矩形}K\text{的顶点值以及}$$
$$\frac{1}{|K|} \int_K \frac{\partial^2 v}{\partial x^2} \mathrm{d}x\mathrm{d}y, \frac{1}{|K|} \int_K \frac{\partial^2 v}{\partial y^2} \mathrm{d}x\mathrm{d}y\text{确定}, \forall K \in \mathcal{T}_h\}.$$

- Adini 有限元

$$V_h = \{v \in L^2(\Omega) : v|_K \in P_3(K) \oplus \mathrm{span}\{x^3 y, xy^3\},$$
$$v, \frac{\partial v}{\partial x}, \frac{\partial v}{\partial y}\text{在矩形}K\text{的顶点处连续}, \forall K \in \mathcal{T}_h\}.$$

Adini 有限元如图 8-8所示.

图 8-8　Adini 有限元

8.5　程　序

本节给出有限元方法求解二维泊松方程的 MATLAB 程序.

```
1   %有限元方法求解二维泊松方程
2   %精确解为U_exact=(x.^2-y.^2).*sin(20.*x.*y);
3   N=10;
4   x1=linspace(0,1,N+1);
5   y1=linspace(0,1,N+1);
6   x=linspace(0,1,N);
7   y=linspace(0,1,N);
8   [X,Y]=meshgrid(x1,y1);
9   h=1/N;
10  h1=1/(N+1);
11  A=sparse(zeros((N+1)^2,(N+1)^2));
12  U=sparse(zeros((N+1)^2,1));
13  K=sparse(zeros((N+1)^2,1));
14  local_k=zeros(4,1);
15  local_a=zeros(4,4);
16  %Define the source term and the exact solution
17  f=@(x,y)400.*(x.^4-y.^4).*sin(20.*x.*y);
18  U_exact=@(x,y)(x.^2-y.^2).*sin(20.*x.*y);
19  x1=X(:);y1=Y(:);
20  U_exact=U_exact(x1,y1);
21  %Define $u_x$ and $u_y$ of the boundary condition
22  g1=@(x)(20.*x.*(x.^2-1).*cos(20.*x)-2.*sin(20.*x));
23  g2=@(y)(20.*y.*(1-y.^2).*cos(20.*y)+2.*sin(20.*y));
24  %Define the basis function and their gradiant
25  phi{1}=@(x,y)(1-x).*(1-y);
26  phi{2}=@(x,y)x.*(1-y);
```

```
27   phi{3}=@(x,y)x.*y;
28   phi{4}=@(x,y)(1-x).*y;
29   %Define the shape function derivatives
30   dN1_dx=@(x,y)-1+y;
31   dN1_dy=@(x,y)-1+x;
32   dN2_dx=@(x,y)1-y;
33   dN2_dy=@(x,y)-x;
34   dN3_dx=@(x,y)y;
35   dN3_dy=@(x,y)x;
36   dN4_dx=@(x,y)-y;
37   dN4_dy=@(x,y)1-x;
38   %Define function handles for derivatives
39   dN_dx={dN1_dx,dN2_dx,dN3_dx,dN4_dx};
40   dN_dy={dN1_dy,dN2_dy,dN3_dy,dN4_dy};
41   for i=1:N
42     for j=1:N
43       global_indices=[i*(N+1)+j,i*(N+1)+j+1,(i-1)*(N+1)+j+1,(i-1)*(N+1)+j];
44       for p=1:4
45         integrand2=@(x,y)phi{p}(x,y).*f(x,y);
46         local_k(p)=integrand2((i-0.5)*h,(j-0.5)*h)*h*h;
47         k=global_indices(p);
48         if i>1&&j>1&&i<N&&j<N
49           K(k)=K(k)+local_k(p);
50         elseif i==1||j==1
51           K(k)=0;
52           A(k,:)=0;
53           A(:,k)=0;
54           A(k,k)=1;
55         elseif j==N&&i<N
56           integrand3=@(x)phi{p}(x,1).*g1(x);
57           K(k)=K(k)+local_k(p)+integrand3((i-0.5)*h)*h;
58         elseif i==N
59           integrand4=@(y)phi{p}(1,y).*g2(y);
60           K(k)=K(k)+local_k(p)+integrand4((j-0.5)*h)*h;
61         end
62       end
63       for q=1:4
64         integrand1=@(x,y)dN_dx{p}(x,y).*dN_dx{q}(x,y)+...
65         dN_dy{p}(x,y).*dN_dy{q}(x,y);
66         local_a(p,q)=integrand1((i-0.5)*h,(j-0.5)*h);
67         n=global_indices(q);
68         if i>1&&j>1
```

```
69        A(k,n)=A(k,n)+local_a(p,q);
70      end
71    end
72  end
73  end
74  U=full(A\K);
75  errors=norm(U-U_exact)/(n+1);
```

8.6 注 记

与有限差分方法相比, 有限元方法更加适用于不规则区域求解偏微分方程. 1943 年, Courant 最早提出了有限元方法的思想 (当时称作变分方法). 1960 年, Clough 给出了有限元方法的名称. 20 世纪 60 年代初, 冯康独立于西方发明了有限元方法 (当时的论文名为《基于变分原理的差分格式》).

有限元方法的关键技术步骤是构造合适的有限元空间, 用以逼近无限维解函数空间. 本章主要讨论了标准有限元方法, 包括变分形式的导出、有限元空间的构造、简单模型问题误差的分析等. 对于非标准的有限元方法 (包括非协调有限元、混合有限元、扩展有限元等), 本章没有进行介绍. 要更进一步学习相关内容, 可阅读文献 [28-30].

有关有限元方法的程序设计, 可阅读文献 [31].

习 题 8

1. 求下列函数的一阶弱导数.

(1) $f(x) = \begin{cases} x^2, & -1 \leqslant x \leqslant 0, \\ x, & 0 < x \leqslant 1. \end{cases}$

(2) $f(x) = \sqrt[3]{x-1}, 0 \leqslant x \leqslant 2.$

(3) $f(x) = \begin{cases} x \sin \dfrac{1}{x}, & -1 \leqslant x < 0, \\ 0, & 0 \leqslant x \leqslant 1. \end{cases}$

2. 证明定理 8.2.

3. 计算函数 $f(x) = x^2 + 2x - 1$ 的 Sobolev 范数 $\| \cdot \|_{W^{2,2}(0,1)}$ 与 $| \cdot |_{W^{2,2}(0,1)}$.

4. 假设 $f(x) \in C^1[a,b]$, 且 $f(a) = 0$. 证明不等式

$$\|f\|_{L^2} \leqslant \frac{b-a}{\sqrt{2}} \|f'\|_{L^2}.$$

5. 写出 $[-1,1]^2$ 单元上的 Q_2 有限元基函数表达式 (共 9 个基函数).

6. 写出下面一维椭圆型方程的解函数空间, 并推导其变分形式.

(1) $\begin{cases} -\dfrac{\mathrm{d}^2 u}{\mathrm{d}x^2} + au = f(x), & 0 < x < 1, \\ u(0) = u(1) = 0. \end{cases}$

(2) $\begin{cases} \dfrac{\mathrm{d}^4 u}{\mathrm{d}x^4} - \dfrac{\mathrm{d}^2 u}{\mathrm{d}x^2} + au = f(x), \quad 0 < x < 1, \\[2mm] u(0) = u(1) = \dfrac{\mathrm{d}u}{\mathrm{d}x}(0) = \dfrac{\mathrm{d}u}{\mathrm{d}x}(1) = 0. \end{cases}$

7. 假设 $\Omega \subset \mathbb{R}^2$ 是有界开区域, 推导方程

$$\begin{cases} -\Delta u + au = f, \quad \Omega, \\[2mm] \dfrac{\partial u}{\partial n} = g, \quad \partial \Omega \end{cases}$$

的变分形式, 并验证 Lax-Milgram 引理的条件被满足. 这里, $\boldsymbol{n}$ 表示 $\partial \Omega$ 的单位外法向量, $a \geqslant a_* > 0$, f, g 为分片连续函数.

8. 证明下面两个问题是等价的.

(1) 寻找 $u \in H_0^1(\Omega)$, 使得

$$A(u, v) = (\boldsymbol{\nabla} u, \boldsymbol{\nabla} v) = (f, v), \quad \forall v \in H_0^1(\Omega).$$

(2) 求解优化问题

$$u = \min_{v \in H_0^1(\Omega)} J(v),$$

$$J(v) = \frac{1}{2} A(v, v) - (f, v).$$

9. (Gronwall 不等式) 假设 f, g 是定义在区间 $[0, T]$ 上的分片连续且非负函数, g 是非递减函数. 若对任意的 $t \in [0, T]$,

$$f(t) \leqslant g(t) + \int_0^t f(\zeta) \mathrm{d}\zeta$$

均成立, 则有

$$f(t) \leqslant \mathrm{e}^t g(t).$$

10. 假设 $\Omega \subset \mathbb{R}^2$ 是有界开区域, 推导 Δ^2 算子的分部积分公式, 并写出四阶问题

$$\begin{cases} \Delta^2 u = f, \quad \Omega, \\[2mm] u = \dfrac{\partial u}{\partial \boldsymbol{n}} = 0, \quad \partial \Omega \end{cases}$$

的变分形式. 其中, $\boldsymbol{n}$ 表示 $\partial \Omega$ 的单位外法向量.

11. 假设 $v \in Q_1(K)$, 证明如果 $v(a_1) = v(a_2) = v(a_3) = v(a_4) = 0$, 则 $v \equiv 0$. Q_1 有限元见图 8-4.

12. 假设 $v \in Q_2(K)$, 证明如果

$$v(a_1) = v(a_2) = v(a_3) = v(a_4) = 0,$$

$$v(a_{12}) = v(a_{23}) = v(a_{34}) = v(a_{14}) = 0,$$

$$v(a_{44}) = 0,$$

则 $v \equiv 0$. Q_2 有限元见图 8-5.

13. 用引理 8.1 到引理 8.4 完成定理 8.5 的证明.

14. 已知一个一维问题的变分形式为

$$a(u, v) = \int_0^1 (u'v' + u'v + uv) \mathrm{d}x = (f, v), \quad \forall v \in H^1(0, 1),$$

证明 $a(\cdot, \cdot)$ 的强制性和有界性.

第9章
有限体积方法

有限体积方法 (Finite Volume Method, FVM) 是在有限差分方法基础上吸收了有限元方法中的一些思想和做法后逐步发展起来的. 它既具有有限元方法的网格剖分的灵活性, 可以逼近复杂的几何区域, 又具有有限差分方法在格式构造上的多样性, 可以利用差分格式的设计思路以及相关的理论分析. 但它又不同于有限差分方法, 它主要采用单元中心值, 而不是单元节点值. 它也不同于有限元方法, 避免了单元上插值函数的构造. 有限体积方法可以较为灵活地处理单元边界间断的情形, 从而具有间断解的典型性质.

9.1 网格设置

构造控制体单元的方法通常有两种: 一种是单元中心型控制体单元, 它直接由网格单元构成, 网格单元的边是控制体单元的边, 而把计算节点放在控制体单元中心. 另一种是节点中心型控制体单元, 它既可以直接由相邻网格单元形心来构造, 也可以由相邻网格单元形心及各边的中心依次连线来构造.

(1) 一维有限体积法网格设置

将区间 $[x_a, x_b]$ 划分为 $x_a = x_0 < x_1 < \cdots < x_j < \cdots < x_N = x_b$, 记 $\triangle x_j = x_j - x_{j-1}$ 为步长, 定义 $c_j = [x_{j-\frac{1}{2}}, x_{j+\frac{1}{2}}]$ 为控制体单元 (简称控制元), 这样, 便将区间 $[x_a, x_b]$ 分成了 N 个控制体单元. 图 9-1 为单元中心型网格设置, 图 9-2 为节点中心型网格设置.

图 9-1　单元中心型网格设置

图 9-2　节点中心型网格设置

(2) 二维有限体积法网格设置

二维情形下的网格常分为结构化网格和非结构化网格. 结构化网格与有限差分离散网格相似. 当给出一个节点编号后, 相邻节点的编号也就确定了, 图 9-3(a) 和图 9-3(b) 分别给出了二维结构化控制体单元的单元中心型网格设置和节点中心型网格设置.

(a) 单元中心型网格设置

(b) 节点中心型网格设置

图 9-3 二维结构化控制体单元

非结构化网格与有限单元网格较相似, 如图 9-4 所示, 可以是三角形、四边形甚至多边形, 相邻节点编号需要根据非结构化方式来确定. 非结构化网格对复杂边界的适应性很强, 适用于求解不规则计算区域的复杂流动问题.

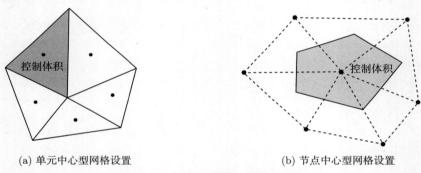

(a) 单元中心型网格设置　　　　　　　　　　(b) 节点中心型网格设置

图 9-4 二维非结构化控制体单元

9.2 对流方程有限体积方法

考虑对流方程

$$u_t + au_x = 0, \tag{9-1}$$

其中, a 为常数, 求解区域为 $[x_a, x_b]$, 将其分为 N 个控制体单元, 长度为 $\Delta x = \dfrac{x_b - x_a}{N}$, 如图 9-1 所示, 第 j 个控制体单元中心 P 的坐标为 $x_j = \dfrac{1}{2}(x_{j+\frac{1}{2}} - x_{j-\frac{1}{2}})$, 点 P 上第 $n+1$ 时间层上的数值解记为 u_j^{n+1}. 在控制体单元 $c_j = [x_{j-\frac{1}{2}}, x_{j+\frac{1}{2}}]$ 上对方程 (9-1) 两端积分, 利用 Gauss 定律可得

$$\int_{x_{j-\frac{1}{2}}}^{x_{j+\frac{1}{2}}} \frac{\partial u}{\partial t} \mathrm{d}x + a(u_{j+\frac{1}{2}}^n - u_{j-\frac{1}{2}}^n) = 0, \tag{9-2}$$

这里, $au_{j+\frac{1}{2}}^n$, $au_{j-\frac{1}{2}}^n$ 为方程 (9-1) 的数值通量. 再对式 (9-2) 在时间 $[t_n, t_{n+1}]$ 上积分, 得到

$$\int_{x_{j-\frac{1}{2}}}^{x_{j+\frac{1}{2}}} (u_j^{n+1} - u_j^n)\mathrm{d}x + \int_{t_n}^{t_{n+1}} au_{j+\frac{1}{2}}^n \mathrm{d}t - \int_{t_n}^{t_{n+1}} au_{j-\frac{1}{2}}^n \mathrm{d}t = 0. \tag{9-3}$$

设数值解 u_j^n 在控制体单元内平均值为

$$\overline{u}_j^{\ n} = \frac{\int_{x_{j-\frac{1}{2}}}^{x_{j+\frac{1}{2}}} u_j^n \mathrm{d}x}{\Delta x}, \tag{9-4}$$

在 $[t_n, t_{n+1}]$ 内的平均值为

$$\overline{f}_{j+\frac{1}{2}}^{\ n} = \frac{\int_{t_n}^{t_{n+1}} u_{j+\frac{1}{2}}^n \mathrm{d}t}{\Delta t}, \tag{9-5}$$

将式 (9-4) 和式 (9-5) 代入式 (9-3) 可得到方程 (9-1) 的有限体积方法离散格式

$$\Delta x(\overline{u}_j^{n+1} - \overline{u}_j^n) + a\Delta t(\overline{f}_{j+\frac{1}{2}}^{\ n} - \overline{f}_{j-\frac{1}{2}}^{\ n}) = 0,$$

或

$$\frac{\overline{u}_j^{n+1} - \overline{u}_j^n}{\Delta t} + a\frac{\overline{f}_{j+\frac{1}{2}}^{\ n} - \overline{f}_{j-\frac{1}{2}}^{\ n}}{\Delta x} = 0. \tag{9-6}$$

若 $\overline{f}_{j+\frac{1}{2}}, \overline{f}_{j-\frac{1}{2}}$ 已知, 则 $\overline{u}_j^{n+1}$ 便可解出.

(1) 线性对流方程一阶离散格式

设 $u_j^n(x)$ 在每个控制体单元内以常数分布:

$$u_j^n(x) = \overline{u}_j^n = \text{const}.$$

当 $a > 0$ 时,

$$u_{j+\frac{1}{2}}(t) = u^n\big|_{x\epsilon[x_{j-\frac{1}{2}}, x_{j+\frac{1}{2}}]} \left[x_{j+\frac{1}{2}} - a(t - t_n)\right] = \overline{u}_j^n, \tag{9-7}$$

代入式 (9-5) 有

$$\overline{f}_{j+\frac{1}{2}} = \overline{u}_j^n, \ \overline{f}_{j-\frac{1}{2}} = \overline{u}_{j-1},$$

代入式 (9-6) 后可得到

$$\frac{\overline{u}_j^{n+1} - \overline{u}_j^n}{\Delta t} + a\frac{\overline{u}_j^n - \overline{u}_{j-1}^n}{\Delta x} = 0. \tag{9-8}$$

因为假设 $u_j^n(x)$ 在每个控制体单元内以常数分布, $u_j^n = \overline{u}_j^n$, 所以式 (9-8) 便是一阶迎风型离散格式

$$\frac{u_j^{n+1} - u_j^n}{\Delta t} + a\frac{u_j^n - u_{j-1}^n}{\Delta x} = 0.$$

同样地, 当 $a < 0$ 时,

$$u_{j+\frac{1}{2}}(t) = u^n\big|_{x\epsilon[x_{j+\frac{1}{2}}, x_{j+\frac{3}{2}}]} \left[x_{j+\frac{1}{2}} - a(t - t_n)\right] = \overline{u}_{j+1}^n,$$

代入式 (9-5) 则有

$$\overline{f}_{j+\frac{1}{2}} = \overline{u}_{j+1}^n, \ \overline{f}_{j-\frac{1}{2}} = \overline{u}_j^n,$$

代入式 (9-6) 后得到离散格式

$$\frac{u_j^{n+1} - u_j^n}{\Delta t} + a\frac{u_{j+1}^n - u_j^n}{\Delta x} = 0.$$

(2) 线性对流方程高阶离散格式

若 $u_j^n(x)$ 在每个控制体单元内采用二阶精度分段线性分布, 即:

$$u_j^n(x) = u^n\big|_{x\epsilon[x_{j-\frac{1}{2}}, x_{j+\frac{1}{2}}]}\Big[x_{j+\frac{1}{2}} - a(t - t_n)\Big] = u_j^n + D_j(x - x_j).$$

将上式代入式 (9-4) 可得

$$\overline{u}_j^n = \frac{1}{\Delta x}\int_{x_{j-\frac{1}{2}}}^{x_{j+\frac{1}{2}}}[u_j^n + D_j(x - x_j)]\mathrm{d}x,$$

其中 D_j 未知, 采用不同的节点可得到不同的 D_j 离散格式.

若利用 $j - 1$ 节点, 则有

$$\overline{u}_{j-1}^n = \frac{1}{\Delta x}\int_{x_{j-\frac{1}{2}}}^{x_{j+\frac{1}{2}}}[u_j^n + D_j(x_{j-1} - x_j)]\mathrm{d}x = \overline{u}_j^n - D_j\Delta x,$$

于是

$$D_j = \frac{\overline{u}_j^n - \overline{u}_{j-1}^n}{\Delta x}.$$

若利用 $j + 1$ 节点, 则有

$$\overline{u}_{j+1}^n = \frac{1}{\Delta x}\int_{x_{j-\frac{1}{2}}}^{x_{j+\frac{1}{2}}}\Big[u_j^n + D_j(x_{j+1} - x_j)\Big]\mathrm{d}x = \overline{u}_j^n + D_j\Delta x,$$

于是

$$D_j = \frac{\overline{u}_{j+1}^n - \overline{u}_j^n}{\Delta x}.$$

当 $a > 0$ 时,

$$u_{j+\frac{1}{2}}(t) = u_j^n + D_j\Big[x_{j+\frac{1}{2}} - a(t - t_n) - x_j\Big]$$
$$= u_j^n + D_j\Big[\frac{\Delta x}{2} - a(t - t_n)\Big],$$

则

$$\overline{f}_{j+\frac{1}{2}}^n = \frac{1}{\Delta t}\int_{t_n}^{t_{n+1}} u_{j+\frac{1}{2}}(t)\mathrm{d}t = \overline{u}_j^n + D_j\frac{\Delta x}{2} - \frac{1}{2}aD_j\Delta t, \tag{9-9}$$

$$\overline{f}_{j-\frac{1}{2}}^n = \frac{1}{\Delta t}\int_{t_n}^{t_{n+1}} u_{j-\frac{1}{2}}(t)\mathrm{d}t = \overline{u}_{j-1}^n + D_{j-1}\frac{\Delta x}{2} - \frac{1}{2}aD_{j-1}\Delta t. \tag{9-10}$$

将式 (9-9) 和式 (9-10) 代入式 (9-6) 可得

$$\frac{\overline{u}_j^{n+1} - \overline{u}_j^n}{\Delta t} + a\frac{(\overline{u}_j^n + D_j\frac{\Delta x}{2}) - (\overline{u}_{j-1}^n + D_{j-1}\frac{\Delta x}{2})}{\Delta x} = \frac{\frac{1}{2}a\Delta t(D_j - D_{j-1})}{\Delta x}. \tag{9-11}$$

若取 $D_j = \dfrac{\overline{u}_j^n - \overline{u}_{j-1}^n}{\Delta x}$，则式 (9-11) 化为

$$\frac{\overline{u}_j^{n+1} - \overline{u}_j^n}{\Delta t} + a\frac{3\overline{u}_j^n - 4\overline{u}_{j-1}^n + \overline{u}_{j-2}^n}{2\Delta x} = \frac{a\Delta t}{2\Delta x^2}(\overline{u}_j^n - 2\overline{u}_{j-1}^n + \overline{u}_{j-2}^n). \tag{9-12}$$

若取 $D_j = \dfrac{\overline{u}_{j+1}^n - \overline{u}_j^n}{\Delta x}$，则式 (9-11) 化为

$$\frac{\overline{u}_j^{n+1} - \overline{u}_j^n}{\Delta t} + a\frac{\overline{u}_{j+1}^n - \overline{u}_{j-1}^n}{2\Delta x} = \frac{a\Delta t}{2\Delta x^2}(\overline{u}_{j-1}^n - 2\overline{u}_j^n + \overline{u}_{j+1}^n). \tag{9-13}$$

由于在对流方程中取 $u_j^n = \overline{u}_j^n$，因此式 (9-12) 可化为 Warming-Beam 差分格式：

$$\frac{u_j^{n+1} - u_j^n}{\Delta t} + a\frac{3u_j^n - 4u_{j-1}^n + u_{j-2}^n}{2\Delta x} = \frac{a\Delta t}{2\Delta x^2}\left(u_j^n - 2u_{j-1}^n + u_{j-2}^n\right).$$

而式 (9-13) 可化为 Lax-Wendroff 差分格式：

$$\frac{u_j^{n+1} - u_j^n}{\Delta t} + a\frac{u_{j+1}^n - u_{j-1}^n}{2\Delta x} = \frac{a\Delta t}{2\Delta x^2}\left(u_{j-1}^n - 2u_j^n + u_{j+1}^n\right).$$

同样地，当 $a < 0$ 时，

$$\begin{aligned}
u_{j+\frac{1}{2}}(t) &= u_{j+1}^n + D_{j+1}\left[x_{j+\frac{1}{2}}^n - a(t - t_n) - x_{j+1}\right] \\
&= u_{j+1}^n + D_{j+1}\left[\frac{\Delta x}{2} - a\left(t - t_n\right)\right],
\end{aligned}$$

于是，

$$\overline{f}_{j+\frac{1}{2}}^n = \overline{u}_{j+1}^n - D_{j+1}\frac{\Delta x}{2} - \frac{1}{2}aD_{j+1}\Delta t, \tag{9-14}$$

$$\overline{f}_{j-\frac{1}{2}}^n = \overline{u}_j^n - D_j\frac{\Delta x}{2} - \frac{1}{2}aD_j\Delta t. \tag{9-15}$$

将式 (9-14) 和式 (9-15) 代入式 (9-6) 可得

$$\frac{\overline{u}_j^{n+1} - \overline{u}_j^n}{\Delta t} + a\frac{\left(\overline{u}_{j+1}^n - D_{j+1}\frac{\Delta x}{2}\right) - \left(\overline{u}_j^n - D_j\frac{\Delta x}{2}\right)}{\Delta x} = \frac{a\Delta t\left(D_{j+1} - D_j\right)}{2\Delta x}. \tag{9-16}$$

因为 $u_j^n = \overline{u}_j^n$，所以当 $D_j = \dfrac{u_j^n - u_{j-1}^n}{\Delta x}$ 时，式 (9-16) 可化为

$$\frac{u_j^{n+1} - u_j^n}{\Delta t} + a\frac{u_{j+1}^n - u_{j-1}^n}{\Delta x} = \frac{a\Delta t}{2\Delta x^2}\left(u_{j-1}^n - 2u_j^n + u_{j+1}^n\right).$$

当 $D_j = \dfrac{u_{j+1}^n - u_j^n}{\Delta x}$ 时, 式 (9-16) 化为

$$\frac{u_j^{n+1} - u_j^n}{\Delta t} + a\frac{-3u_j^n + 4u_{j+1}^n - u_{j+2}^n}{\Delta x} = \frac{a\Delta t}{2\Delta x^2}\left(u_j^n - 2u_{j+1}^n + u_{j+2}^n\right).$$

以上均是在线性情况下推导 $u_{j+\frac{1}{2}}(t)$ 在 $[t_n, t_{n+1}]$ 内的演变过程. 若在非线性情况下, 要确定此过程, 必须求解精确或近似的 Riemann 问题. 对于多维流动问题, 一般可以采用算子分裂方法将其分裂成多个一维流动问题进行分类求解.

例如, 可将二维非线性对流方程

$$u_t + f_x + g_y = 0$$

分裂为

$$\begin{cases} \dfrac{1}{2}u_t + f_x = 0, \\[2mm] \dfrac{1}{2}u_t + g_y = 0, \end{cases}$$

再利用本节介绍的离散格式求得数值解.

9.3 扩散方程有限体积方法

9.3.1 一维扩散方程有限体积方法

考虑一维定常扩散方程

$$\frac{\mathrm{d}}{\mathrm{d}x}\left(k(x)\frac{\mathrm{d}T}{\mathrm{d}x}\right) + S = 0, \quad x \in (x_a, x_b), t > 0, \tag{9-17}$$

其中, $k(x)$ 为扩散系数, S 为源项. 在控制体单元 $c_j = [x_{j-\frac{1}{2}}, x_{j+\frac{1}{2}}]$ 上积分, 得到

$$\int_{x_{j-\frac{1}{2}}}^{x_{j+\frac{1}{2}}} \frac{\mathrm{d}}{\mathrm{d}x}\left(k(x)\frac{\mathrm{d}T}{\mathrm{d}x}\right)\mathrm{d}x + \int_{x_{j-\frac{1}{2}}}^{x_{j+\frac{1}{2}}} S\mathrm{d}x = 0, \tag{9-18}$$

于是有扩散通量

$$\left(k(x)\frac{\mathrm{d}T}{\mathrm{d}x}\right)_{j+\frac{1}{2}} = k_{j+\frac{1}{2}}\frac{T_{j+1} - T_j}{\Delta x}, \tag{9-19}$$

$$\left(k(x)\frac{\mathrm{d}T}{\mathrm{d}x}\right)_{j-\frac{1}{2}} = k_{j-\frac{1}{2}}\frac{T_j - T_{j-1}}{\Delta x}, \tag{9-20}$$

源项 S 往往是关于 T 的函数, 经常可以线性近似, 即

$$\int_{x_{j-\frac{1}{2}}}^{x_{j+\frac{1}{2}}} S\mathrm{d}x = \bar{S}\Delta x = (S_u + S_P T_j)\Delta x. \tag{9-21}$$

将式 (9-19)～ 式 (9-21) 代入式 (9-18) 可得

$$\left(\frac{k_{j+\frac{1}{2}} + k_{j-\frac{1}{2}}}{\Delta x^2} - S_P\right) T_j = \frac{k_{j+\frac{1}{2}}}{\Delta x^2} T_{j+1} + \frac{k_{j-\frac{1}{2}}}{\Delta x^2} T_{j-1} + S_u, \tag{9-22}$$

这便是扩散方程 (9-17) 的离散格式, 实际上也是有限差分方法中采用二阶中心差分离散后的格式, 结合边界条件, 利用矩阵求解方法便可得到在每个控制体单元上中心节点的数值解.

例 9.1 讨论在绝缘杆中的无内热源的导热问题, 杆两端的温度分别保持在 100℃ 和 500℃, 问题的控制方程为

$$\frac{\mathrm{d}}{\mathrm{d}x}\left(k\frac{\mathrm{d}T}{\mathrm{d}x}\right) = 0, \tag{9-23}$$

计算杆内的定常状态温度分布. 热传导系数 k 为 1000W/(m· K).

解: 我们将杆在长度方向上分为 N 个控制体单元, 节点 $x_1, \cdots, x_N$ 可采用式 (9-22) 计算:

$$\frac{2k}{\Delta x^2} T_j = \frac{k}{\Delta x^2} T_{j+1} + \frac{k}{\Delta x^2} T_{j-1}, \quad j = 2, 3, \cdots, N-1. \tag{9-24}$$

对于节点 x_1, 在控制体单元 $[x_a, x_{1+\frac{1}{2}}]$ 上对方程 (9-23) 积分可得

$$\begin{aligned}
\int_{x_a}^{x_{1+\frac{1}{2}}} \frac{\mathrm{d}}{\mathrm{d}x}\left(k\frac{\mathrm{d}T}{\mathrm{d}x}\right) &= \left(k\frac{\mathrm{d}T}{\mathrm{d}x}\right)_{1+\frac{1}{2}} - \left(k\frac{\mathrm{d}T}{\mathrm{d}x}\right)_{x_a} \\
&= k \cdot \frac{T_2 - T_1}{\Delta x} - k \cdot \frac{T_1 - T_a}{\frac{1}{2}\Delta x} \\
&= 0,
\end{aligned} \tag{9-25}$$

这里 $T_a = 100$, 式 (9-25) 可简写为

$$\frac{3k}{\Delta x} T_1 = \frac{k}{\Delta x} T_2 + \frac{2k}{\Delta x} T_a.$$

同样地, 在控制单元 $[x_{N-1+\frac{1}{2}}, x_b]$ 上积分可得到节点 x_N 的离散格式:

$$3T_N = T_{N-1} + 2T_b. \tag{9-26}$$

这里 $T_b = 500$, 结合式 (9-24)～ 式 (9-26), 可得到矩阵形式的方程组:

$$\boldsymbol{A}\boldsymbol{T} = \boldsymbol{b}$$

其中

$$\boldsymbol{A} = \begin{bmatrix} 3 & -1 & & & \\ -1 & 2 & -1 & & \\ & \ddots & \ddots & \ddots & \\ & & -1 & 2 & -1 \\ & & & -1 & 3 \end{bmatrix}, \quad \boldsymbol{T} = \begin{bmatrix} T_1 \\ \vdots \\ T_N \end{bmatrix}, \quad \boldsymbol{b} = \begin{bmatrix} 2T_a \\ 0 \\ \vdots \\ 0 \\ 2T_b \end{bmatrix},$$

求解上述线性方程组, 便可得到数值解.

9.3.2 二维扩散方程有限体积方法

考虑二维定常状态扩散方程

$$\frac{\partial}{\partial x}\left(k(x,y)\frac{\partial T}{\partial x}\right) + \frac{\partial}{\partial y}\left(k(x,y)\frac{\partial T}{\partial y}\right) + S = 0, \tag{9-27}$$

这里, 扩散系数 $k(x,y)$ 为变系数, 网格划分 x 方向上步长为 Δx, y 方向上步长为 Δy, 在控制体单元 $c_{ij} = [x_{i-\frac{1}{2}}, x_{i+\frac{1}{2}}] \times [y_{j-\frac{1}{2}}, y_{j+\frac{1}{2}}]$ 上对方程 (9-27) 左端积分, 得到

$$\int_{c_{ij}} \frac{\partial}{\partial x}\left(k(x,y)\frac{\partial T}{\partial x}\right) \mathrm{d}x\mathrm{d}y + \int_{c_{ij}} \frac{\partial}{\partial x}\left(k(x,y)\frac{\partial T}{\partial y}\right) \mathrm{d}x\mathrm{d}y + \int_{c_{ij}} S\mathrm{d}x\mathrm{d}y$$

$$=\Delta y\left(k_{i+\frac{1}{2},j}\left(\frac{\partial T}{\partial x}\right)_{i+\frac{1}{2},j} - k_{i-\frac{1}{2},j}\left(\frac{\partial T}{\partial x}\right)_{i-\frac{1}{2},j}\right) +$$

$$\Delta x\left(k_{i,j+\frac{1}{2}}\left(\frac{\partial T}{\partial y}\right)_{i,j+\frac{1}{2}} - k_{i,j-\frac{1}{2}}\left(\frac{\partial T}{\partial y}\right)_{i,j-\frac{1}{2}}\right) + \overline{S}\Delta x\Delta y$$

上式中一阶偏导数若均采用中心差分, 则得到方程 (9-27) 的离散格式:

$$k_{i+\frac{1}{2},j}\left(\frac{T_{i+1,j}-T_{i,j}}{\Delta x}\right) - k_{i-\frac{1}{2},j}\left(\frac{T_{i,j}-T_{i-1,j}}{\Delta x}\right) +$$

$$k_{i,j+\frac{1}{2}}\left(\frac{T_{i,j+1}-T_{i,j}}{\Delta y}\right) - k_{i,j-\frac{1}{2}}\left(\frac{T_{i,j}-T_{i,j-1}}{\Delta y}\right) + \overline{S}\Delta x\Delta y = 0. \tag{9-28}$$

当源项采用线性化形式 $\overline{S}\Delta x\Delta y = S_u + S_P T_{ij}$ 时, 式 (9-28) 可写为

$$\frac{k_{i-\frac{1}{2},j}}{\Delta x}T_{i-1,j} - \left(\frac{k_{i+\frac{1}{2},j}}{\Delta x} + \frac{k_{i-\frac{1}{2},j}}{\Delta x} + \frac{k_{i,j+\frac{1}{2}}}{\Delta y} + \frac{k_{i,j-\frac{1}{2}}}{\Delta y} - S_P\right)T_{ij} +$$

$$\frac{k_{i+\frac{1}{2},j}}{\Delta x}T_{i+1,j} + \frac{k_{i,j+\frac{1}{2}}}{\Delta y}T_{i,j+1} + \frac{k_{i,j-\frac{1}{2}}}{\Delta y}T_{i,j-1} + S_u = 0.$$

结合边界条件, 可解得所有控制体单元离散后的数值解.

9.3.3 三维扩散方程有限体积方法

三维稳态扩散方程 (忽略源项) 可表示为

$$\frac{\partial}{\partial x}\left(k(x,y,z)\frac{\partial T}{\partial x}\right) + \frac{\partial}{\partial y}\left(k(x,y,z)\frac{\partial T}{\partial y}\right) + \frac{\partial}{\partial z}\left(k(x,y,z)\frac{\partial T}{\partial z}\right) = 0, \tag{9-29}$$

网格划分 x 方向上步长为 Δx, y 方向上步长为 Δy, z 方向上步长为 Δz, 在控制体单元 $\Delta V = [x_{i-\frac{1}{2}}, x_{i+\frac{1}{2}}] \times [y_{j-\frac{1}{2}}, y_{j+\frac{1}{2}}] \times [z_{k-\frac{1}{2}}, z_{k+\frac{1}{2}}]$ 上对方程 (9-29) 积分可得

$$\int_{\Delta V} \frac{\partial}{\partial x}\left(k(x,y,z)\frac{\partial T}{\partial x}\right) \mathrm{d}V + \int_{\Delta V} \frac{\partial}{\partial y}\left(k(x,y,z)\frac{\partial T}{\partial y}\right) \mathrm{d}V +$$

$$\int_{\Delta V} \frac{\partial}{\partial z}\left(k(x,y,z)\frac{\partial T}{\partial z}\right) \mathrm{d}V = 0,$$

进一步积分得到

$$
\Delta y \Delta z \left(k_{i+\frac{1}{2},j,k} \frac{\partial T}{\partial x}\Big|_{i+\frac{1}{2},j,k} - k_{i-\frac{1}{2},j,k} \frac{\partial T}{\partial x}\Big|_{i-\frac{1}{2},j,k} \right) +
$$

$$
\Delta x \Delta z \left(k_{i,j+\frac{1}{2},k} \frac{\partial T}{\partial y}\Big|_{i,j+\frac{1}{2},k} - k_{i,j-\frac{1}{2},k} \frac{\partial T}{\partial y}\Big|_{i,j-\frac{1}{2},k} \right) +
$$

$$
\Delta x \Delta y \left(k_{i,j,k+\frac{1}{2}} \frac{\partial T}{\partial z}\Big|_{i,j,k+\frac{1}{2}} - k_{i,j,k-\frac{1}{2}} \frac{\partial T}{\partial z}\Big|_{i,j,k-\frac{1}{2}} \right) = 0.
$$

以上一阶偏导数采用中心差分, 便得到离散格式

$$
\frac{k_{i+1,j,k} \dfrac{T_{i+\frac{1}{2},j,k} - T_{ijk}}{\Delta x} - k_{i-\frac{1}{2},j,k} \dfrac{T_{ijk} - T_{i-1,j,k}}{\Delta x}}{\Delta x} +
$$

$$
\frac{k_{i,j+\frac{1}{2},k} \dfrac{T_{i,j+1,k} - T_{ijk}}{\Delta y} - k_{i,j-\frac{1}{2},k} \dfrac{T_{ijk-T_{i,j-1,k}}}{\Delta y}}{\Delta y} +
$$

$$
\frac{k_{i,j,k+\frac{1}{2}} \dfrac{T_{i,j,k+1} - T_{ijk}}{\Delta z} - k_{i,j,k-\frac{1}{2}} \dfrac{T_{ijk} - T_{i,j,k-1}}{\Delta z}}{\Delta z} = 0.
$$

由以上内容可知, 对于一维流动问题, 有限体积方法和有限差分方法是完全等价的. 对于多维流动问题, 只要控制体单元取矩形 (二维)、长方体 (三维), 它们基本上也是等价的. 因此, 有限差分方法的相容性、收敛性和稳定性分析, 也适用于有限体积方法. 但是, 如果在多维问题中控制体单元不是取矩形 (二维)、长方体 (三维), 那么它们并不完全等价. Vinokur 证明了微分类方法 (有限差分方法) 和积分类方法 (有限体积方法) 仅仅在几何处理上有差别, 这种差别会影响算法的计算精度和效率, 但在算法本质上没有差别. Vinokur 还进一步指出: 在一般曲线坐标系中, 对几何度量系数作适当处理后, 守恒型流动方程组的有限差分方法和物理空间里的有限体积方法是等价的.

9.4　对流-扩散方程有限体积方法

9.4.1　定常对流-扩散方程离散格式

考虑一维定常对流-扩散方程

$$
\frac{\mathrm{d}}{\mathrm{d}x}(\rho u \phi) = \frac{\mathrm{d}}{\mathrm{d}x}\left(K \frac{\mathrm{d}\phi}{\mathrm{d}x} \right) + S_\phi. \tag{9-30}
$$

其中, ρ, u, k, S_ϕ, ϕ 分别表示流体的密度、速度、扩散系数、源项、特征变量.

在以节点 P 为中心的一维控制体单元 ΔV 上积分, 可得

$$
\int_{\Delta V} \frac{\mathrm{d}(\rho u \phi)}{\mathrm{d}x} \mathrm{d}V = \int_{\Delta V} \frac{\mathrm{d}}{\mathrm{d}x}\left(K \frac{\mathrm{d}\phi}{\mathrm{d}x} \right) \mathrm{d}V + \int_{\Delta V} S_\phi \mathrm{d}V. \tag{9-31}
$$

这里 $\Delta V = A \Delta x$ 为控制体单元的体积, A 为控制体单元边界表面的面积, Δx 为控制体单元在 x 方向 $[x_\omega, x_e]$ 的长度 (如图 9-5 所示), $\overline{S}_\phi$ 为源项在控制体单元中的平均值. 利用

Gauss 定律, 式 (9-31) 可以写成

$$\int_A (\rho u \phi) \cdot \boldsymbol{n} \mathrm{d}A = \int_A \left(K \frac{\mathrm{d}\phi}{\mathrm{d}x} \right) \cdot \boldsymbol{n} \mathrm{d}A + \overline{S}_\phi \Delta V, \tag{9-32}$$

进一步离散式 (9-32), 得到

$$(\rho u \phi A)_{\mathrm{e}} - (\rho u \phi A)_\omega - \left[\left(KA \frac{\mathrm{d}\phi}{\mathrm{d}x} \right)_{\mathrm{e}} - \left(KA \frac{\mathrm{d}\phi}{\mathrm{d}x} \right)_\omega \right] - \overline{S}_\phi \Delta V = 0, \tag{9-33}$$

其中, e, ω 为控制体单元东、西边界. 假定 $A_\omega = A_{\mathrm{e}} = A$, 下面给出方程 (9-30) 的中心离散格式和迎风离散格式.

图 9-5　控制体单元

(1) 对流-扩散方程的中心离散格式

假设计算区域是均匀网格, 流动量在空间上为线性分布, 对流项采用中心离散格式, 则有

$$(\rho u \phi A)_{\mathrm{e}} = (\rho u A)_{\mathrm{e}} \frac{\phi_P + \phi_E}{2}, \tag{9-34}$$

$$(\rho u \phi A)_\omega = (\rho u A)_\omega \frac{\phi_P + \phi_W}{2}. \tag{9-35}$$

扩散系数采用迎风离散, 即

$$K_{\mathrm{e}} = \frac{1}{2}\left(K_P + K_E \right), K_\omega = \frac{1}{2}\left(K_P + K_W \right), \tag{9-36}$$

扩散通量采用中心离散, 即

$$\left(KA \frac{\mathrm{d}\phi}{\mathrm{d}x} \right)_{\mathrm{e}} = AK_{\mathrm{e}} \frac{\phi_E - \phi_P}{\Delta x_{\mathrm{e}}}, \tag{9-37}$$

$$\left(KA \frac{\mathrm{d}\phi}{\mathrm{d}x} \right)_\omega = AK_\omega \frac{\phi_P - \phi_W}{\Delta x}. \tag{9-38}$$

源项采用线性化, 即

$$\overline{S}_\phi = S_c + S_P \phi_P, \tag{9-39}$$

将式 (9-34)~ 式 (9-39) 代入式 (9-33), 得到中心离散格式:

$$(\rho u A)_{\mathrm{e}} \phi_{\mathrm{e}} - (\rho u A)_\omega \phi_\omega - K_{\mathrm{e}} A \frac{\phi_E - \phi_P}{\Delta x_{\mathrm{e}}} + K_\omega A \frac{\phi_P - \phi_W}{\Delta x_\omega} - (S_c + S_P \phi_P) \Delta V = 0, \tag{9-40}$$

引入参数

$$F = \rho u A, D = \frac{KA}{\Delta x},$$

则式 (9-40) 可写为

$$F_e\phi_e - F_\omega\phi_\omega = D_e(\phi_E - \phi_P) - D_\omega(\phi_P - \phi_W) + S_P\phi_P\Delta V + S_c\Delta V, \tag{9-41}$$

式 (9-41) 可简化为

$$\left(D_e + \frac{1}{2}F_e + D_\omega - \frac{1}{2}F_\omega - S_P\Delta V\right)\phi_P = \left(D_\omega + \frac{1}{2}F_\omega\right)\phi_W + \left(D_e - \frac{1}{2}F_e\right)\phi_E + S_c\Delta V,$$

这样便得到了方程 (9-30) 的中心离散格式:

$$a_P\phi_P = a_W\phi_W + a_E\phi_E + b, \tag{9-42}$$

其中

$$a_W = D_\omega + \frac{1}{2}F_\omega,$$

$$a_E = D_e - \frac{1}{2}F_e,$$

$$a_P = D_e + D_\omega + \frac{1}{2}(F_e - F_\omega) - S_P\Delta V,$$

$$b = S_c\Delta V.$$

定义贝克列数:

$$\mathrm{Pe} = \frac{F}{D} = \frac{u\Delta x}{K},$$

Pe 表示对流通量与扩散通量的比值, Pe 越大表示对流作用越强, Pe 越小表示扩散作用越强. 若使得式 (9-42) 中的系数 $a_W > 0$, $a_E > 0$, 则式 (9-42) 须满足 Pe $\leqslant 2$ 和流动连续方程

$$\frac{\mathrm{d}(\rho u)}{\mathrm{d}x} = 0,$$

即

$$(\rho u)_\omega = (\rho u)_e.$$

另外, 当 Pe > 2 时, 式 (9-42) 会产生数值振荡.

(2) 对流-扩散方程的一阶迎风离散格式

在式 (9-41) 中, 界面上流动量 ϕ 的流通量若由迎风一侧节点 ϕ 值给出, 即沿正方向流动 $(u_\omega > 0, u_e > 0)$, 则

$$\phi_\omega = \phi_W, \phi_e = \phi_P. \tag{9-43}$$

将式 (9-43) 代入式 (9-41) 中, 得到

$$\overline{a}_P\phi_P = \overline{a}_W\phi_W + \overline{a}_E\phi_E + S_c\Delta V, \tag{9-44}$$

其中

$$\overline{a}_P = F_e + D_e + D_\omega - S_P\Delta V = (D_\omega + F_\omega) + D_e + (F_e - F_\omega),$$

$$\overline{a}_W = F_\omega + D_\omega,$$

$$\overline{a}_E = D_e.$$

若沿负方向流动 $(u_\omega < 0, u_e < 0)$, 则

$$\phi_\omega = \phi_P, \phi_e = \phi_E. \tag{9-45}$$

将式 (9-45) 代入式 (9-41) 中, 得到

$$a'_P \phi_P = a'_W \phi_W + a'_E \phi_E + S_c \Delta V, \tag{9-46}$$

其中

$$a'_P = D_e + D_\omega - F_\omega - S_P \Delta V = D_\omega + (D_e - F_e) + (F_e - F_\omega),$$
$$a'_W = D_\omega,$$
$$a'_E = D_e - F_e,$$
$$b = S_c \Delta V.$$

将式 (9-44) 与式 (9-46) 合并, 便得到一阶迎风离散格式:

$$a_P \phi_P = a_W \phi_W + a_E \phi_E + S_c \Delta V, \tag{9-47}$$

其中

$$a_P = a_W + a_E + (F_e - F_\omega) - S_P \Delta V,$$
$$a_W = D_\omega + \max(F_\omega, 0),$$
$$a_E = D_e + \max(0, -F_e).$$

由式 (9-47) 可看到, $a_W > 0, a_E > 0$. 因此, 在任何条件下计算都不会引起数值震荡, 但是, 它的计算精度较低.

(3) 对流-扩散方程的混合离散格式

1972 年, Spalding 提出将二阶精度中心离散格式和一阶精度迎风离散格式结合起来, 利用两者的优点, 建立混合离散格式, 即: 当 Pe≤ 2 时, 采用二阶中心离散格式; 当 Pe> 2 时, 采用一阶迎风离散格式, 混合离散格式可表示为:

$$a_P \phi_P = a_W \phi_W + a_E \phi_E + b,$$

其中

$$a_P = a_W + a_E + (F_e - F_\omega) - S_P \Delta V,$$
$$a_W = \max\left[F_\omega, \left(D_\omega + \frac{1}{2}F_\omega\right), 0\right],$$
$$a_E = \max\left[-F_e, \left(D_e - \frac{1}{2}F_e\right), 0\right],$$
$$b = S_c \Delta V.$$

中心离散格式在大贝克列数下不能产生准确结果时, 采用了迎风离散格式. 这个格式是完全守恒的, 且系数总是正的, 解是无条件有界的. 当贝克列数很大时, 精度仍然是一阶的.

(4) 对流-扩散方程的二阶迎风离散格式

利用控制体单元界面两侧两个节点处的流动量值来构造二阶迎风格式 (如图 9-6 所示).

图 9-6 控制体单元

当沿着正方向流动时 $(u_\omega > 0, u_e > 0)$,

$$\phi_\omega = 1.5\phi_W - 0.5\phi_{W\omega}, \phi_e = 1.5\phi_P - 0.5\phi_W, \tag{9-48}$$

将式 (9-48) 代入式 (9-41) 后得到

$$(1.5F_e + D_e + D_\omega - S_P\Delta V)\phi_P = (0.5F_e + 1.5F_\omega + D_\omega)\phi_W + D_e\phi_E + 0.5F_\omega\phi_{W\omega} + S_c\Delta V. \tag{9-49}$$

当沿着负方向流动时 $(u_\omega < 0, u_e < 0)$, 则

$$\phi_\omega = 1.5\phi_P - 0.5\phi_E, \phi_e = 1.5\phi_E - 0.5\phi_{Ee}. \tag{9-50}$$

将式 (9-50) 代入式 (9-41) 后得到

$$(D_e - 1.5F_\omega + D_\omega - S_P\Delta V)\phi_P = (D_e - 1.5F_e - 0.5F_\omega)\phi_E + D_\omega\phi_W + 0.5F_e\phi_{Ee} + S_c\Delta V. \tag{9-51}$$

将式 (9-49)～ 式 (9-51) 合并, 便得到方程 (9-30) 的二阶迎风离散格式:

$$a_P\phi_P = a_W\phi_W + a_{W\omega}\phi_{W\omega} + a_E\phi_E + a_{Ee}\phi_{Ee} + b,$$

其中

$$a_P = a_E + a_W + a_{Ee} + a_{W\omega} + (F_e - F_\omega) - S_P\Delta V,$$
$$a_W = (D_\omega + 1.5\alpha F_\omega + 0.5\alpha F_e),$$
$$a_E = (D_e - 1.5(1-\alpha)F_e - 0.5(1-\alpha)F_\omega),$$
$$a_{W\omega} = -0.5\alpha F_\omega,$$
$$a_{Ee} = 0.5(1-\alpha)F_e,$$
$$b = S_c\Delta V.$$

当沿着正方向流动时, $\alpha = 1$; 当沿着负方向流动时, $\alpha = 0$.

(5) 对流-扩散方程的三阶迎风 QUICK 离散格式

Leanard 于 1979 年提出了对流-扩散方程的三阶迎风 QUICK 格式, 利用控制体单元界面两侧三个节点处的流动量值, 如图 9-6 所示.

沿着正方向流动时, 即当 $u_\omega > 0, u_e > 0$ 时,

$$\phi_\omega = \frac{6}{8}\phi_W + \frac{3}{8}\phi_P - \frac{6}{8}\phi_{W\omega}, \tag{9-52}$$

$$\phi_e = \frac{6}{8}\phi_P + \frac{3}{8}\phi_E - \frac{6}{8}\phi_W. \tag{9-53}$$

将式 (9-52) 和式 (9-53) 代入式 (9-41) 得到

$$\left(D_\omega - \frac{3}{8}F_\omega + D_e + \frac{6}{8}F_e\right)\phi_P = \left(D_\omega + \frac{6}{8}F_\omega + \frac{1}{8}F_e\right)\phi_W + \left(D_e - \frac{3}{8}F_e\right)\phi_E -$$
$$\frac{1}{8}F_\omega\phi_{W\omega} + (S_c + S_P\phi_P)\,\Delta V.$$

整理后得到三阶迎风 QUICK 离散格式:

$$a_P\phi_P = a_E\phi_E + a_W\phi_W + a_{W\omega}\phi_{W\omega} + b, \tag{9-54}$$

其中

$$a_P = a_E + a_W + a_{W\omega} + (F_e - F_\omega) + S_P\Delta V,$$
$$a_E = D_e - \frac{3}{8}F_e,$$
$$a_W = D_\omega + \frac{6}{8}F_\omega + \frac{1}{8}F_e,$$
$$a_{W\omega} = -\frac{1}{8}F_\omega,$$
$$b = S_c\Delta V.$$

同样地, 当 $u_e < 0, u_\omega < 0$ 时, 采用

$$\phi_\omega = \frac{6}{8}\phi_P + \frac{3}{8}\phi_W - \frac{1}{8}\phi_E,$$
$$\phi_e = \frac{6}{8}\phi_E + \frac{3}{8}\phi_P - \frac{1}{8}\phi_{Ee},$$

将以上两式代入式 (9-41) 后得到

$$a_P\phi_P = a_E\phi_E + a_{Ee}\phi_{Ee} + a_W\phi_W + b, \tag{9-55}$$

其中

$$a_P = a_W + a_E + a_{W\omega} + a_{Ee} + (F_e - F_\omega) + S_P\Delta V,$$
$$a_W = D_\omega + \frac{3}{8}F_\omega,$$
$$a_E = D_\omega - \frac{6}{8}F_e + \frac{1}{8}F_\omega,$$
$$a_{Ee} = \frac{1}{8}F_e.$$

将式 (9-54) 和式 (9-55) 合并起来, 便得到三阶迎风 QUICK 离散格式:

$$a_P\phi_P = a_E\phi_E + a_{Ee}\phi_{Ee} + a_W\phi_W + a_{W\omega}\phi_{W\omega} + b,$$

其中

$$a_P = a_W + a_E + a_{W\omega} + a_{Ee} + (F_e - F_\omega) + S_P \Delta V,$$

$$a_E = D_e - \frac{3}{8}\alpha_e F_e - \frac{6}{8}\left(1 - \alpha_e\right)F_e - \frac{1}{8}\left(1 - \alpha_\omega\right)F_\omega,$$

$$a_{Ee} = \frac{1}{8}\left(1 - \alpha_e\right)F_e,$$

$$a_W = D_\omega + \frac{6}{8}\alpha_\omega F_\omega + \frac{1}{8}\alpha_e F_e + \frac{3}{8}\left(1 - \alpha_\omega\right)F_\omega,$$

$$a_{W\omega} = -\frac{1}{8}\alpha_\omega F_\omega,$$

$$b = S_c \Delta V.$$

这里, 当 $u_e > 0, F_e > 0$ 时, $\alpha_e = 1$; 当 $u_e < 0, F_e < 0$ 时, $\alpha_e = 0$; 当 $u_\omega > 0, F_\omega > 0$ 时, $\alpha_\omega = 1$; 当 $u_\omega < 0, F_\omega < 0$ 时, $\alpha_\omega = 0$.

9.4.2　非定常对流-扩散方程离散格式

一维非定常对流-扩散方程可表示为

$$\frac{\partial u}{\partial t} + \frac{\partial (\rho u \phi)}{\partial x} = \frac{\partial}{\partial x}\left(K\frac{\partial \phi}{\partial x}\right) + S. \tag{9-56}$$

在 $[t_n, t_{n+1}]$ 上关于控制体单元 ΔV 积分得到

$$\int_{t_n}^{t_{n+1}} \int_{\Delta V} \frac{\partial u}{\partial t} \mathrm{d}V \mathrm{d}t + \int_{t_n}^{t_{n+1}} \int_{\Delta V} \frac{\partial (\rho u \phi)}{\partial x} \mathrm{d}V \mathrm{d}t$$
$$= \int_{t_n}^{t_{n+1}} \int_{\Delta V} \frac{\partial}{\partial x}\left(K\frac{\partial \phi}{\partial x}\right) \mathrm{d}V \mathrm{d}t + \int_{t_n}^{t_{n+1}} \int_{\Delta V} S \mathrm{d}V \mathrm{d}t,$$

利用 Gauss 定律, 上式可写为

$$\left(\int_{\Delta V} \left(u_P^{n+1} - u_P^n\right) \mathrm{d}V + \int_{t_n}^{t_{n+1}} \int_A (\rho u \phi) n_x \mathrm{d}A \mathrm{d}t\right)$$
$$= \int_{t_n}^{t_{n+1}} \int_A \left(K\frac{\partial \phi}{\partial x}\right) n_x \mathrm{d}A \mathrm{d}t + \int_{t_n}^{t_{n+1}} \overline{S} \Delta V \mathrm{d}t.$$

展开后得到方程 (9-56) 的一阶精度离散格式:

$$\left(\int_{\Delta V} \left(u_P^{n+1} - u_P^n\right) \mathrm{d}V + \int_{t_n}^{t_{n+1}} \left[(\rho u \phi A)_e - (\rho u \phi A)_\omega\right] \mathrm{d}t\right)$$
$$= \int_{t_n}^{t_{n+1}} \left[\left(KA\frac{\partial \phi}{\partial x}\right)_e - \left(KA\frac{\partial \phi}{\partial x}\right)_\omega\right] \mathrm{d}t + \int_{t_n}^{t_{n+1}} \overline{S} \Delta V \mathrm{d}t. \tag{9-57}$$

式 (9-57) 中的对流项、扩散项和源项在空间中的离散, 可采用上节中一维定常对流-扩散方程的离散格式; 在时间上的离散, 可采用在 t_n 时刻和 t_{n+1} 时刻加权组合后得到平均值:

$$\overline{\phi} = \theta \phi^{n+1} + (1 - \theta)\phi^n,$$

其中 $0 \leqslant \theta \leqslant 1$, 则有流动量

$$I = \int_{t_n}^{t_{n+1}} \phi \mathrm{d}t = \left[\theta \phi^{n+1} + (1-\theta) \phi^n \right] \Delta t. \tag{9-58}$$

当 $\theta = 0$ 时, I 采用 t_n 时刻值计算, 得到显式离散格式. 当 $\theta = 1$ 时, I 采用 t_{n+1} 时刻值计算, 得到全隐式离散格式. 当 $0 < \theta < 1$ 时, 采用 t_n, t_{n+1} 时刻加权值进行计算, 得到隐式离散格式. 将式 (9-58) 代入式 (9-57), 可得

$$\left(\frac{u_P^{n+1} - u_P^n}{\Delta t} \right) \Delta x + \theta \left[\rho u_{\mathrm{e}} \phi_{\mathrm{e}}^{n+1} - \rho u_{\omega} \phi_{\omega}^{n+1} \right] + (1-\theta) \rho \left[u_{\mathrm{e}} \phi_{\mathrm{e}}^n - u_{\omega} \phi_{\omega}^n \right]$$

$$= \theta \left[K_{\mathrm{e}} \left(\frac{\phi_E - \phi_P}{\Delta x} \right)_{\mathrm{e}}^{n+1} - K_{\omega} \left(\frac{\phi_P - \phi_W}{\Delta x} \right)_{\omega}^{n+1} \right] +$$

$$(1-\theta) \left[K_{\mathrm{e}} \left(\frac{\phi_E - \phi_P}{\Delta x} \right)_{\mathrm{e}}^n - K_{\omega} \left(\frac{\phi_P - \phi_W}{\Delta x} \right)_{\omega}^n \right] + \overline{S} \Delta x. \tag{9-59}$$

定义

$$F_{\mathrm{e}} = \rho u_{\mathrm{e}}, \quad F_{\omega} = \rho u_{\omega}, \tag{9-60}$$

$$D_{\mathrm{e}} = \frac{K_{\mathrm{e}}}{\Delta x_{\mathrm{e}}}, \quad D_{\omega} = \frac{K_{\omega}}{\Delta x_{\omega}}. \tag{9-61}$$

当界面上流通量采用中心离散格式时, 式 (9-59) 化为

$$\left(\frac{u_P^{n+1} - u_P^n}{\Delta t} \right) \Delta x + \theta \left[\rho u_{\mathrm{e}} \frac{\phi_P^{n+1} + \phi_E^{n+1}}{2} - \rho u_{\omega} \frac{\phi_W^{n+1} + \phi_P^{n+1}}{2} \right] +$$

$$(1-\theta) \rho \left[u_{\mathrm{e}} \frac{\phi_P^n + \phi_E^n}{2} - u_{\omega} \frac{\phi_W^{n+1} + \phi_P^{n+1}}{2} \right]$$

$$= \theta \left[K_{\mathrm{e}} \left(\frac{\phi_E - \phi_P}{\Delta x} \right)_{\mathrm{e}}^{n+1} - K_{\omega} \left(\frac{\phi_P - \phi_W}{\Delta x} \right)_{\mathrm{w}}^{n+1} \right] +$$

$$(1-\theta) \left[K_{\mathrm{e}} \left(\frac{\phi_E - \phi_P}{\Delta x} \right)_{\mathrm{e}}^n - K_{\omega} \left(\frac{\phi_P - \phi_W}{\Delta x} \right)_{\omega}^n \right] + \overline{S} \Delta x.$$

上式也可写成类似于式 (9-42) 的格式, 由定义 (9-60)~(9-61) 给出简捷的形式, 这里不再赘述.

流动方程组在控制体单元内可积, 往往要求在控制体单元内的流动量是光滑分布的, 如果有间断存在, 往往设定在界面上. 有限体积方法离散格式的计算精度取决于在控制体单元内流动量 u_j^n 的分布. 当 u_j^n 取一阶精度分布时, 格式只有一阶精度; 取二阶时, 则格式有二阶精度. 但是 u_j^n 的分布精度取得越高, 离散格式就越复杂, 计算也越困难. 设控制体单元内流动量为 $u(x), x \in \left[x_{j-\frac{1}{2}}, x_{j+\frac{1}{2}} \right]$, 常采用如下空间分布:

(1)$u(x)$ 为分段常数空间分布, $u(x) = u_j, x \in \left[x_{j-\frac{1}{2}}, x_{j+\frac{1}{2}} \right]$, 离散格式为一阶精度, 所对应的有限差分方法是一阶 Godunov 差分格式.

(2)$u(x)$ 为分段直线空间分布, $u(x) = u_j + a(x - x_j), x \in \left[x_{j-\frac{1}{2}}, x_{j+\frac{1}{2}} \right]$, a 为常数, 离散格式为二阶精度, 所对应的有限差分方法是二阶 MUSCL 差分格式.

(3)$u(x)$ 为分段抛物线空间分布, $u(x) = u_j + a(x - x_j) + b(x - x_j)^2, x \in \left[x_{j-\frac{1}{2}}, x_{j+\frac{1}{2}} \right]$, a, b 均为常数, 离散格式为三阶精度, 所对应的有限差分方法是三阶 PPM 差分格式.

9.5 程　　序

本节分别给出例 9.1 中有限体积方法和习题 6 中 Lax-Wendroff 格式的 MATLAB 程序.

```
1   %例9.1
2   xa=0;xb=1;
3   h=1/10;
4   x=xa:h:xb;
5   n=length(x);
6   T=zeros(n-2,1);
7   A=zeros(n-2,n-2);
8   B=zeros(n-2,1);
9   u=2*ones(1,n-2);v=-1*ones(1,n-3);
10  A=diag(u)+diag(v,1)+diag(v,-1);
11  A(1,1)=3;A(n-2,n-2)=3;
12  B(1,1)=2*100;
13  B(n-2,1)=2*500;
14  T=A\B;
15  plot(x,T);
```

```
1   %Lax-Wendroff格式(习题6)
2   xa=0;xb=1;
3   h=1/10;
4   dt=0.001;
5   J=10;
6   a=2;
7   x=xa:h:xb;
8   n=length(x);
9   T1=zeros(n,1);
10  T2=zeros(n,1);
11  T3=zeros(n,1);
12  T5=zeros(n,1);
13  E=zeros(n,1);
14  T1=x;%初值
15  for i=1:J
16    T2(1)=-2*dt*i;
```

```
17  T2(n)=1-2*dt*i;
18  T5(1)=-2*dt*i;
19  T5(n)=1-2*dt*i;
20  for j=1:n-2
21    T5(j+1)=x(j+1)-2*dt*i;%精确解
22    T2(j+1)=T1(j+1)-a*dt*(T1(j+2)-T1(j))/(2*h)+a*dt*dt*(T1(j)-2*T1(j+1)+
         T1(j+2))/(2*h*h);
23  end
24  T1=T2;
25 end
26 E=T5-T2;
27 plot(x,E);
```

9.6 注 记

有限体积方法是 20 世纪七八十年代逐步发展起来的, 主要用于流体运动的数值模拟. Patanker 和 Spalding 等人最早将有限体积方法用于传热和流体流动的计算, 并建立了一整套数值方法和软件, 如著名的混合格式、乘方格式、QUICK 格式和 SIMPLE 格式等.

本章提到的中心差分方法对于一般的对流-扩散方程是不适合的, 控制体单元在贝克列数很大时给出了不切实际的解. 迎风混合格式都具有守恒性、有界性, 因而是高度稳定的. 但在多维流动中, 如果速度矢量不平行于某一个坐标方向, 则会出现伪扩散现象. 诸如 QUICK 格式的高阶格式, 能够将伪扩散现象减到最少, 但计算稳定性较差. 有关有限体积方法的更多格式构造和理论分析可进一步阅读文献 [32,33].

习 题 9

1. 对例 9.1 中的控制方程, 给出节点型网格设置上的有限体积方法离散格式, 并与式 (9 -24)~ 式 (9-26) 进行对比, 分析节点型控制体单元与中心型控制体单元在数值解上的区别.

2. 试推导二维对流-扩散方程的离散格式:

$$u_t + a\boldsymbol{\nabla} \cdot u(x) = \boldsymbol{\nabla} \cdot (\boldsymbol{\nabla} u(x)).$$

3. 使用有限体积方法求解边值问题

$$\begin{cases} \boldsymbol{\nabla}^2 u = 0, & (x,y) \in \varOmega = (0,1) \times (0,1), \\ u(x,y) = 1, & (x,y) \in \partial \varOmega. \end{cases}$$

4. 求解拉普拉斯方程

$$\begin{cases} \dfrac{\partial^2 u}{\partial x^2} + \dfrac{\partial^2 u}{\partial y^2} = 0, & (x,y) \in \varOmega, \\ \dfrac{\partial u}{\partial n}\big|_{\partial \varOmega} = 0, \end{cases}$$

其中 $\varOmega = (0,1) \times (0,1)$.

5. 使用有限体积方法求解二维修正 Helmholtz 方程

$$\begin{cases} \boldsymbol{\nabla}^2 u(x,y) - k^2 u(x,y) = 0, \ (x,y) \in \Omega, \ k = \sqrt{2}, \\ u(x,y) = \mathrm{e}^{x+y}, \ (x,y) \in \partial\Omega, \end{cases}$$

其中 $\Omega = \big\{(x,y)\big|x = 1.1\cos\theta, \ y = 1.2\sin\theta, \ 0 \leqslant \theta \leqslant 2\pi\big\}$.

6. 分别采用一阶离散格式 (9-8) 和 Lax-Wendroff 差分格式求解对流方程

$$\begin{cases} T_t + 2T_x = 0, \ x \in (0,1), \ t > 0, \\ T(0) = -2t, \\ T(1) = 1 - 2t, \end{cases}$$

并绘制误差图.

7. 使用有限体积方法求解稳态对流-扩散方程

$$\boldsymbol{\nabla}^2 u(x,y) + a(x,y)\frac{\partial u(x,y)}{\partial x} + b(x,y)\frac{\partial u(x,y)}{\partial y} + e(x,y)u(x,y) = d(x,y), \ (x,y) \in \Omega,$$

边界条件为 $u(x,y) = f(x,y)$, 其中 $\Omega = (0,1) \times (0,1)$, $a(x,y) = y$, $b(x,y) = x$, $e(x,y) = \cos(x+y)$, 解析解为 $u(x,y) = y\cos(\pi x)$.

第10章
无网格方法

前三章我们已经看到, 使用有限差分方法、有限元方法和有限体积方法离散一个偏微分方程时, 需要对求解区域 Ω 划分网格, 这给实际计算带来了很大的困难. 然而, 使用径向基函数逼近未知函数时, Ω 中的节点可以是任意散乱的. 本节考虑用径向基函数离散偏微分方程, 由于其避免了在求解区域中生成网格, 故而称这种方法为无网格方法.

10.1 不对称配点方法

考虑区域 $\Omega \subset \mathbb{R}^d$ 上的线性偏微分方程

$$\begin{cases} Lu(\boldsymbol{x}) = f(\boldsymbol{x}), & \boldsymbol{x} \in \Omega, \\ u(\boldsymbol{x}) = g(\boldsymbol{x}), & \boldsymbol{x} \in \partial\Omega. \end{cases} \tag{10-1}$$

给定一个径向函数 $\Phi(\boldsymbol{x}) = \phi(r)$(常用的 $\phi(r)$ 函数见表 1-3) 和一个散乱数据集 $\mathcal{X} = \{\boldsymbol{x}_1, \boldsymbol{x}_2, \cdots, \boldsymbol{x}_N\} \subseteq \Omega \subset \mathbb{R}^d$, 我们从空间

$$V = \mathrm{span}\{\phi(\|\boldsymbol{x} - \boldsymbol{x}_1\|), \phi(\|\boldsymbol{x} - \boldsymbol{x}_2\|), \cdots, \phi(\|\boldsymbol{x} - \boldsymbol{x}_N\|)\}$$

中选取试探函数

$$\hat{u}(\boldsymbol{x}) = \sum_{i=1}^{N} c_i \phi(\|\boldsymbol{x} - \boldsymbol{x}_i\|), \quad \boldsymbol{x} \in \mathbb{R}^d. \tag{10-2}$$

假设还有另外一组散乱数据 $\mathcal{Y} = \{\boldsymbol{y}_1, \boldsymbol{y}_2, \cdots, \boldsymbol{y}_N\} \subseteq \overline{\Omega} \subset \mathbb{R}^d$, 其中包括 N_I 个区域内部节点和 N_B 个边界节点 $(N = N_I + N_B)$, 则式 (10-1) 的离散表达式可以写为

$$\begin{cases} \displaystyle\sum_{i=1}^{N} c_i L\phi(\|\boldsymbol{y} - \boldsymbol{x}_i\|) = f(\boldsymbol{y}), \boldsymbol{y} = \boldsymbol{y}_1, \cdots, \boldsymbol{y}_{N_I} \in \Omega, \\ \displaystyle\sum_{i=1}^{N} c_i \phi(\|\boldsymbol{y} - \boldsymbol{x}_i\|) = g(\boldsymbol{y}), \boldsymbol{y} = \boldsymbol{y}_{N_I+1}, \cdots, \boldsymbol{y}_N \in \partial\Omega. \end{cases}$$

该离散表达式的系数矩阵为

$$
\boldsymbol{A} = \begin{bmatrix}
L\phi(\|\boldsymbol{y}_1 - \boldsymbol{x}_1\|) & L\phi(\|\boldsymbol{y}_1 - \boldsymbol{x}_2\|) & \cdots & L\phi(\|\boldsymbol{y}_1 - \boldsymbol{x}_N\|) \\
L\phi(\|\boldsymbol{y}_2 - \boldsymbol{x}_1\|) & L\phi(\|\boldsymbol{y}_2 - \boldsymbol{x}_2\|) & \cdots & L\phi(\|\boldsymbol{y}_2 - \boldsymbol{x}_N\|) \\
\vdots & \vdots & & \vdots \\
L\phi(\|\boldsymbol{y}_{N_I} - \boldsymbol{x}_1\|) & L\phi(\|\boldsymbol{y}_{N_I} - \boldsymbol{x}_2\|) & \cdots & L\phi(\|\boldsymbol{y}_{N_I} - \boldsymbol{x}_N\|) \\
\phi(\|\boldsymbol{y}_{N_I+1} - \boldsymbol{x}_1\|) & \phi(\|\boldsymbol{y}_{N_I+1} - \boldsymbol{x}_2\|) & \cdots & \phi(\|\boldsymbol{y}_{N_I+1} - \boldsymbol{x}_N\|) \\
\vdots & \vdots & & \vdots \\
\phi(\|\boldsymbol{y}_N - \boldsymbol{x}_1\|) & \phi(\|\boldsymbol{y}_N - \boldsymbol{x}_2\|) & \cdots & \phi(\|\boldsymbol{y}_N - \boldsymbol{x}_N\|)
\end{bmatrix}.
$$

不同于有限差分方法与有限元方法, 以上这种离散偏微分方程的方法更加接近于插值与逼近的思想. 这个方法更加简洁一些, 不仅避免了在求解区域中生成网格, 而且更加容易构造试探空间 (只需要一个严格正定的径向函数和求解区域中的两组散乱数据). 在实际计算中, 可以选取检验数据 $\mathcal{Y}$ 与中心数据 $\mathcal{X}$ 为同一组数据, 但此时 $\mathcal{Y}$ 须包含边界数据. 由于系数矩阵 $\boldsymbol{A}$ 是不对称的, 即使在检验数据与中心数据相同的情况下, 由于微分算子 L 的作用矩阵依然不对称, 因而这种离散方法通常被称为不对称配点方法 (也称为 Kansa 方法). 图 10-1 显示了求解区域内部与边界上散乱数据的稀疏分布及加密分布.

图 10-1　散乱数据的稀疏分布及加密分布

10.2　对称配点方法

假设 $\mathcal{Y}$ 与中心数据 $\mathcal{X}$ 都包含 N_I 个内点和 N_B 个边界点, 则可构造试探函数

$$
\hat{u}(\boldsymbol{y}) = \sum_{i=1}^{N_I} c_i L^{\boldsymbol{x}} \phi(\|\boldsymbol{y} - \boldsymbol{x}\|)|_{\boldsymbol{x}=\boldsymbol{x}_i} + \sum_{i=N_I+1}^{N} c_i \phi(\|\boldsymbol{y} - \boldsymbol{x}_i\|), \tag{10-3}
$$

其中, $L^{\boldsymbol{x}}$ 表示微分算子作用到径向函数 ϕ 的第二个变量上. 因此, 对于不同的微分算子 L, $L^{\boldsymbol{x}}\phi$ 与 $L\phi$ 除了有正负号的差别, 其他表达式均相同.

将式 (10-3) 代入式 (10-1), 则得到离散表达式

$$\begin{cases} \sum_{i=1}^{N_I} c_i L L^{\boldsymbol{x}} \phi(\|\boldsymbol{y} - \boldsymbol{x}\|)|_{\boldsymbol{x}=\boldsymbol{x}_i} + \sum_{i=N_I+1}^{N} c_i L \phi(\|\boldsymbol{y} - \boldsymbol{x}_i\|) = f(\boldsymbol{y}), \boldsymbol{y} \in \Omega, \\ \sum_{i=1}^{N_I} c_i L^{\boldsymbol{x}} \phi(\|\boldsymbol{y} - \boldsymbol{x}\|)|_{\boldsymbol{x}=\boldsymbol{x}_i} + \sum_{i=N_I+1}^{N} c_i \phi(\|\boldsymbol{y} - \boldsymbol{x}_i\|) = g(\boldsymbol{y}), \boldsymbol{y} \in \partial\Omega. \end{cases}$$

该离散表达式的系数矩阵可以写为

$$\boldsymbol{A} = \left[\begin{array}{cc} \hat{\boldsymbol{A}}_{LL^{\boldsymbol{x}}} & \hat{\boldsymbol{A}}_{L} \\ \hat{\boldsymbol{A}}_{L^{\boldsymbol{x}}} & \hat{\boldsymbol{A}} \end{array} \right],$$

其中

$$(\hat{\boldsymbol{A}}_{LL^{\boldsymbol{x}}})_{ij} = LL^{\boldsymbol{x}}\phi(\|\boldsymbol{y} - \boldsymbol{x}\|)|_{\boldsymbol{y}=\boldsymbol{y}_i, \boldsymbol{x}=\boldsymbol{x}_j}, \quad \boldsymbol{y}_i, \boldsymbol{x}_j \in \Omega,$$

$$(\hat{\boldsymbol{A}}_{L})_{ij} = L\phi(\|\boldsymbol{y} - \boldsymbol{x}_j\|)|_{\boldsymbol{y}=\boldsymbol{y}_i}, \quad \boldsymbol{y}_i \in \Omega, \boldsymbol{x}_j \in \partial\Omega,$$

$$(\hat{\boldsymbol{A}}_{L^{\boldsymbol{x}}})_{ij} = L^{\boldsymbol{x}}\phi(\|\boldsymbol{y}_i - \boldsymbol{x}\|)|_{\boldsymbol{x}=\boldsymbol{x}_j}, \quad \boldsymbol{y}_i \in \partial\Omega, \boldsymbol{x}_j \in \Omega,$$

$$(\hat{\boldsymbol{A}})_{ij} = \phi(\|\boldsymbol{y}_i - \boldsymbol{x}_j\|), \quad \boldsymbol{y}_i, \boldsymbol{x}_j \in \partial\Omega.$$

显然, 当 $\mathcal{X}=\mathcal{Y}$ 时, $\boldsymbol{A}$ 为对称矩阵. 因而, 上述离散方法经常被称为对称配点方法 (由于对内点处的径向基函数使用了微分算子, 因此有时候也称为 Hermite 型配点方法).

当散乱数据任意分布时, 不对称配点方法的离散矩阵的可逆性不能得到保证, 因而在实际应用中经常选取 $\mathcal{Y}$ 中的数据多于 $\mathcal{X}$ 中的数据, 然后求解一个超定的代数方程组. 而对称配点方法的离散矩阵是可逆的, 这就保证了当检验数据等于中心数据时方程组的解是唯一的. 然而, 由于使用了带有微分算子作用的径向基函数, 对称方法应用于求解高阶问题与非线性问题时受到了限制.

10.3 Galerkin 配点方法

我们以 Helmholtz 方程

$$\begin{cases} -\Delta u + u = f, & \boldsymbol{x} \in \Omega, \\ \dfrac{\partial u}{\partial \boldsymbol{n}} = 0, & \boldsymbol{x} \in \partial\Omega \end{cases}$$

为模型, 介绍变分原理与径向基函数相结合的离散 (被称作 Galerkin 配点方法). 该模型的变分形式为

$$\int_{\Omega} (\boldsymbol{\nabla} u \cdot \boldsymbol{\nabla} v + uv) \mathrm{d}\boldsymbol{x} = (f, v), \quad v \in H^1(\Omega). \tag{10-4}$$

从 V 空间中选取试探函数

$$\hat{u}(\boldsymbol{x}) = \sum_{i=1}^{N} c_i \phi(\|\boldsymbol{x} - \boldsymbol{x}_i\|), \quad \boldsymbol{x} \in \mathbb{R}^d,$$

代入式 (10-4), 并分别取检验函数 $v = \phi(\|\boldsymbol{x} - \boldsymbol{x}_1\|), \phi(\|\boldsymbol{x} - \boldsymbol{x}_2\|), \cdots, \phi(\|\boldsymbol{x} - \boldsymbol{x}_N\|)$, 则得到

$$\int_\Omega [\boldsymbol{\nabla}\hat{u} \cdot \boldsymbol{\nabla}\phi(\|\boldsymbol{x} - \boldsymbol{x}_i\|) + \hat{u}\phi(\|\boldsymbol{x} - \boldsymbol{x}_i\|)]\mathrm{d}\boldsymbol{x} = \int_\Omega f(\boldsymbol{x})\phi(\|\boldsymbol{x} - \boldsymbol{x}_i\|)\mathrm{d}\boldsymbol{x}, i = 1, 2, \cdots, N.$$

使用 $\hat{u}(\boldsymbol{x})$ 的展开式, 则得到线性方程组

$$A\boldsymbol{c} = \boldsymbol{f},$$

其中

$$\boldsymbol{c} = [c_1 \quad c_2 \quad \cdots \quad c_N]^{\mathrm{T}},$$

$$A_{ij} = \int_\Omega [\boldsymbol{\nabla}\phi(\|\boldsymbol{x} - \boldsymbol{x}_j\|) \cdot \boldsymbol{\nabla}\phi(\|\boldsymbol{x} - \boldsymbol{x}_i\|) + \phi(\|\boldsymbol{x} - \boldsymbol{x}_j\|)\phi(\|\boldsymbol{x} - \boldsymbol{x}_i\|)]\mathrm{d}\boldsymbol{x},$$

$$\boldsymbol{f}_i = \int_\Omega f(\boldsymbol{x})\phi(\|\boldsymbol{x} - \boldsymbol{x}_i\|)\mathrm{d}\boldsymbol{x}.$$

与有限元基函数的构造相比较, Galerkin 配点方法的试探函数空间的构造显得更加容易些, 但是径向基函数的数值积分计算比有限元方法困难些.

10.4　多尺度配点方法

使用径向基函数无网格方法 (诸如不对称配点方法、对称配点方法、Galerkin 配点方法等) 离散偏微分方程时, 数值解往往具有高精度. 但是无网格方法的离散代数方程组系数矩阵具有很大的条件数, 当散乱数据增多时甚至会出现严重病态. 因此, 数值离散的高精度和代数问题求解困难两者之间存在着矛盾. 解决这一矛盾的传统方法是引入形状参数 ε, 将数据 $\mathcal{X}$ 上的试探函数空间写为

$$V = \mathrm{span}\{\phi(\varepsilon\|\boldsymbol{x} - \boldsymbol{x}_1\|), \phi(\varepsilon\|\boldsymbol{x} - \boldsymbol{x}_2\|), \cdots, \phi(\varepsilon\|\boldsymbol{x} - \boldsymbol{x}_N\|)\}.$$

事实证明, ε 越小, 逼近效果越好, 但矩阵条件数变差; ε 越大, 矩阵条件数变好, 但逼近效果下降. Schaback 建议使用多尺度的思想解决上述矛盾, 形成了散乱数据结构上的第一个多尺度算法.

该算法需要一个具有紧支集的径向函数和一个逐次加密的散乱数据集 $\mathcal{X}_1 \subset \mathcal{X}_2 \subset \cdots \subset \mathcal{X}_l$. 首先从一个粗水平开始, 利用较大的支集在粗水平上求解微分方程; 然后计算残量, 将残量延拓到下一个细水平, 并在其上求解残量方程 (细水平上选择同样的紧支集径向函数, 但是用一个较小的支集); 最后校正一次原来的初始解. 这个过程重复下去, 直到在最细的水平 (第 l 水平) 上完成计算. 因此, 最终的数值解由不同水平上径向基函数的线性组合构成. 形状参数 ε 的变化会影响紧支集径向基函数的支集大小. 为了使得基函数支集随着散乱数据的增多而变小, 可选择一组单调递增的参数

$$\varepsilon_1 \leqslant \varepsilon_2 \leqslant \cdots \leqslant \varepsilon_l.$$

用 $\sharp(\mathcal{X}_j)$ 表示 j 水平上散乱点的个数, 则 j 水平上的试探空间为

$$W_j = \text{span}\{\phi(\varepsilon_j\|\boldsymbol{x} - \boldsymbol{x}_1\|), \cdots, \phi(\varepsilon_j\|\boldsymbol{x} - \boldsymbol{x}_i\|), \cdots, \phi(\varepsilon_j\|\boldsymbol{x} - \boldsymbol{x}_{\sharp(\mathcal{X}_j)}\|)\}, \quad \boldsymbol{x}_i \in \mathcal{X}_j.$$

这样, 求解方程 (10-1) 的多尺度算法可以按如下流程计算.

算法 10.1(多尺度配点算法)

输入: 右端 f, g, 水平数 l

输出: 数值解 $u_l \in W_1 + W_2 + \cdots + W_l$

$u_0 = 0, f_0 = f, g_0 = g$

for $j = 1, 2, \cdots, l$ **do**

- 在空间 W_j 中选择试探函数 s_j 求解方程

  $Ls_j(\boldsymbol{y}) = f_{j-1}(\boldsymbol{y}), \quad \boldsymbol{y}$ 取 $\mathcal{X}_j$ 中的内点,

  $s_j(\boldsymbol{y}) = g_{j-1}(\boldsymbol{y}), \quad \boldsymbol{y}$ 取 $\mathcal{X}_j$ 中的边界点.

- 构造全局逼近及形成残量

  $u_j = u_{j-1} + s_j$

  $f_j = f_{j-1} - Ls_j$

  $g_j = g_{j-1} - s_j$

end

10.5   基本解方法

前面讨论的几种无网格方法需要在求解区域中生成一些散乱点, 然后再对微分方程进行强检验 (Kansa 方法、对称配点方法) 或弱检验 (Galerkin 配点方法). 本节介绍另外一种无网格方法, 这种方法将进一步避免在求解区域中生成散乱数据. 由于该方法主要借助微分算子的基本解进行离散, 因此习惯于将这种方法称为基本解方法.

10.5.1   偏微分算子的基本解

一个微分算子 L 在点 $\boldsymbol{x}_0$ 处的基本解定义为 $G(\boldsymbol{x}, \boldsymbol{x}_0)$, 其满足

$$LG(\boldsymbol{x}, \boldsymbol{x}_0) = \delta(\boldsymbol{x} - \boldsymbol{x}_0), \quad \boldsymbol{x} \in \Omega,$$

其中 δ 为狄拉克函数 (当 $\boldsymbol{x} \neq \boldsymbol{x}_0$ 时, $\delta = 0$; 在 Ω 上 δ 的积分为 1). 考虑二维 Laplacian 算子的基本解

$$\Delta G = \left(\frac{\partial^2}{\partial x^2} + \frac{\partial^2}{\partial y^2}\right) G = \delta(x - x_0, y - y_0), \quad x, y \in \Omega. \tag{10-5}$$

由 δ 函数的定义, 有

$$\int_{\Omega} \delta(x - x_0, y - y_0)\mathrm{d}x\mathrm{d}y = 1.$$

使用 Gauss 定理, 则有

$$\int_{\partial\Omega} \frac{\partial G}{\partial \boldsymbol{n}}\mathrm{d}s = 1.$$

简单起见, 选取 Ω 为一个以 (x_0, y_0) 为中心、r_0 为半径的圆形区域, 此时求解基本解的问题变为寻找 G 满足

$$\begin{cases} \Delta G = 0, (x, y) \neq (x_0, y_0), \\ \\ \displaystyle\int_{\partial\Omega} \frac{\partial G}{\partial \boldsymbol{n}}\mathrm{d}s = 1. \end{cases}$$

使用极坐标变换, 则问题可转化为

$$\begin{cases} \dfrac{1}{r}\dfrac{\mathrm{d}}{\mathrm{d}r}\left(r\dfrac{\mathrm{d}G}{\mathrm{d}r}\right) = 0, \quad r \neq 0, \\ \\ \displaystyle\int_0^{2\pi} \dfrac{\mathrm{d}G}{\mathrm{d}r}r\mathrm{d}\theta = 1. \end{cases}$$

该问题的一般解为

$$G(r) = a + \frac{1}{2\pi}\ln r, \quad r = \sqrt{(x - x_0)^2 + (y - y_0)^2}.$$

特别地, 取 $a = 0$, 则获得二维 Laplacian 算子的基本解 $G = \dfrac{1}{2\pi}\ln r$.

表 10-1 列出了一些常用偏微分算子的基本解, 更多的基本解推导可阅读文献 [34].

10.5.2 齐次方程的求解

先考虑使用基本解方法求解齐次方程

$$\begin{cases} Lu(\boldsymbol{x}) = 0, \quad \boldsymbol{x} \in \Omega \subset \mathbb{R}^d, \ d = 2, 3, \\ u(\boldsymbol{x}) = g(\boldsymbol{x}), \quad \boldsymbol{x} \in \partial\Omega. \end{cases} \tag{10-6}$$

构造区域 Ω 的一个包围区域 $\widehat{\Omega}$(见图 10-2), 并在 $\partial\widehat{\Omega}$ 上分布 N 个中心点 $\boldsymbol{z}_j, j = 1, 2, \cdots, N$. 于是, 得到一个由 G 构造的有限维试探空间

$$V = \operatorname{span}\{G(\boldsymbol{x}, \boldsymbol{z}_1), G(\boldsymbol{x}, \boldsymbol{z}_2), \cdots, G(\boldsymbol{x}, \boldsymbol{z}_N)\}.$$

从 V 中选取试探函数

$$\hat{u}(\boldsymbol{x}) = \sum_{j=1}^{N} c_j G(\boldsymbol{x}, \boldsymbol{z}_j).$$

表 10-1　常用偏微分算子的基本解

偏微分算子	二维	三维
Δ	$\dfrac{1}{2\pi}\ln r$	$\dfrac{1}{4\pi r}$
Δ^m	$\dfrac{r^{2m}}{2\pi}\left(c_m\ln r-b_m\right)$ $$c_0=1, b_0=0, c_{m+1}=\frac{c_m}{4(m+1)^2}$$ $$b_{m+1}=\frac{1}{4(m+1)^2}\left(\frac{c_m}{m+1}+b_m\right)$$	$\dfrac{r^{2m-1}}{(2m)!4\pi r}$
$\Delta+\lambda^2$	$\dfrac{1}{2\pi}Y_0(\lambda r)$ Y_0 为 0 阶第二类 Bessel 函数	$\dfrac{\cos\lambda r}{4\pi r}$
$\Delta-\lambda^2$	$\dfrac{1}{2\pi}K_0(\lambda r)$ K_0 为 0 阶第二类修正 Bessel 函数	$\dfrac{\mathrm{e}^{-\lambda r}}{4\pi r}$
$\Delta^2+\lambda^2$	$\mathrm{Kei}(\sqrt{\lambda}r)+\mathrm{Ber}(\sqrt{\lambda}r)$ Ber_n 为 n 阶第一类 Kelvin 函数 Kei_n 为 n 阶第二类修正 Kelvin 函数	$\mathrm{Kei}_{3/2}(\sqrt{\lambda}r)+\mathrm{Ber}_{3/2}(\sqrt{\lambda}r)$
$\Delta^2-\lambda^4$	$\dfrac{1}{2\pi}\left(Y_0(\lambda r)+K_0(\lambda r)\right)$	$\dfrac{\mathrm{e}^{-\lambda r}+\cos\lambda r}{4\pi r}$

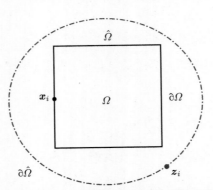

图 10-2　求解域 Ω 及其包围区域

假设 $\mathcal{X}=\{\boldsymbol{x}_1,\boldsymbol{x}_2,\cdots,\boldsymbol{x}_N\}$ 是 $\partial\Omega$ 上的一组两两不相同的散乱数据, 则

$$L\hat{u}(\boldsymbol{x}_i)=0,\quad i=1,2,\cdots,N.$$

因此只需要试探函数 $\hat{u}(\boldsymbol{x})$ 满足所给定的边界条件, 即

$$\sum_{j}^{N}c_jG(\boldsymbol{x}_i,\boldsymbol{z}_j)=g(\boldsymbol{x}_i),\quad i=1,\cdots,N.$$

该方法的离散方程组系数矩阵为

$$A = \begin{bmatrix} G(\boldsymbol{x}_1, \boldsymbol{z}_1) & G(\boldsymbol{x}_1, \boldsymbol{z}_2) & \cdots & G(\boldsymbol{x}_1, \boldsymbol{z}_N) \\ G(\boldsymbol{x}_2, \boldsymbol{z}_1) & G(\boldsymbol{x}_2, \boldsymbol{z}_2) & \cdots & G(\boldsymbol{x}_2, \boldsymbol{z}_N) \\ \vdots & \vdots & \ddots & \vdots \\ G(\boldsymbol{x}_N, \boldsymbol{z}_1) & G(\boldsymbol{x}_N, \boldsymbol{z}_2) & \cdots & G(\boldsymbol{x}_N, \boldsymbol{z}_N) \end{bmatrix}.$$

以上求解方程的方法非常简洁, 只需要在 $\partial \Omega$ 上布置散乱数据, 并将式 (10-6) 化简成一个纯粹的插值问题进行计算即可. 这种方法也有效避免了 Kansa 方法中出现系数矩阵奇异的现象.

10.5.3　非齐次方程的求解

现在考虑方程 (10-1) 中 $f(\boldsymbol{x}) \neq 0$ 的情形.

假设方程 (10-1) 的解可以写为

$$u(\boldsymbol{x}) = u_F(\boldsymbol{x}) + u_P(\boldsymbol{x}),$$

其中 $u_F(\boldsymbol{x})$ 由微分算子 L 的基本解构成. 于是 (10-1) 的计算可分为两个步骤.

第一步: 求解 $u_P(\boldsymbol{x})$ 满足

$$Lu_P(\boldsymbol{x}) = f(\boldsymbol{x}), \quad \boldsymbol{x} \in \Omega.$$

第二步: 求解

$$\begin{cases} Lu_F(\boldsymbol{x}) = 0, & \boldsymbol{x} \in \Omega, \\ u_F(\boldsymbol{x}) = g(\boldsymbol{x}) - u_P(\boldsymbol{x}), & \boldsymbol{x} \in \partial \Omega. \end{cases}$$

第一步计算有两种方案可以实施. 最简单的方案是选取一些径向基函数试探空间, 在数据 $\mathcal{X} = \{\boldsymbol{x}_1, \boldsymbol{x}_2, \cdots, \boldsymbol{x}_N\}$ 上将 $u_P(\boldsymbol{x})$ 近似表示为

$$\hat{u}_P(\boldsymbol{x}) = \sum_{i=1}^{N} c_i \phi(\|\boldsymbol{x} - \boldsymbol{x}_i\|), \quad \boldsymbol{x} \in \mathbb{R}^d,$$

然后使用配点方法求解. 另外一种方案是在 $\mathcal{X}$ 上构造 $f(\boldsymbol{x})$ 的近似

$$\hat{f}(\boldsymbol{x}) = \sum_{i=1}^{N} c_i \psi(\|\boldsymbol{x} - \boldsymbol{x}_i\|), \quad \boldsymbol{x} \in \mathbb{R}^d.$$

通过求解插值问题

$$\sum_{i=1}^{N} c_i \psi(\|\boldsymbol{x}_j - \boldsymbol{x}_i\|) = f(\boldsymbol{x}_j), \quad j = 1, 2, \cdots, N$$

确定未知系数 $c_1, c_2, \cdots, c_N$, 然后将 $u_P(\boldsymbol{x})$ 近似表示为

$$\hat{u}_P(\boldsymbol{x}) = \sum_{i=1}^{N} c_i \phi(\|\boldsymbol{x} - \boldsymbol{x}_i\|),$$

其中 ϕ 满足

$$L\phi(\|\boldsymbol{x} - \boldsymbol{x}_i\|) = \psi(\|\boldsymbol{x} - \boldsymbol{x}_i\|), \quad \boldsymbol{x}_i \in \mathcal{X}.$$

以上这种求解方法通常称为对偶回归方法 (DRM).

第二步可以采用齐次方程的基本解方法求解.

10.6 程　　序

本节分别给出距离矩阵, 不对称配点方法、对称配点方法、基本解方法求解二维 Possion 方程以及 Galerkin 配点方法求解二维 Helmholtz 方程的 MATLAB 程序.

```
1   % DM = DistanceMatrix(dsites,ctrs)
2   % Forms the distance matrix of two sets of points in R^s
3   % i.e., DM(i,j) = || datasite_i - center_j ||_2.
4   % Input
5   % dsites: Mxs matrix representing a set of M data sites in  R^s
6   % (i.e., each row contains one s-dimensional point)
7   % ctrs: Nxs matrix representing a set of N centers in R^s
8   % (one center per row)
9   % Output
10  % DM: MxN matrix whose i,j position contains the Euclidean
11  % distance between the i-th data site and j-th center
12  function DM = DistanceMatrix(dsites,ctrs)
13  [M,s] = size(dsites); [N,s] = size(ctrs);
14  DM = zeros(M,N);
15  % Accumulate sum of squares of coordinate differences
16  % The ndgrid command produces two MxN matrices:
17  % dr, consisting of N identical columns (each containing
18  % the d-th coordinate of the M data sites)
19  % cc, consisting of M identical rows (each containing
20  % the d-th coordinate of the N centers)
21  for d=1:s
22      [dr,cc] = ndgrid(dsites(:,d),ctrs(:,d));
23      DM = DM + (dr-cc).^2;
24  end
25  DM = sqrt(DM);
```

```
1   % 不对称配点方法求解二维Possion方程
2   % IMQ 径向基函数和它的拉普拉斯算子
3   % u_{xx} +u_{yy} = f
4   tic
5   %径向基函数
6   rbf=@(e,r)1./sqrt(1+(e*r).^2); ep = 3;
```

```
7   Lrbf=@(e,r)e^2*((e*r).^2-2)./(1+(e*r).^2).^(5/2);
8   %精确解
9   u=@(x,y)sin(pi*x).*sin(pi*y)+1;
10  % 测试问题的拉普拉斯算子
11  f=@(x,y)-2*pi*pi*sin(pi*x).*sin(pi*y);
12  %配置点的个数和类型
13  N=25;
14  gridtype='h';
15  name = sprintf('Data2D_%d%s',N,gridtype);
16  load(name);
17  intdata=dsites;
18  %构造边界配置点
19  sn=sqrt(N);
20  bdylin=linspace(0,1,sn)';
21  bdy0=zeros(sn-1,1);
22  bdy1=ones(sn-1,1);
23  bdydata=[bdylin(1:end-1) bdy0;bdy1 bdylin(1:end-1);flipud(bdylin(2:end))
         bdy1;bdy0 flipud(bdylin(2:end))];
24  %构造边界中心
25  bdyctrs=bdydata;
26  ctrs=[intdata;bdydata];
27  % 构造等距的评估点
28  neval=40;
29  grid = linspace(0,1,neval); [xe,ye] = meshgrid(grid);
30  epoints = [xe(:) ye(:)];
31  %计算评估矩阵
32  DM_eval=DistanceMatrix(epoints,ctrs);
33  EM=rbf(ep,DM_eval);
34  exact=u(epoints(:,1),epoints(:,2));
35  %计算配置矩阵块
36  DM_intdata=DistanceMatrix(intdata,ctrs);
37  LCM=Lrbf(ep,DM_intdata);
38  DM_bdydata=DistanceMatrix(bdydata,ctrs);
39  BCM=rbf(ep,DM_bdydata);
40  CM=[LCM;BCM];
41  %构造右端项
42  rhs=[f(intdata(:,1),intdata(:,2));u(bdydata(:,1),bdydata(:,2))];
43  %计算数值解
44  Pf=EM*(CM\rhs);
45  %计算评估网格上的最大误差和RMS误差
46  maxerr=norm(Pf-exact,inf);
47  rms_err=norm(Pf-exact)/neval;
```

```
48  fprintf('RMS error:%e\n',rms_err)
49  fprintf('Maximum error:%e\n',maxerr)
50  toc
```

```
1   % 对称配点方法求解二维Possion方程
2   % IMQ径向基函数和它的拉普拉斯算子
3   % u_{xx} +u_{yy}  = f
4   clear all
5   tic
6   %径向基函数
7   rbf=@(e,r)1./sqrt(1+(e*r).^2); ep = 3;
8   L1rbf=@(e,r)e^2*((e*r).^2-2)./(1+(e*r).^2).^(5/2);
9   L2rbf=@(e,r)3*e^4*(3*(e*r).^4-24*(e*r).^2+8)./(1+(e*r).^2).^(9/2);
10  %精确解
11  ue=@(x,y)sin(pi*x).*sin(pi*y)+1;
12  % 测试问题的拉普拉斯算子
13  f=@(x,y)-2*pi*pi*sin(pi*x).*sin(pi*y);
14  %配置点的个数和类型
15  N=25;
16  gridtype='h';
17  name = sprintf('Data2D_%d%s',N,gridtype);
18  load(name);
19  intdata=dsites;
20  %构造边界配置点
21  sn = sqrt(N); bdylin = linspace(0,1,sn)';
22  bdy0 = zeros(sn-1,1); bdy1 = ones(sn-1,1);
23  bdydata = [bdylin(1:end-1) bdy0; bdy1 bdylin(1:end-1); ...
24  flipud(bdylin(2:end)) bdy1; bdy0 flipud(bdylin(2:end))];
25  %构造边界中心
26  bdyctrs = bdydata;
27  ctrs = [intdata; bdyctrs];
28  % 构造等距的评估点
29  neval=40;
30  grid = linspace(0,1,neval); [xe,ye] = meshgrid(grid);
31  epoints = [xe(:) ye(:)];
32  %计算评估矩阵
33  DM_inteval = DistanceMatrix(epoints,intdata);
34  DM_bdyeval = DistanceMatrix(epoints,bdyctrs);
35  LEM =L1rbf(ep,DM_inteval);
36  BEM =rbf(ep,DM_bdyeval);
37  EM = [LEM BEM];
38  EM =conj(EM);
39  exact = ue(epoints(:,1),epoints(:,2));
```

```
40  %计算配置矩阵块
41  DM_IIdata = DistanceMatrix(intdata,intdata);
42  DM_IBdata = DistanceMatrix(intdata,bdyctrs);
43  DM_BIdata = DistanceMatrix(bdydata,intdata);
44  DM_BBdata = DistanceMatrix(bdydata,bdyctrs);
45  LLCM = L2rbf(ep,DM_IIdata);
46  BLCM = L1rbf(ep,DM_BIdata);
47  LBCM =   BLCM';
48  BBCM =rbf(ep,DM_BBdata);
49  CM = [LLCM LBCM; BLCM BBCM];
50  %构造右端项
51  S=f(intdata(:,1),intdata(:,2));
52  g=ue(bdydata(:,1),bdydata(:,2));
53  rhs = [S;g];
54  %计算数值解
55  Pf = EM * (CM\rhs);
56  %计算评估网格上的最大误差和RMS 误差
57  maxerr=norm(Pf-exact,inf);
58  rms_err=norm(Pf-exact)/neval;
59  fprintf('RMS error:%e\n',rms_err)
60  fprintf('Maximum error:%e\n',maxerr)
61  toc
```

```
1   % Galerkin配点方法求解二维Helmholtz方程
2   % IMQ 径向基函数和它的拉普拉斯算子
3   % -u_{xx}-u_{yy}+u=f
4   clear all
5   %径向基函数
6   rbf=@(e,x,y,xi,yi)1./sqrt(1+(e*sqrt((x-xi).^2+(y-yi).^2)).^2);
7   dxrbf=@(e,x,y,xi,yi)-(x-xi)*e^2./(sqrt(1+(e*sqrt((x-xi).^2+
        (y-yi).^2)).^2)).^3;
8   dyrbf=@(e,x,y,xi,yi)-(y-yi)*e^2./(sqrt(1+(e*sqrt((x-xi).^2+
        (y-yi).^2)).^2)).^3;
9   evalrbf=@(e,r)1./sqrt(1+(e*r).^2);
10  % 基函数参数
11  ep=3;
12  % 积分函数
13  rp=@(e,x,y,xi,yi,xj,yj)rbf(e,x,y,xi,yi).*rbf(e,x,y,xj,yj);
14  gp=@(e,x,y,xi,yi,xj,yj)dxrbf(e,x,y,xi,yi).*dxrbf(e,x,y,xj,yj)+
        dyrbf(e,x,y,xi,yi).*dyrbf(e,x,y,xj,yj);
15  % 精确解
16  u=@(x,y)cos(pi*x).*cos(pi*y)/(2*pi^2+1)';
17  f=@(x,y)cos(pi*x).*cos(pi*y);
```

```
18  %配置点的个数和类型
19  N = 9; gridtype = 'h';
20  neval = 40;
21  name = sprintf('Data2D_%d%s', N,gridtype); load(name)
22  ctrs = 2*dsites-1;
23  % 建立刚度矩阵和右端项
24  A = zeros(N,N); rhs = zeros(N,1);
25  for i=1:N
26    for j=1:i
27      A(i,j)=dblquad(@(x,y)gp(ep,x,y,ctrs(i,1),ctrs(i,2),...
28      ctrs(j,1),ctrs(j,2)),-1,1,-1,1) + ...
29      dblquad(@(x,y)rp(ep,x,y,ctrs(i,1),ctrs(i,2),...
30      ctrs(j,1),ctrs(j,2)),-1,1,-1,1);
31    end
32    rhs(i)=dblquad(@(x,y)f(x,y).*...
33    rbf(ep,x,y,ctrs(i,1),ctrs(i,2)),-1,1,-1,1);
34  end
35  % 矩阵对称化
36  A = A + A' - diag(diag(A));
37  % 求解线性系统
38  c = A\rhs;
39  %计算评估矩阵
40  grid = linspace(-1,1,neval); [xe, ye] = meshgrid(grid);
41  epoints = [xe(:) ye(:)];
42  exact = u(epoints(:,1),epoints(:,2));
43  DM_eval = DistanceMatrix(epoints,ctrs);
44  EM = evalrbf(ep,DM_eval);
45  Pf = EM * c;
46  % 计算评估网格上的最大误差和RMS 误差
47  maxerr = norm(Pf-exact,inf); rms_err = norm(Pf-exact)/neval;
48  fprintf('RMS error:     %e\n', rms_err)
49  fprintf('Maximum error: %e\n', maxerr)
```

```
1   % 基本解方法求解二维Possion方程
2   % u_{xx}+u_{yy}=0
3   clear all
4   tic
5   ue=@(x,y)sin(x).*cosh(y);
6   u1=@(x)sin(x).*cosh(-1);
7   u2=@(y)sin(1).*cosh(y);
8   u3=@(x)sin(x).*cosh(1);
9   u4=@(y)sin(-1).*cosh(y);
10  G=@(r)1/2*pi*log(r);
```

```
11  x=@(theta)2^(1/2).*cos(theta);
12  y=@(theta)2^(1/2).*sin(theta);
13  neval=40;
14  bdylin=linspace(-1,1,neval)';
15  bdy0=zeros(neval-1,1)-1;
16  bdy1=ones(neval-1,1);
17  n=4*(neval-1);
18  bdydata=[bdylin(1:end-1) bdy0;bdy1 bdylin(1:end-1);...
19  flipud(bdylin(2:end)) bdy1;bdy0 flipud(bdylin(2:end))];
20  theta=linspace(-1/2*pi,3/2*pi,n);
21  x1=2^(1/2).*cos(theta)';
22  y1=2^(1/2).*sin(theta)';
23  bdyctrs=[x1,y1];
24  for i=1:1:n
25    for j=1:1:n
26      r=sqrt((bdydata(i,1)-bdyctrs(j,1)).^2...+(bdydata(i,2)-bdyctrs(j,2)).^2);
27      LCM(i,j)=G(r);
28    end
29  end
30  g1=[u1(bdydata(1:n/4,1))];
31  g2=[u2(bdydata(n/4+1:2*n/4,2))];
32  g3=[u3(bdydata(2*n/4+1:3*n/4,1))];
33  g4=[u4(bdydata(3*n/4+1:n,2))];
34  g=[g1;g2;g3;g4];
35  coef=LCM\g;
36  %评估矩阵
37  neval2=40;
38  grid=linspace(-1,1,neval2);
39  [xe,ye]=meshgrid(grid);
40  epoints=[xe(:),ye(:)];
41  for i=1:1:neval2.^2
42    for j=1:1:n
43      r=sqrt((epoints(i,1)-bdyctrs(j,1)).^2...+(epoints(i,2)-bdyctrs(j,2)).^2);
44      PCM(i,j)=G(r);
45    end
46  end
47  Pf=PCM*coef;
48  exact=ue(epoints(:,1),epoints(:,2));
49  maxerr=norm(Pf-exact,inf);
50  rms_err=norm(Pf-exact)/neval;
51  fprintf('RMS error:%e\n',rms_err)
52  fprintf('Maximum error:%e\n',maxerr)
```

```
53  hold on
54  plot(bdydata(:,1),bdydata(:,2),'rx');
55  plot(bdyctrs(:,1),bdyctrs(:,2),'gx');
56  hold off
```

10.7 注 记

无网格方法最早在 20 世纪 90 年代由物理学家 Kansa 提出. 无网格方法避免了传统数值离散方法中的网格生成. 该类方法只需要在求解区域中布置一些散乱节点 (有时候只需要在区域边界上布置散乱节点), 基于径向基函数对偏微分方程进行离散. Kansa 方法非常灵活且易于用程序实现, 得到了广泛的应用. 遗憾的是, Hon 与 Schaback 构造的反例说明总存在至少一组散乱分布的节点能够使得 Kansa 方法离散矩阵奇异, 因而传统的 Kansa 方法不再可靠. 很多学者致力于构造 Kansa 方法的各种修正版本. 1997 年, Fasshauer 基于 Hermite-Birkhoff 插值提出了对称配点方法. 事实证明, 当选取的中心数据与检验数据相同时, 对称配点方法的离散矩阵始终是对称正定的.

这里值得一提的是散乱节点上的多尺度算法的构造. 不像基于网格离散方法 (有限差分方法、有限元方法、有限体积方法) 很容易构造一些快速多尺度算法 (诸如多重网格方法、区域分解方法、等级矩阵等), 在散乱节点上很难构造多尺度算法. 1996 年, Floater 与 Iske 构造了无网格结构上的第一个多尺度算法. 这个算法后来经过 Wendland 和 LeGia 等人的研究被逐渐完善. 有关径向基函数无网格方法的理论可阅读文献 [6], MATLAB 程序设计可阅读文献 [8,35].

习 题 10

1. 证明 $u_{xx} + u_{yy} = 0$ 可化为极坐标形式

$$\frac{\partial^2 u}{\partial r^2} + \frac{1}{r}\frac{\partial u}{\partial r} + \frac{1}{r^2}\frac{\partial^2 u}{\partial \theta^2} = 0.$$

2. 证明 $u_{xx} + u_{yy} + u_{zz} = 0$ 可化为球面坐标形式

$$\frac{1}{r^2}\left((r^2 u_r)_r + \frac{1}{\sin\psi}(u_\psi \sin\psi)_\psi + \frac{1}{\sin^2\psi}u_{\theta\theta} \right) = 0.$$

3. 使用 Gaussian 径向函数 $\phi(r) = \mathrm{e}^{-(\varepsilon r)^2}$, $r = \sqrt{x^2 + y^2}$ 数值求解方程

$$-\Delta u(x,y) = \frac{5}{4}\pi^2 \sin(\pi x)\cos\left(\frac{\pi y}{2}\right), \quad (x,y) \in \Omega = [0,1]^2,$$

$$u(x,y) = \sin(\pi x), \quad (x,y) \in \Gamma_1,$$

$$u(x,y) = 0, \quad (x,y) \in \Gamma_2,$$

其中 $\Gamma_1 = \{(x,y) : 0 \leqslant x \leqslant 1, y = 0\}$, $\Gamma_2 = \partial\Omega \setminus \Gamma_1$. 方程的准确解为

$$u(x,y) = \sin(\pi x)\cos\left(\frac{\pi y}{2}\right).$$

选取 N_I 个内点和 $N - N_I$ 个边界点, 则离散方程组的系数矩阵为

$$A = \begin{bmatrix} -\Delta\phi(\|\boldsymbol{y}_1 - \boldsymbol{x}_1\|) & -\Delta\phi(\|\boldsymbol{y}_1 - \boldsymbol{x}_2\|) & \cdots & -\Delta\phi(\|\boldsymbol{y}_1 - \boldsymbol{x}_N\|) \\ -\Delta\phi(\|\boldsymbol{y}_2 - \boldsymbol{x}_1\|) & -\Delta\phi(\|\boldsymbol{y}_2 - \boldsymbol{x}_2\|) & \cdots & -\Delta\phi(\|\boldsymbol{y}_2 - \boldsymbol{x}_N\|) \\ \vdots & \vdots & & \vdots \\ -\Delta\phi(\|\boldsymbol{y}_{N_I} - \boldsymbol{x}_1\|) & -\Delta\phi(\|\boldsymbol{y}_{N_I} - \boldsymbol{x}_2\|) & \cdots & -\Delta\phi(\|\boldsymbol{y}_{N_I} - \boldsymbol{x}_N\|) \\ \phi(\|\boldsymbol{y}_{N_I+1} - \boldsymbol{x}_1\|) & \phi(\|\boldsymbol{y}_{N_I+1} - \boldsymbol{x}_2\|) & \cdots & \phi(\|\boldsymbol{y}_{N_I+1} - \boldsymbol{x}_N\|) \\ \vdots & \vdots & & \vdots \\ \phi(\|\boldsymbol{y}_N - \boldsymbol{x}_1\|) & \phi(\|\boldsymbol{y}_N - \boldsymbol{x}_2\|) & \cdots & \phi(\|\boldsymbol{y}_N - \boldsymbol{x}_N\|) \end{bmatrix}.$$

(1) 将求解区域划分成 20×20 的规则网格, 固定 $\varepsilon = 2.5$, 求解上述方程, 比较数值解误差. (选取中心数据 = 检验数据)

(2) 固定 $\varepsilon = 2.5$, 将网格逐次加密

$$10 \times 10, \quad 20 \times 20, \quad 40 \times 40, \quad 80 \times 80,$$

观察误差随着数据节点增多的变化情况; 按照下面的方式求系数矩阵 A 的条件数

$$\mathrm{cond}(A) = \|A\|_\infty \|A^{-1}\|_\infty,$$

观察矩阵条件数随着数据节点增多的变化情况.

(3) 固定网格剖分为 20×20, 分别选取

$$\varepsilon = 1.0, \ 1.5, \ 2.0, \ 2.5, \ 3.0, \ 3.5, \ 4.0, \ 4.5,$$

观察误差的变化和矩阵条件数的变化.

4. 表 10-2 给出了径向函数 $\phi(r) = \phi(\|\boldsymbol{x}\|)$ 的一阶和二阶偏导数.

根据此表, 求下列偏微分算子对给定径向函数的作用:

(1) 已知 $\phi(r) = (1 - \varepsilon r)_+^4 (4\varepsilon r + 1)$, 求 $\dfrac{\partial}{\partial x}\phi(r), \dfrac{\partial}{\partial y}\phi(r), \dfrac{\partial^2}{\partial x \partial y}\phi(r)$.

(2) 已知 $\phi(r) = (1 - \varepsilon r)_+^8 (32(\varepsilon r)^3 + 25(\varepsilon r)^2 + 8\varepsilon r + 1)$, 求 $\Delta\phi(r)$.

5. 用 Kansa 方法求解均布荷载下简支单位方形板的扰度问题

$$\begin{cases} \Delta^2 u = \dfrac{q}{D}, \quad \Omega = (0,1)^2, \\ u = 0, \quad \partial\Omega, \\ -D\left\{\mu\Delta u + (1-\mu)\left(\cos^2\alpha\dfrac{\partial^2 u}{\partial x^2} + \sin^2\alpha\dfrac{\partial^2 u}{\partial y^2} + \sin 2\alpha\dfrac{\partial^2 u}{\partial x \partial y}\right)\right\} = 0, \quad \partial\Omega, \end{cases}$$

其中 $(\cos\alpha, \sin\alpha)$ 表示单位外法向量. 一些参数的选取如下.

$$弹性模量:\quad E = 2.1 \times 10^{11} \mathrm{Pa},$$

$$板的厚度:\quad h = 0.01\mathrm{m},$$

$$泊松比:\quad \mu = 0.3,$$

$$均布荷载:\quad q = 10^6 \mathrm{Pa/m^2},$$

$$板的弯曲刚度:\quad D = \frac{Eh^3}{12(1-\mu^2)}.$$

表 10-2　径向函数 $\phi(r)$ 的一阶和二阶偏导数

偏导数

一阶偏导数

$$\frac{\partial}{\partial x}\phi(r) = \frac{x}{r}\frac{\mathrm{d}}{\mathrm{d}r}\phi(r)$$

$$\frac{\partial}{\partial y}\phi(r) = \frac{y}{r}\frac{\mathrm{d}}{\mathrm{d}r}\phi(r)$$

二阶偏导数

$$\frac{\partial^2}{\partial x^2}\phi(r) = \frac{x^2}{r^2}\frac{\mathrm{d}^2}{\mathrm{d}r^2}\phi(r) + \frac{y^2}{r^3}\frac{\mathrm{d}}{\mathrm{d}r}\phi(r)$$

$$\frac{\partial^2}{\partial y^2}\phi(r) = \frac{y^2}{r^2}\frac{\mathrm{d}^2}{\mathrm{d}r^2}\phi(r) + \frac{x^2}{r^3}\frac{\mathrm{d}}{\mathrm{d}r}\phi(r)$$

$$\frac{\partial^2}{\partial x \partial y}\phi(r) = \frac{xy}{r^2}\frac{\mathrm{d}^2}{\mathrm{d}r^2}\phi(r) - \frac{xy}{r^3}\frac{\mathrm{d}}{\mathrm{d}r}\phi(r)$$

(1) 使用 MQ 径向基函数, 并将求解区域划分成 20×20 的规则网格, 寻找求解该问题的最优形状参数 ε.

(2) 按照题目 4 中的方案, 观察系数矩阵条件数的变化.

6. 使用基本解方法求解方程

$$\begin{cases} \Delta u = f, & \Omega = (0,1)^2, \\ u = g, & \partial\Omega, \end{cases}$$

其中 f, g 由准确解

$$u(x,y) = \frac{1.25 + \cos(5.4y + 2.7)}{6(1 + (3x + 0.5)^2)}$$

确定.

(1) 选取 Gaussian 径向基函数, 使用 DRM 方法求解上述问题, 给出最优形状参数 ε 的最优值.

(2) 采用 (1) 中所求得的最优形状参数, 使用 10.5.3 节中的第一种方案求解上述问题, 并与 DRM 方法进行比较, 给出评价.

参 考 文 献

[1] FAUL A. A Concise Introduction to Numerical Analysis. Boca Raton: CRC Press, 2016.

[2] 黄云清. 数值计算方法. 北京: 科学出版社, 2009.

[3] 同济大学计算数学教研室. 现代数值计算方法. 2 版. 北京: 人民邮电出版社, 2014.

[4] 张平文, 李铁军. 数值分析. 北京: 北京大学出版社, 2007.

[5] BUHMANN M D. Radial Basis Functions: Theory and Implementations. Cambridge: Cambridge University Press, 2003.

[6] WENDLAND H. Scattered Data Approximation. Cambridge: Cambridge University Press, 2005.

[7] 吴宗敏. 散乱数据拟合的模型、方法和理论. 北京: 科学出版社, 2007.

[8] FASSHAUER G E. Meshfree Approximation Methods with MATLAB. Singapore: World Scientific Publishers, 2007.

[9] CORLESS R M, FILLION N. A Graduate Introduction to Numerical Methods. New York: Springer, 2013.

[10] WENDLAND H. Numerical Linear Algebra: An Introduction. Cambridge: Cambridge University Press, 2018.

[11] AXELSSON O. Iterative Solution Methods. Cambridge: Cambridge University Press, 1994.

[12] KELLEY C T. Iterative Methods for Solving Linear and Nonlinear Equations. Philadelphia: SIAM, 1995.

[13] SAAD Y. Iterative Methods for Sparse Linear Systems. 2th ed. Philadelphia: SIAM, 2003.

[14] VORST H A. Iterative Krylov Methods for Large Linear Systems. Cambridge: Cambridge University Press, 2003.

[15] BRAMBLE J H. Multigrid Methods, volume 294 of Pitman Research Notes in Mathematics Series. England: Longman Scientific & Technical, Essex, 1993.

[16] BRIGGS W L, HENSON V E, MCcORMICK S F. A Multigrid Tutorial. 2th ed. Philadelphia: SIAM, 2000.

[17] TOSELLI A, WIDLUND O B. Domain Decomposition Methods: Algorithms and Theory. Berlin: Springer, 2005.

[18] TROTTENBERG U, OOSTERLEE C, SCHÜLLER A. Multigrid. London: Academic Press Inc, 2001.

[19] HEATH M T. Scientific Computing: An Introductory Survey. 2th ed. New York: McGraw-Hill, 2001.

[20] KELLEY C T. Solving Nonlinear Equations with Newton's Method. Philadelphia: SIAM, 2003.

[21] DEUFLHARD P. Newton Methods for Nonlinear Problems: Affine Invariance and Adaptive Algorithms. New York: Springer, 2011.

[22] SAAD Y. Numerical Methods for Large Elgenvalue Problems. 2th ed. Philadelphia: SIAM, 2011.

[23] BUTCHER J C. Numerical Methods for Ordinary Differential Equations. 3th ed. United Kingdom: Wiley, 2016.

[24] LEVEQUE R J. Finite Difference Methods for Ordinary and Partial Differential Equations. Philadelphia: SIAM, 2007.

[25] LI J C, CHEN Y T. Computational Partial Differential Equations Using MATLAB. Boca Raton: CRC Press, 2009.

[26] STRIKWERDA. Finite Difference Schemes and Partial Differential Equations. 2th ed. Philadelphia: SIAM, 2004.

[27] ADAMS R A, Fournier JF. Sobolev Spaces. 2th ed. Singapore: Elsevier Ltd, 2003.

[28] BRAESS D. Finite Elements. 3th ed. Cambridge: Cambridge University Press, 2007.

[29] BRENNER S C, SCOTT L R. The Mathematical Theory of Finite Element Methods. 2th ed. Berlin: Springer, 2002.

[30] BREZZI F, FORTIN M. Mixed and Hybrid Finite Element Methods, New York: Springer, 1991.

[31] LARSON M G, BENGZON F. The Finite Elment Method: Theory, Implementation, and Applications. Berlin: Springer, 2013.

[32] VERSTEEG H K, MALALASEKERA W. An Introduction to Computational Fluid Dynamics-The Finite Volume Method, Longman Grop Ltd, 1995.

[33] LEVEQUE R J. Finite Volume Methods for Hyperbolic Problems. Cambridge University Press, 2002.

[34] 陈文, 傅卓佳, 魏星. 科学与工程计算中的径向基函数方法. 北京: 科学出版社, 2014.

[35] FASSHAUER G E. Kernel-based Approximation Methods using MATLAB. Singapore: World Scientific Publishers, 2016.